C PROGRAMMING LANGUAGE

CBIBLE

C語言學習聖經

關於文淵閣工作室

常常聽到很多讀者跟我們說：我就是看您們的書學會用電腦的。是的！這就是我們寫書的出發點和原動力，想讓每個讀者都能看我們的書跟上軟體的腳步，讓軟體不只是軟體，而是提升個人效率的工具。

文淵閣工作室是一個致力於資訊圖書創作三十餘載的工作團隊，擅長用循序漸進、圖文並茂的寫法，介紹難懂的 IT 技術，並以範例帶領讀者學習程式開發的大小事。我們不賣弄深奧的專有名辭，奮力堅持吸收新知的態度，誠懇地與讀者分享在學習路上的點點滴滴，讓軟體成為每個人改善生活應用、提升工作效率的工具。舉凡應用軟體、網頁互動、雲端運算、程式語法、App 開發，都是我們專注的重點，衷心期待能盡我們的心力，幫助每一位讀者燃燒心中的小宇宙，用學習的成果在自己的領域裡發光發熱！我們期待自己能在每一本創作中注入快快樂樂的心情來分享，也期待讀者能在這樣的氛圍下快快樂樂的學習。

文淵閣工作室讀者服務資訊

如果您在閱讀本書時有任何的問題，或是有心得想與我們一起討論、共享，歡迎光臨文淵閣工作室網站，或者使用電子郵件與我們聯絡。

文淵閣工作室網站 **http://www.e-happy.com.tw**

服務電子信箱 **e-happy@e-happy.com.tw**

Facebook 粉絲團 **http://www.facebook.com/ehappytw**

總 監 製	**鄧君如**	責任編輯	**邱文諒‧鄭挺穗‧黃信溢**
監 督	**鄧文淵‧李淑玲**	執行編輯	**邱文諒‧鄭挺穗‧黃信溢**

前言

C 程式語言兼具高階與低階語言無所不能的強大功能，具有高效、靈活、強大等特點，廣泛應用於操作系統、編譯器、網絡通信、圖形圖像處理等多個領域，是學習程式語言的首選，但給人的印象是艱澀難懂，最好有程式設計的基礎再進行接觸。本書以淺顯的文字、生動的圖示、豐富的範例、詳盡的解說，透過「做中學」的過程，達到易讀、易懂易學的目的，即使沒有程式語言基礎的學習者，也可輕易進入 C 語言的程式設計殿堂。

本書旨在幫助初學者快速掌握 C 程式語言的基礎知識，並開始編寫自己的程式。在閱讀本書的過程中，您將學到以下知識和技能：

1. 程式語言的基礎概念和基礎語法
2. 資料類型、運算式和表達式的使用方法
3. 控制結構、重複結構、函式和指標的應用技巧
4. C 程式語言中的字元、陣列和檔案處理
5. 結構處理及大型專案開發技巧

本書的內容是以由淺入深的安排方式進行說明，並且在範例後提供相關的「立即演練」供讀者練習。每個章節中更提供大量的習題，在題目上會清楚標示出易、中、難三個等級，讀者可依程度選擇適宜的題目。只要按部就班確實操作，您會發現學習 C 語言比想像中容易許多！

Dev C++ 是免費的 C 程式開發工具，編譯及執行的速度很快，而且所佔的資源非常少。Dev C++ 提供了相當符合使用習慣的操作環境，以及好用的偵錯功能，是最適合初學者使用的工具。本書所有的範例都在 Dev C++ 中測試過，確定可以順利執行。

本書能夠順利完成，要特別感謝文淵閣工作室全體夥伴在寫作期間提供內容取捨、資料蒐集、樣式編排等協助。在大家的共同討論下，才能讓本書如此具有親和力。撰寫及出版優良品質的書籍是文淵閣工作室一向秉持的目標，如果您對本書有任何建議，歡迎上文淵閣工作室網站共同討論，或來信告知。您的參與，是我們進步的最大動力！

文淵閣工作室

學習資源說明

為了確保您使用本書學習的完整效果，並能快速練習或觀看範例效果，本書在範例檔案中提供了許多相關的學習配套供讀者練習與參考，請讀者線上下載。

1. **本書範例**：將各章範例的完成檔依章節名稱放置各資料夾中。

2. **教學影片**：本書特別針對熱門的程式語言學習方式，提供了「善用 ChatGPT 學 C 語言入門」影音教學，讀者可以透過掃瞄以下 QR Cord 觀看，進行延伸學習。

本書範例檔案可以在碁峰資訊網站免費下載，網址為：

http://books.gotop.com.tw/download/ACL069100

檔案為 ZIP 格式，讀者自行解壓縮即可運用。檔案內容是提供給讀者自我練習以及學校補教機構於教學時練習之用，版權分屬於文淵閣工作室與提供原始程式檔案的各公司所有，請勿複製做其他用途。

專屬網站資源

為了加強讀者服務，並持續更新書上相關的資訊內容，我們特地提供了本系列叢書的相關網站資源，您可以由文章列表中取得書本中的勘誤、更新或相關資訊消息，更歡迎您加入我們的粉絲團，讓所有資訊一次到位不漏接。

◎ 藏經閣專欄　**http://blog.e-happy.com.tw/?tag=程式特訓班**

◎ 程式特訓班粉絲團　**https://www.facebook.com/eHappyTT**

目錄

Chapter

03

基本運算成員

Chapter

07

陣列與字串

Chapter
08

函式基本功能

Chapter
09

函式進階功能

Chapter

10

指標與位址

Chapter 11

指標進階功能

Chapter 12

結構與其他資料型態

Chapter

13

檔案處理

Chapter

14

位元處理

Chapter

15

大型程式的發展

01

認識 C 程式語言

01

</> 1.1 C 程式語言是什麼？

程式語言是程式設計師與電腦溝通的管道，藉由程式設計所開發的各種軟體可以讓電腦為我們解決許多生活上的問題。C 語言是最常使用的程式語言之一，其功能強大，目前很多系統及應用軟體都是用使用 C 語言撰寫，因此以 C 語言做為學習程式設計的基礎是非常好的選擇。

02

1.1.1 C 語言的特點

03

為了讓電腦正確的完成我們所指定的工作，必須對電腦下達正確的指示，也就是要讓電腦知道使用者的語言。如同人類的語言有中文、英文、法文等，電腦所能理解的語言也有很多種，如 BASIC、C、PERL 等，只要使用電腦可以接受的語言與它溝通，電腦就會忠實的為我們完成所交待的工作。使用者幾乎天天在用的 WORD、瀏覽器、線上遊戲等，都是由程式語言所撰寫，來為人們完成特定的工作。

04

當使用者需要電腦為其工作，例如學生想要使用電腦來製作圖文並茂的專題報告，就將此需求告知程式設計師，於是程式設計者以各種程式語言製作出如 WORD 等文書編輯軟體，甚至更專業的專題報告製作系統，所有學生、研究者，任何有需要的人都可使用這些軟體來簡化其專題製作工作。

05

06

07

C 語言是貝爾實驗室的 Dennis Ritchie 及 Ken Thompson 在 1972 年設計 UNIX 系統時發展出來的。1973 年，Unix 作業系統的核心正式用 C 語言改寫，這是 C 語言第一次應用在作業系統的核心編寫上，1975 年 C 語言開始移植到其他機器上使用。因為其可以做為高階電腦應用，同時可以低階控制電腦基本功能，於是吸引大量程式愛好者使用 C 語言。

08

C 語言發展至今，已使用在各種不同的電腦平台上，應用範圍非常廣泛，包括個人電腦上的辦公室軟體、資料庫、繪圖套裝軟體等，到大型電腦上的商業應用軟體、UNIX 作業系統等，大部分是以 C 語言設計。C 語言具有下面的特點：

- **移植性高**：在不同作業平台上發展的程式要在其他的平台上使用時，C 語言程式幾乎不需要變更就可使用。只是在不同作業系統時，程式碼可能要做選擇性編譯，C 語言提供了前置處理器來解決此問題。

- **強大類別庫**：C 語言內建功能強大的函式庫及類別庫，可以提供大部分基本及進階程式設計功能的需求。

- **可模組化**：設計者除了可使用系統具有的標準函式庫外，也可以自行製作函式庫使用。C 語言之所以能達到模組化功能，是其提供良好的呼叫介面建立方式，使用者可以在標頭檔中引入，輕易解決溝通介面與呼叫的方法。

- **兼俱高低階語言能力**：基本上，目前大部分使用者是將 C 語言定位為高階語言：可讀性高且具結構化的設計，程式設計者方便學習又節省設計時間。但 C 語言又具備低階語言的能力，對於硬體的存取有相當好的能力。

1.1.2　程式語言的編譯

電腦所認識的語言稱為「機器碼」，而機器碼是由眾多「0」與「1」的數字所構成，對於人類而言，要了解機器碼幾乎是不可能的事，更不要說是撰寫機器碼了！所以人類撰寫的是 C、BASIC 等程式語言，那麼如何將程式語言轉換成電腦認得的機器碼呢？

一般而言，程式語言可分為編譯式語言及直譯式語言。編譯式語言是使用編譯器 (Compiler) 將程式語言翻譯成機器碼，程式設計師所撰寫的程式只要經過該語言的編譯器編譯成機器碼，就能在電腦上執行，達成所賦予的任務。若要將程式使用於不同平台，只要在該平台上開發出該語言的編譯器，同一份程式就可以在不同平台的電腦上執行，非常方便。

編譯器必須先把原始程式讀入記憶體後才能進行編譯工作，編譯後產生的目的程式會直接儲存為檔案，可以直接執行，不必每次都重新編譯一次，所以執行的速度較快。編譯式語言的缺點是必須所有程式碼的語法都正確無誤才能通過編譯器，也就是全部程式碼都正確才能見到執行結果。另外，原始程式每修改一次，就要使用編譯器重新編譯一次，才能使其執行程式檔案維持最新狀態。

C 程式語言是屬於編譯式語言。

（原始設計） （機器碼檔案） （執行結果）

直譯式語言則是使用直譯器 (Intepreter) 對程式碼做逐行解譯，每解譯一行就會執行該行程式，設計者立刻可以見到該行程式的執行結果，如果有錯誤可以立即修改，對於初學者的除錯非常方便。直譯式語言的缺點是每次執行時都要逐行解譯程式碼，所以執行速度較慢。另外，直譯式語言不會產生執行碼檔案，程式無法在作業系統中執行，必須在直譯式語言系統中才能執行，大幅降低直譯式語言的實用性。

BASIC 程式語言是屬於直譯式語言。

print " 測試 "　　**直譯器**　　測試

（原始設計） （執行結果）

有了對程式語言的基本概念後，就可建構程式設計的環境，準備開始撰寫程式了！

1.2 建置 C 語言開發環境

「工欲善其事,必先利其器」,有了好的程式開發工具,才可以讓程式設計工作事半功倍。

撰寫程式的第一步當然是在文書編輯軟體中輸入程式碼,最簡單的方式就是用 Windows 系統內建的「記事本」編輯,或是使用其他的文字編輯器。程式撰寫完成後開啟編譯器進行編譯,編譯過程中如果出現語法錯誤將無法完成編譯,必須修改錯誤的程式碼後再進行編譯,直到所有語法都正確才能完成編譯。執行編譯後產生的檔案觀察執行結果,若結果不符預期則需修改程式,重新編譯、觀察執行結果,直到結果符合需求為止。

開發程式是一段繁複的過程,要不斷的在各種軟體之間切換:修改程式、編譯、執行。市面上有許多 C 語言整合性開發環境軟體,這些軟體已預先內建自行設計的文字編輯器,用來撰寫程式碼,撰寫完後按一個鍵就會自動進行編譯及執行,而且通常會有完善的除錯功能,方便設計者改正錯誤,大幅提高程式設計的效率。目前使用者眾多的 C 語言整合開發環境軟體為 **Dev-C++**,不但功能強大,而且它是免費的。

1.2.1 安裝 Dev-C++

Dev-C++ 的系統檔案很小,佔用的資源很少,並且支援中文,操作方式簡易,各種整合功能一應俱全,很適合初學 C 語言者使用。

1. 開啟 Dev-C++ 的下載網頁「https://sourceforge.net/projects/orwelldevcpp/」,點選 **Download** 鈕即可下載安裝檔。

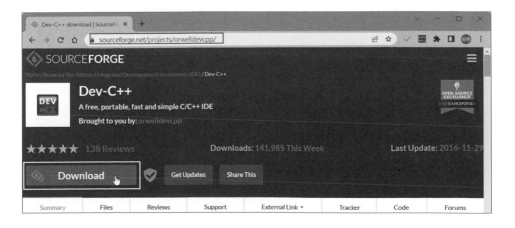

2. 在下載的 <Dev-Cpp 5.11 TDM-GCC 4.9.2 Setup.exe> 檔案上按滑鼠左鍵兩下，
   即可進行安裝：首先選擇語言，此處無中文可選擇，先以英文版本安裝，按 **OK**
   鈕。接著於版權頁按 **I Agree** 鈕表示同意版權條款。

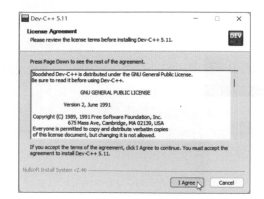

3. 選擇安裝元件：選 **Full** 表示安裝全部元件，按 **Next** 鈕。接著選擇安裝路徑：預
   設為 <C:\Program Files (x86)\Dev-Cpp> 資料夾，按 **Install** 鈕開始安裝。

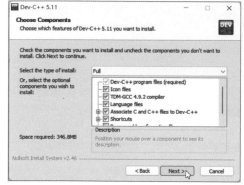
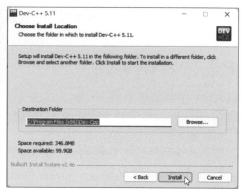

安裝完成，由於還有部分選項需在第一次執行 Dev-C++ 後設定，故核選 **Run
Dev-C++ 5.11**，按 **Finish** 鈕，就會立刻執行 Dev-C++。首先選擇使用的語言：選
Chinese (TW) 表示使用繁體中文，按 **Next** 鈕。

09

10

11

選擇主題：可在 **字型**、**顏色**、**圖示** 下拉式選單中選取喜歡的主題樣式，選取後會立刻在左方預覽視窗看到主題效果，選取完成後按 **下一步** 鈕。如此就完成第一次開啟 Dev-C++ 設定，最後按 **OK** 鈕。

12

13

14

系統就開啟 Dev-C++ 整合環境了！使用者可在此進行 C 語言程式設計，或按右上角 X 鈕關閉整合環境。

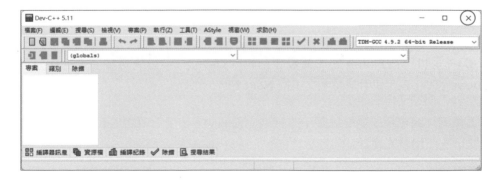

15

1.2.2 Dev-C++ 工作環境

開啟 Dev-C++ 整合環境的方法有兩種：

1. 執行 **開始 / 所有應用程式 / Bloodshed Dev-C++ / Dev-C++**。

2. 安裝時系統會自動在桌面建立 **Dev-C++** 捷徑，於桌面 **Dev-C++** 捷徑快速按滑鼠左鍵兩下。

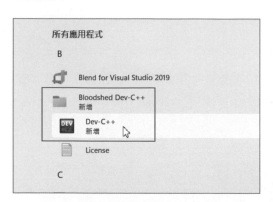 

在 **Dev-C++** 中開啟新檔案的方法為：執行 **檔案 / 開新檔案 / 原始碼**，或按工具列的 鈕再點選 **原始檔**，就可開啟新的程式檔讓使用者輸入程式碼。

 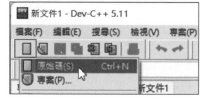

Dev-C++ 整合環境各區域的功能如下：

- **標題列**：顯示軟體名稱及目前的版本編號。

- **功能表列**：軟體的所有功能都在此區，共分十類，在每一分類上按滑鼠左鍵就會顯示該類的子功能。

- **工具列**：將常用的功能以圖示收錄到此區域中，使用上較功能表列方便，只要在圖示上按滑鼠左鍵就能執行該功能。

- **專案總管**：可在此區設定專案的各種特性，也可在此新增或移除專案中的檔案。

- **程式碼編輯區**：此區域可撰寫程式碼，也可在此區修改程式碼。

■ **編譯及除錯訊息區**：編譯時產生的訊息會顯示於此區。

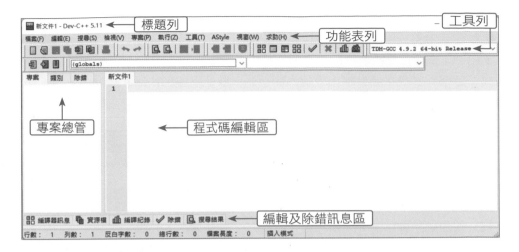

功能表列的十類功能如下表：

分類名稱	說明
檔案	提供專案及原始檔的新增、開啟及移除等。
編輯	提供剪下、貼上、複製及刪除程式碼與書籤等功能。
搜尋	提供尋找、取代、移到函式、移到指定列等功能。
檢視	提供開關各類功能視窗。
專案	提供專案中檔案的新增、刪除等設定專案的特性。
執行	提供編譯、執行、統計及自訂編譯器參數等功能。
工具	提供更改編譯器、編輯器及整合環境設定，及更新版本功能。
AStyle	提供各種格式選項設定。
視窗	提供全螢幕及目前編輯程式碼的切換。
求助	各類說明檔。

01

</> 1.3 撰寫 C 語言程式準備工作

C 語言程式中有些部分是在每個程式都會使用到,可將其視為 C 語言程式的基本架構,包括:C 語言程式執行是由 main() 函式開始,所以 C 語言程式一定要有 main() 函式;每個程式幾乎都有輸出或輸入的部分,要使用輸出、輸入指令必須引入部分標頭檔;顯示 C 語言程式的結果時,若不加上暫停的指令,將立刻關閉顯示結果的視窗而無法觀察到執行結果。設計者可在編輯器選項中設定好這些程式碼,就不必每次建立新程式檔都重複輸入。

02

03

1.3.1 標頭檔

要將各資訊顯示在螢幕上的指令是「printf」,而讓使用者在鍵盤上輸入資料的指令是「scanf」(這兩個指令的使用方法將在下一節中說明),這些輸出或輸入的功能幾乎在每個程式都無法避免。系統將規範有關輸出及輸入功能的事項置於 <stdio.h> 檔中,程式中若要使用輸出及輸入功能需先將 <stdio.h> 引入才可使用,否則編譯時會產生錯誤。

04

引入 <stdio.h> 標頭檔的語法為:

```
#include <stdio.h>
```

05

C 語言中,前面有「#」符號的程式列,在編譯時會透過編譯器內建的前置處理器,在編譯其他程式碼之前就先被讀入。

06

暫停指令「system("pause");」則是置於 <stdlib.h> 檔中,所以也要將 <stdlib.h> 引入才可使用,語法為:

```
#include <stdlib.h>
```

07

Dev-C++ 不引入 stdio.h 及 stdlib.h 也可以編譯執行

許多編譯器 (如 Dev-C++、Turbo C 等) 沒有將 stdio.h 及 stdlib.h 標頭檔引入,程式仍然可以正常編譯及執行,為什麼呢?這是因為這些編譯器會自動將常用的標頭檔引入的緣故。

08

本書為了盡可能讓程式在各種編譯器都能正常編譯及執行,書中範例程式會將使用到的標頭檔都引入。

1.3.2 主程式區塊

一個程式少則數十列，多則數百甚至數千列，電腦如何得知要由哪一列程式開始執行呢？C 語言程式指定會由 main() 函式開始執行，所以每個程式都要有 main() 函式，程式開始執行時會由 main() 函式區塊中的程式碼一列一列依序向下執行。

C 語言規定 main() 函式的傳回值必須是整數，所以在 main() 函式的最後要以「return 整數」做為函式的結束指令，通常使用「return 0」即可，表示由 main() 函式返回，也就是結束 C 語言程式的執行。

在 C 語言中，函式中的程式碼必須被包含在一對大括號之中，即函式是以「{」開始，「}」結束。綜合上述規則，主程式區塊的寫法為：

```
int main()
{
    程式敘述
    ..............
    return 0;
}
```

1.3.3 暫停指令

C 語言程式執行時，電腦會開啟一個新的視窗來顯示執行結果，當程式執行完畢後，就自動關閉顯示結果的視窗。由於電腦執行的速度非常快，使用者往往只見到螢幕閃了一下，什麼也沒有看見，視窗就關閉了，使用者根本不知道執行結果是什麼！通常設計者會在主程式的倒數第二列 (最後一列是「return 0」) 加入暫停指令，讓程式在結束 (即關閉視窗) 前可以暫停一下，讓使用者觀察執行結果。

C 語言暫停指令的語法為：

```
system("pause");
```

暫停指令的執行結果為：

等使用者觀察完結果後，按任意鍵就可繼續執行程式而關閉視窗。

01

Dev-C++ 不加入暫停指令也會暫停

在 Dev-C++ 中即使不加入暫停指令，程式執行後也不會立刻關閉顯示視窗，而是會顯示執行結果及一些執行資訊後暫停，例如：

02

使用者按任意鍵後就關閉顯示視窗。

如果加入暫停指令，程式執行後會顯示執行結果及暫停，例如：

04

使用者按任意鍵後會顯示執行資訊後暫停，需再按任意鍵才關閉顯示視窗。

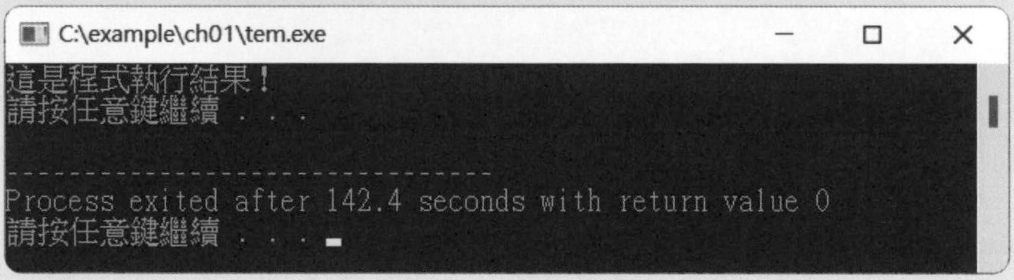

05

06

本書為擷取較美觀的結果圖片，書中範例程式皆加入暫停指令。

07

08

將本節前 3 個小節內容融合便是 C 的程式基本架構：

```
#include <stdio.h>
#include <stdlib.h>
int main()
{
    程式敘述
    ...............
    system("pause");
    return 0;
}
```

以後每個程式都要使用此段基本架構，要撰寫新程式時只要將「程式敘述」移除，再於該處撰寫新程式碼即可。

1.3.4 預設程式碼

前一小節提到，Dev-C++ 撰寫新程式時都必須使用基本架構程式碼，每次撰寫新程式都要先複製這段基本架構程式碼再進行程式設計，不是非常繁瑣且沒有效率嗎？

Dev-C++ 的「預設程式碼」功能可以將常用的程式碼設定好，當執行建立新檔案時，這些程式碼就會自動加入新建的程式檔案中，這樣就可以省下撰寫這些程式碼的時間。基本架構程式碼非常適合做為預設程式碼的內容。

執行功能表 **工具 / 編輯器選項**。

於 **編輯器選項** 對話方塊中點選 **插入程式碼** 頁籤，再點選 **預設程式碼** 。核選 **開啟新的空白檔案時插入以下文字：** 項目，然後輸入下列程式碼後按 **確定** 鈕。(書附範例中 <default.txt> 的內容即為基本架構程式碼，可複製後再貼入即可)

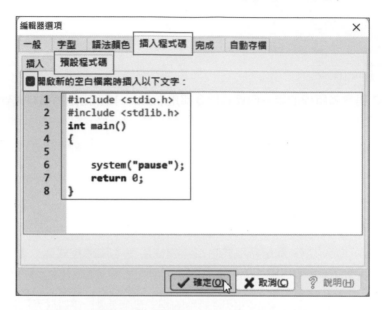

執行 **檔案 / 開新檔案 / 原始碼**，或按工具列的 ▨ 鈕再點選 **原始檔** 開啟新的程式檔，可看到已加入基本架構程式碼，使用者可由第 5 列開始撰寫程式碼。

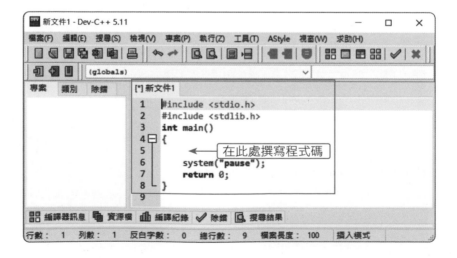

1.4 基本程式指令

輸出及輸入是程式與使用者溝通的管道,而換行則可讓輸出的資料具有段落結構,避免使用者在一堆雜亂的顯示中不知所措。

1.4.1 輸出指令

通常學習 C 語言者所學的第一個程式指令都是 printf,其作用是將資料送到「標準輸出」上,如果沒有特別設定,標準輸出是指電腦螢幕。將執行結果在電腦螢幕上顯示,幾乎是每個程式都要使用的功能,所以 printf 指令是使用最頻繁的指令。

printf 指令的語法為:

```
printf(" 輸出字串 ", 項目 1, 項目 2, ………);
```

printf 指令的「輸出字串」包含要顯示的字串內容及項目格式,「項目 1, 項目 2, ………」數量需對應輸出字串中的「項目格式」。常用的項目格式有:

- **%d**:整數。
- **%f**:浮點數,浮點數包含小數。
- **%s**:字串,字串是在內容前後加上「"」符號。

更多項目格式將在第 4 章詳細說明。

C 語言的程式列是以分號「;」做為結束,所以要記得在每列程式結束處加上分號,否則會產生編譯錯誤,這是剛開始撰寫程式者最容易犯的錯誤。

例如:

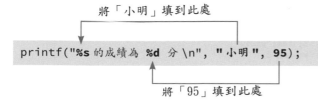

「\n」為換行字元,將在下一章詳細說明。執行結果為:

```
小明的成績為 95 分
```

輸出指令的示意圖：

1.4.2 建立 C 語言程式

現在來使用 printf 指令建立第一個程式 (printf.c)：

1. 執行 **開始 / 所有應用程式 / Bloodshed Dev-C++ / Dev-C++** 開啟 Dev-C++，按
    工具列的 ■ 鈕再點選 **原始檔** 開啟新的空白程式檔。

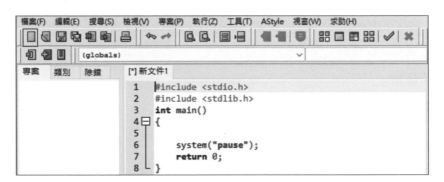

2. 在第 5、6 列輸入下面程式碼：

```
printf(" 英華的國文成績為 %d 分 \n",95);
printf(" 美青的國文成績為 %d 分 \n", 89);
```

3. 儲存檔案：按工具列的 ![保存] 鈕，於 **Save As** 對話方塊中的 **存檔類型** 下拉選單點選 **C source files (*.c)**，檔案名稱欄輸入檔名「printf.c」，按 **存檔** 鈕。

4. 執行程式檔：按工具列的 ![執行] 鈕即可編譯並執行，執行結果會顯示於命令視窗中，按任何鍵兩次就可結束程式執行並關閉視窗。

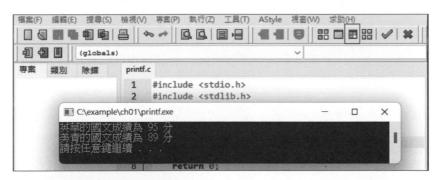

▶ 立即演練　建立通訊錄

使用 printf 指令建立三位同學的基本資料如下圖，其中年齡使用數值，其他資料都使用字串。(basic_p.c)

1.4.3 程式碼縮排

C 語言程式的區塊是以一對大括號「{ }」做為界限,例如前一小節範例的 main() 函式中,所有程式碼都在大括號內。當程式較為複雜時,會有相當多層次的大括號出現,設計者常會搞不清楚哪一個左大括號和右大括號是一組,或缺了部分大括號而造成編譯錯誤。設計程式時,可以使用空白鍵或 **[Tab]** 鍵將程式敘述縮排,將同一階層的程式碼整齊排列,同組的大括號也可置於相同位置,如此不但提高程式可讀性,也減少語法錯誤。

前一小節範例若沒有縮排,閱讀起來很吃力:

```
1 #include <stdio.h>
2 #include <stdlib.h>
3 int main()
4 {
5 printf(" 英華的國文成績為 %d 分 \n",95);
6 printf(" 美青的國文成績為 %d 分 \n", 89);
7 system("pause");
8 return 0;
9 }
```

若加以縮排,是否清楚多了?在大程式時的效果將更加明顯。

```
1 #include <stdio.h>
2 #include <stdlib.h>
3 int main()
4 {
5     printf(" 英華的國文成績為 %d 分 \n",95);
6     printf(" 美青的國文成績為 %d 分 \n", 89);
7     system("pause");
8     return 0;
9 }
```

C 語言程式是根據大括號及分號來判斷每一列程式的結束位置,在程式列中加入空白鍵、**[Tab]** 鍵、空白列等都不會影響程式編譯及執行。

1.4.4 輸入指令

printf 的作用是將資料送到到「標準輸出」上,而 scanf 的作用與 printf 相反,是讓使用者由「標準輸入」裝置輸入資料,如果沒有特別設定,標準輸入是指鍵盤。scanf 指令也是使用相當頻繁的指令,例如教師若要利用電腦幫忙計算成績,則需先由鍵盤輸入學生成績。

scanf 指令的語法為:

```
scanf(" 格式字串 ", &變數 1, &變數 2, ………);
```

常用的格式有:%d、%f、%s 等。更多格式將在第 4 章詳細說明。

使用者輸入的資料是儲存於變數 1、變數 2、……中,變數將在下一章中詳細說明。

因為 scanf 指令執行時只會在螢幕上顯示閃爍的游標,不會顯示任何提示訊息,使用者往往不知所措,因此在使用 scanf 指令之前通常會用 printf 指令輸出一段提示訊息,告知使用者如何輸入資料。例如要使用者輸入數學成績的程式碼為:

```
int score;
printf(" 請輸入數學成績 (0-100):");
scanf("%d", &score);
```

執行結果為:

如果輸入資料只有一個時,當使用者按下 **[Enter]** 鍵後就視為輸入結束,scanf 指令會將使用者輸入的資料存入變數中。

如果有多筆資料要如何輸入呢?每次輸入在使用者按下 **[Enter]** 鍵或 **[Tab]** 鍵或空白鍵後就視為一筆資料。例如使用者輸入「78 92」,其結果為 78 是變數 1 的值,92 是變數 2 的值。

使用 scanf 指令一次輸入多筆資料雖然看起來很方便,但即使加入提示訊息,大多數使用者仍不知道該如何在同一列中輸入多筆資料,所以建議盡量不要使用同一列輸入多筆資料,而在每一列僅輸入一項資料,並給予明確的提示訊息。

01

輸入指令的示意圖：

（原始程式）　　　　　　（輸入「80」）　　　　　　（結果）

02

» 範例練習 輸入姓名及成績

03

程式執行時請使用者輸入姓名及學期成績，然後程式會顯示使用者輸入的資料。
(scanf.c)

04

05

程式碼：scanf.c

```
1 #include <stdio.h>
2 #include <stdlib.h>
3 int main()
4 {
5     int score;
6     char name[20];
7     printf("請輸入姓名：");
8     scanf("%s",&name);
9     printf("請輸入學期成績：");
10    scanf("%d",&score);
11    printf("\n%s 同學的學期成績為 %d 分！\n",name,score);
12    system("pause");
13    return 0;
14 }
```

06

07

程式說明

- 5-6　　　宣告整數及字串變數，做為接收輸入資料用。
- 7-10　　讓使用者輸入姓名及成績。
- 11　　　顯示輸入資料。

08

開啟已存在的檔案

Dev-C++ 開啟舊檔的操作：執行 **檔案 / 開啟檔案** 或點選工具列中 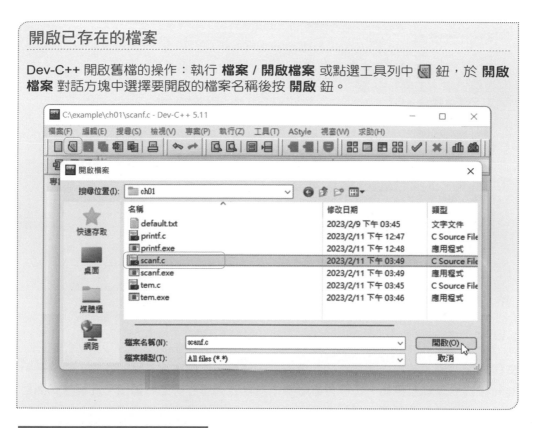 鈕，於 **開啟檔案** 對話方塊中選擇要開啟的檔案名稱後按 **開啟** 鈕。

▶ 立即演練 歡迎光臨

使用 printf 及 scanf 指令讓使用者輸入姓名，在使用者輸入並按下 **[Enter]** 鍵後就顯示歡迎光臨的訊息。(scanf_p.c)

同時開啟多檔

Dev-C++ 可同時開啟多個檔案編輯，例如下圖中同時編輯 <printf.c> 及 <scanf.c> 兩個程式檔。工具列中 🖫 鈕是儲存正在編輯的檔案，🖺 鈕則會對所有開啟的檔案進行儲存操作。

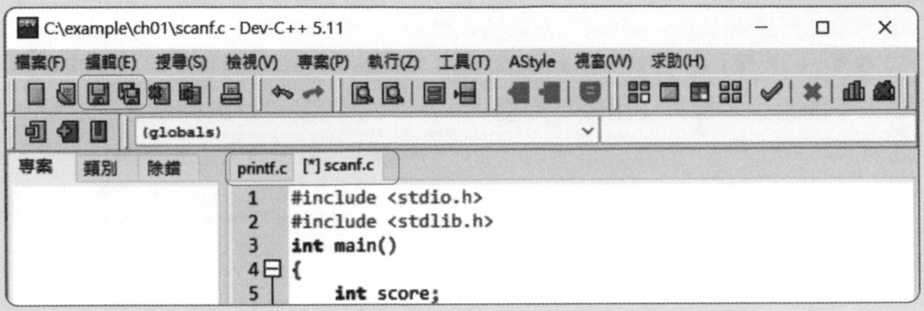

1.4.5 程式註解

當程式變得龐大或程式撰寫時間久遠時，往往會忘記撰寫程式碼的本意，必須重新推敲程式的邏輯及意義，初學者最好養成為程式碼做註解的好習慣。註解程式碼是標示程式的目的或解釋為何要如此撰寫程式，註解本身不會被執行，如此不但有助於未來自己解讀程式，也有助於他人對本程式的了解。C 語言是以雙斜線「//」做為註解符號，語法為：

```
// 註解文字
```

當 C 語言編譯器見到註解符號時，會忽略同列中在註解符號後面的文字。例如：

```
// 取得使用者輸入的姓名
scanf("%s", &name);
```

註解文字可以單獨成為一列，如上面的範例；有時為了節省程式撰寫空間，也可以跟隨在程式敘述之後，例如：

```
scanf("%s", &name);   // 取得使用者輸入的姓名
```

以雙斜線做為註解符號的方式對於單列程式的註解非常方便，但如果註解文字很長需跨越多列時，每一列都要加上雙斜線做為註解則是一件繁瑣的工作。

C 語言提供另一種註解文字的方式，就是將註解文字以「/*」及「*/」符號包住，所有在「/*」及「*/」符號之間的文字都是註解文字，語法為：

```
/*  註解文字一
    註解文字二
    .............. */
```

以雙斜線及「/*…*/」符號做為註解最大的不同，在於雙斜線註解文字只能使用於單列文字，不能跨列，但其使用較為簡便；「/*…*/」符號可以跨列做多列註解，使用時要注意「/*」及「*/」符號必須成對，如果未成對，編譯器會出現錯誤。

Dev-C++ 文字編輯器也提供程式註解功能，能讓設計者暫時將部分程式列視為註解列而不予執行，對於程式除錯有很大幫助。操作方式如下：

1. 選取要註解的程式列，選取的程式列會呈現反白。

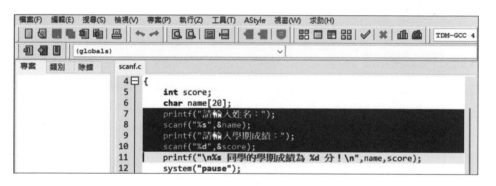

2. 執行功能表 **編輯 / 轉為註解**，或按 **CTRL +**「**.**」鍵。

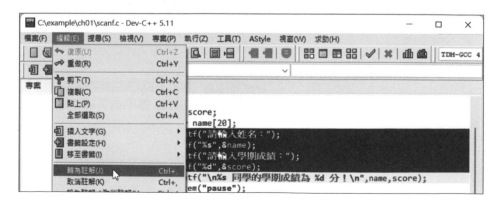

3. 選取的程式列已標示為註解，執行程式時，這些程式列不會執行。

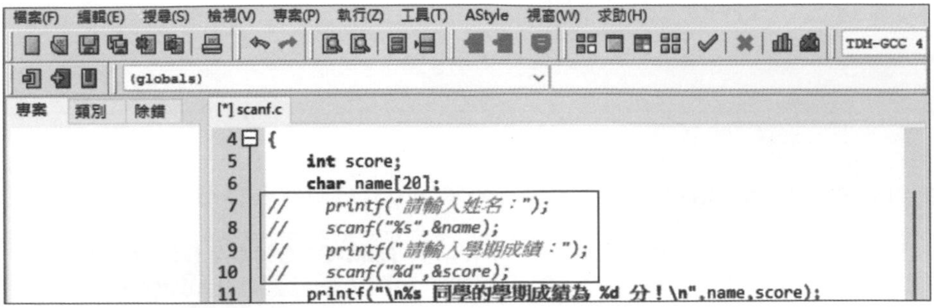

如果要將已標示為註解的程式列還原，也就是移除這些程式列的註解符號，可進行相同程序的操作，只是執行的功能改為「取消註解」：選取要註解的程式列，選取的程式列會呈現反白，執行功能表 **編輯 / 取消註解**，或按 **CTRL** +「,」鍵，就會移除這些程式列的註解符號。

1.4.6 程式除錯

沒有人不會犯錯，設計者開發應用程式時，撰寫的程式碼不可能沒有錯誤。當程式碼發生錯誤要視為正常現象，如何提升程式的除錯能力才是初學者最重要的事。程式中最常發生的是語法錯誤，例如初學者常忘記在程式敘述的尾端加上分號「;」，於是在編譯時產生下列錯誤訊息：

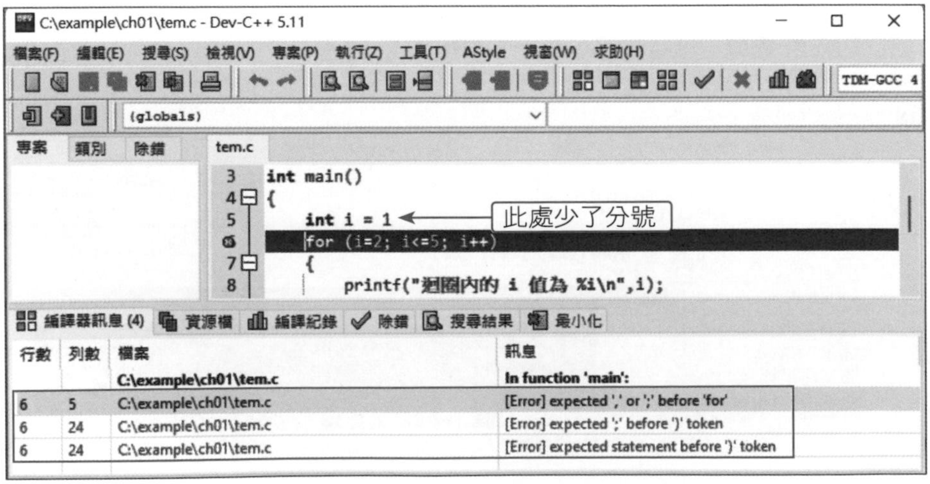

上面例子中第 5 列程式忘記在尾端加上分號，編譯時會在下方自動開啟 **編譯器訊息** 視窗，顯示第 6 列程式之前少了分號，設計者可以依此訊息修正錯誤。一定要所有語法都正確無誤，才能完成程式編譯。

較難找出的錯誤是程式通過編譯，但執行的結果卻與預期不符，此時可使用 Dev-C++ 提供的除錯功能，可以設定程式執行的中斷點、逐步執行程式、觀察各種變數值等，以找出程式錯誤所在。要使用 Dev-C++ 的除錯功能，其步驟為：

1. 切換到除錯模式：在右上角下拉式選單點選 **TDM-GCC 4.9.2 64-bit Debug**。

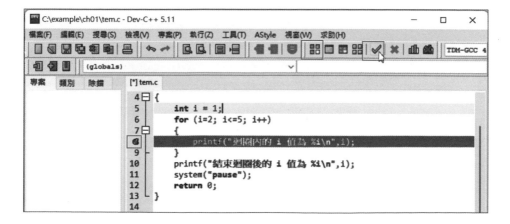

2. 在要執行中斷的程式列 (此處為第 8 列) 左方按滑鼠左鍵設定中斷點，先按工具列 🔡 鈕進行編譯，再按工具列 ✅ 鈕進行除錯。

3. 程式會執行到第一個中斷點位置，下方所有除錯功能選項都變為可執行狀態。

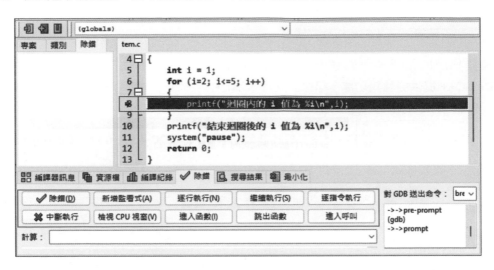

大部分功能看文字即可知其意義為何，其中最重要也最常使用的是 **新增監看式** 功能，此功能可以在執行過程中顯示變數的值，通常以此功能就可找到錯誤，操作方法為：

1. 按 **新增監看式** 鈕後在 **新增監看式** 對話方塊中輸入要顯示其值的變數名稱 (此處輸入「i」)，按 **OK** 鈕。

2. 左方會顯示該變數的值。可按下方各種除錯功能鈕繼續執行程式，以便觀察變數值的改變。此處按 **繼續執行** 鈕。

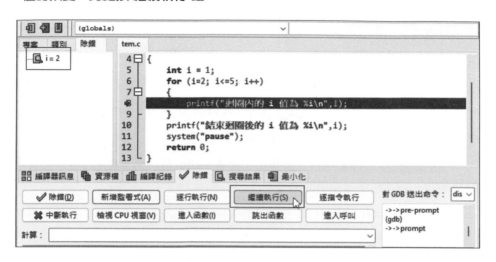

3. 注意左方變數 i 的值已由 2 變為 3。

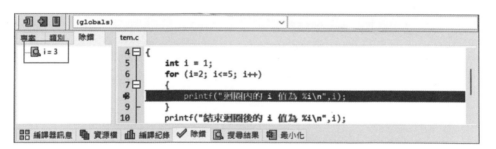

可以同時監看多個變數值，每次按 **新增監看式** 鈕就可多顯示一個變數值。

除錯完畢後要記得將執行模式由 **TDM-GCC 4.9.2 64-bit Debug** 改為 **TDM-GCC 4.9.2 64-bit Release**。

</> 1.5 本章重點整理

- 程式語言是程式設計師與電腦溝通的管道。

- C 語言具有下面的特點：移植性高、強大類別庫、可模組化、兼俱高低階語言能力。

- Dev-C++ 開發環境的安裝。

- C 程式執行是由 main() 函式開始，所以 C 程式一定要有 main() 函式。

- C 語言暫停指令的語法為：system("pause")。

- printf 指令是使用最頻繁的指令，作用是將資料送到到「標準輸出」上，如果沒有特別設定，標準輸出是指電腦螢幕。

- scanf 的作用與 printf 相反，是讓使用者由標準輸入裝置輸入資料，如果沒有特別設定，標準輸入是指鍵盤。

- 註解程式碼是標示程式的目的或解釋為何要如此撰寫程式，註解本身不會被執行。

- 程式中最常發生的是語法錯誤，例如初學者常忘記在程式敘述的尾端加上分號「;」，於是在編譯時產生錯誤訊息。

- Dev-C++ 提供的除錯功能，可以設定程式執行的中斷點、逐步執行程式、觀察各種變數值等，以找出程式錯誤所在。

01
02
03
04
05
06
07
08

1.1 C 程式語言是什麼？

1. C 語言有哪些特點？[中]

2. 何謂編譯式語言？何謂直譯式語言？[中]

1.3 撰寫 C 語言程式準備工作

3. C 語言將規範有關輸出及輸入功能的事項置於哪一個標頭檔中？[易]

4. C 語言程式指定會由何函式開始執行？此函式通常使用何指令做為結束？[易]

5. C 語言程式執行時，電腦會開啟一個新的視窗來顯示執行結果，通常設計者會在主程式最後加入何指令讓使用者可以觀察執行結果？[易]

6. 請列出每個程式都會使用的基本架構，要撰寫新程式時，只要由指定位置撰寫新程式碼即可。[中]

1.4 基本程式指令

7. 請將下列程式縮排。[易]

```
#include <stdio.h>
#include <stdlib.h>
int main()
{
printf(" 訪隱者不遇        李白 \n\n");
printf(" 松下問童子，言師採藥去，\n");
printf(" 只在此山中，雲深不知處！\n");
system("pause");   return 0;
}
```

8. C 語言的程式註解有哪兩種方式？[易]

9. 下列程式的執行結果為何？[易]

```
int main()
{
    printf(" 分數：");
    printf("89");
}
```

10. 下列程式有兩處錯誤，請修正錯誤。[難]

```
1   #include <stdio.h>
2   #include <stdlib.h>
3   int main()
4   {
5       int score
6       printf(" 請輸入分數：");
7       scanf("%d", score);
8       system("pause");
9       return 0;
10  }
```

11. 撰寫程式顯示七言絕句「閨怨」，如下圖。[易]

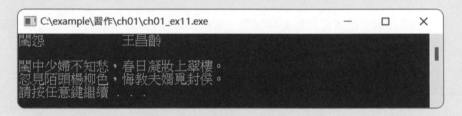

12. 使用 scanf 及 printf 指令讓使用者輸入最喜歡的科目名稱，在使用者輸入並按下 [Enter] 鍵後就顯示輸入資料，如下圖。[中]

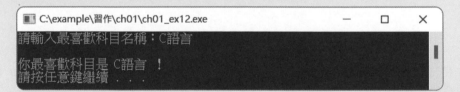

02

變數與資料型別

2.1 變數

應用程式執行時，必須記住許多資料等待程式進一步處理，例如處理帳目的應用軟體，必須先將各種收入、支出等資料輸入，將其儲存在電腦內，再使用電腦予以加總、分析，最後列印出報表。電腦將這些資料儲存在哪裡呢？事實上，電腦是將資料儲存於「記憶體」中，等到需要使用特定資料時，就到記憶體中將該資料取出。

▲ 資料的儲存與讀取

當資料儲存於記憶體時，電腦會記住該記憶體的位置，以便要使用時才可以到該位置將資料取出。但電腦的地址是一個複雜且隨機的數字，例如「98765432」，程式設計者怎麼可能會記得如此複雜的地址呢？更何況有很多地址要記憶。解決的方法是給予這些地址一個有意義的名稱，以這些名稱來取代無意義的數字地址，就可輕鬆取得電腦中的資料了！這些取代數字地址的名稱，就是「變數」。

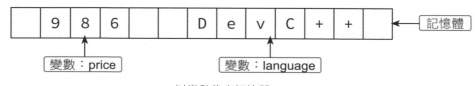

▲ 以變數代表記憶體

2.1.1 變數配置

「變數」顧名思義，是一個隨時可能改變內容的容器名稱，好像家中的收藏箱可以放入各種不同的東西。你需要多大的收藏箱呢？那就要看此收藏箱究竟要收藏什麼東西而定。在程式中使用變數也是一樣，當設計者宣告一個變數時，應用程式就會配置一塊記憶體給此變數使用，以變數名稱做為辨識此塊記憶體的標誌，系統會根據宣告時指定的資料型別決定配置的記憶體大小，如此設計者就可在程式中將各種資料存入該變數中。(資料型別將在下一節詳細說明)

基本上，變數具有四個形成要素：

- **名稱**：變數在程式中使用的名字，最好取個有意義的名稱，並且需符合變數命名規則。
- **值**：程式中所代表的值，變數值可隨時改變。
- **參考位址**：變數在記憶體中的儲存位址。
- **資料型別**：例如整數、字串、浮點數等。

要使用變數之前要加以宣告，程式才知道該變數的存在。變數宣告的語法為：

```
資料型別  變數名稱 [= 初始值];
```

「初始值」可有可無，如果沒有設定初始值，表示目前只配置了記憶體給變數使用，尚未將指定內容存入記憶體中。

最簡單的變數宣告是定義一個沒有初始值的變數，例如：

```
int score; // 宣告變數 score 為整數變數
char c;    // 宣告變數 c 為字元變數
```

也可以在宣告變數時同時給予初始值，例如：

```
int score = 100; // 宣告整數變數 score 的初值為 100
char c = 'a';    // 宣告字元變數 c 的初值為字元 a
```

若資料型別相同，可以同時宣告兩個以上的變數，也可設定初始值，例如：

```
int score, total =465;
```

▲ 無初始值及有初始值的變數

2.1.2 變數名稱

為變數命名必須遵守下列規則，否則在程式編譯時會產生錯誤：

■ 變數名稱的第一個字母必須是大小寫字母、_、中文。不過，建議最好不要使用中文做為變數命名，不但在撰寫程式時輸入麻煩，而且會降低程式的可攜性。另外，如果以「_」為開始字元，則第二個字元必須是大小寫字母、數字或「_」字元。

■ 變數名稱不能與 C 語言的保留字相同。C 語言的保留字有：asm、auto、bool、break、case、catch、char、class、const、const_cast、continue、default、delete、do、double、dynamic_cast、else、enum、explict、extern、false、float、for、friend、goto、if、inline、int、long、mutable、namespace、new、operator、private、protected、public、registor、reunterpret_cast、rreturn、short、signed、sizeof、static、static_cast、struct、switch、template、this、throw、true、try、typedef、typeid、typename、union、unsigned、using、virtual、void、volatile、wchar_t、while 等。

■ 變數名稱不能包含空白字元及特殊字元，例如：~、\、@、?、%、&、# 等。

■ 變數名稱中英文字母的大小寫是有區別的，例如 APPLE、apple 與 AppLE 皆為不同的變數。

下表是一些錯誤變數名稱的範例：

錯誤變數名稱	錯誤原因
8Cake	第一個字元不能是數字。
R&D	包含特殊字元「&」。
Dr Epson	包含空白字元。
short	C 語言的保留字。
_(king)	「_」後必須為數字或字母。

只要符合上述規則，設計者可以自由設定變數名稱，建議設計者最好選用有意義的名稱來設定變數，例如：儲存成績的變數使用 score、儲存幾何圖形寬度的變數使用 width，不但在輸入時符合一般文句方式，方便又不易出錯，而且可增加程式可讀性，設計者將來維護時也可節省許多時間及成本。

另外，變數名稱與保留字相同是初學者常犯的錯誤，也是程式最難除錯的地方之一。保留字有數十個之多，一般程式設計者無法完全記得，要避免此種情況發生，可在變數命名時以「_」為起始字元。例如通常在計算成績程式中，儲存班級名稱的變數會命名為「class」，而 class 是定義類別的保留字，因此會產生錯誤；可將該變數命名為「_class」就不會出錯，所以將每個變數都以「_」符號做為起始字元就萬無一失了！

2.2 基本資料型態

平常要收藏物品的話,會考慮物品的大小、重量、價值等,選擇適當的容器來存放。例如要放置一個體積很小但價值昂貴的珠寶,就使用一個小小且異常精緻的珠寶盒才合適,如此才能達到最大效益。應用程式可能要處理五花八門的資料型態,所以有必要將資料加以分類,不同的資料型態給予不同的記憶體配置,如此才能使變數達到最佳的運作效率。

2.2.1 數值型別

數值型別是用來儲存數字型態的變數,有下列的型別:

型別名稱	資料種類	記憶體大小	範圍
char	具符號位元組	1 位元組	-128 到 127
unsigned char	無符號位元組	1 位元組	0 到 255
short	具符號短整數	2 位元組	-32768 到 32767
unsigned short	無符號短整數	2 位元組	0 到 65535
int	具符號整數	4 位元組	-2,147,483,648 到 2,147,483,647
unsigned int	無符號整數	4 位元組	0 到 4,294,967,295
long	具符號長整數	4 位元組	-2,147,483,648 到 2,147,483,647
unsigned long	無符號長整數	4 位元組	0 到 4,294,967,295
float	單精度浮點數	4 位元組	負數:-3.402×10^{38} 到 -1.401×10^{-45} 正數:1.401×10^{-45} 到 3.402×10^{38}
double	雙精度浮點數	8 位元組	負數:-1.798×10^{308} 到 -4.94×10^{-324} 正數:4.94×10^{-324} 到 1.798×10^{308}
long double	長雙精度浮點數	8 位元組	負數:-1.798×10^{308} 到 -4.94×10^{-324} 正數:4.94×10^{-324} 到 1.798×10^{308}

float 資料型別 (單精度) 的有效位數為 7 位數,如果數值資料大於 7 位數將以科學記號方式處理。double 資料型別 (雙精度) 的有效位數為 15 位數,如果數值資料大於 15 位數將以科學記號方式處理。

在 C 語言中科學記號的表示法為：

```
nE±c;
```

「n」為 1 到 10 之間的數字，「c」為 10 的指數值。

下面是科學記號表示法的範例：

```
3.987E12;  //3.987X10¹²
9.32E-4;   //9.32X10⁻⁴
```

在 C 語言除了常用的十進位數值外，也可以使用八進位或十六進位，八進位表示法是在數字 0 後面加上八進位數字 (0~7)，十六進位是使用 0x 或 0X (數字 0) 後面加上十六進位數字 (0~9，A~F) 表示十六進位。例如：

```
054;   // 八進位表示相當於十進位數  44
0x54;  // 十六進位表示相當於十進位數  84
```

使用數值型別要留意「溢位」問題：因為各種數值型別有其最大值及最小值的限制，當變數值大於最大值或小於最小值時，會呈現什麼狀況？其數值會以循環的方式顯示。以 short 型別為例：其數值範圍是 -32768 到 32767，若將 32767 加 1，其結果為 -32768；反之，若將 -32768 減 1，其結果為 32767。這就像十二小時制的時間表示法，在十一點五十九分時將時鐘往前撥一分鐘 (加 1)，時間變為 0 點 0 分；反過來，在 0 點 0 分時將時鐘往後撥一分鐘 (減 1)，時間變為十一點五十九分。要解決數值型別的溢位問題，必須在有溢位疑慮時對數值進行範圍檢查，或盡量使用範圍較大的資料型別。

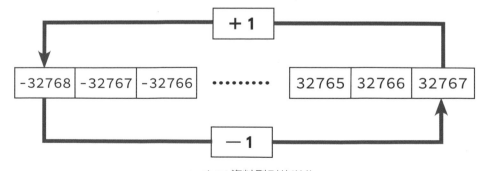

▲ short 資料型別的溢位

» 範例練習　**short** 型別溢位

顯示 short 型別中最大數加 1 及最小數減 1 的結果。(short.c)

```
■ C:\example\ch02\short.exe                          —    □    ×
s1=32767, s2=-32768
s1+1=-32768
s2-1=32767
s1+1=32768
請按任意鍵繼續 . . .
```

程式碼：**short.c**

```
 1 #include <stdio.h>
 2 #include <stdlib.h>
 3 int main()
 4 {
 5     short s1=32767, s2=-32768, t;
 6     printf("s1=32767, s2=-32768\n");
 7     t=s1+1;
 8     printf("s1+1=%d\n",t);        //-32768
 9     t=s2-1;
10     printf("s2-1=%d\n",t);        //32767
11     printf("s1+1=%d\n",s1+1);     //32768
12     system("pause");
13     return 0;
14 }
```

「%hd」是顯示 short 資料型態，「%d」是顯示 int 資料型態。

第 11 列直接顯示「s1+1」的值，其結果為 32768 而不是 -32768，與第 8 列的顯示結果不同，為何會這樣呢？第 8 列中變數 t 的資料型別為 short（第 5 列宣告），其值大於 32767，所以會產生溢位；第 11 列直接以 printf 指令顯示「s1+1」的值，printf 指令預設以 int 資料型別顯示整數，並未產生溢位，所以顯示 32768。如果希望在第 11 列顯示溢位值，可將其型別強制轉換為 short 型別（強制型別轉換將在 2.3.2 節詳細說明）：

```
printf("s1+1=%d\n",(short)(s1+1));  //-32768
```

▶ 立即演練　int 型別溢位

顯示 int 型別中最大數加 1 及最小數減 1 的結果。(int_p.c)

```
C:\example\立即演練\ch02\int_p.exe                    ─    □    ×
l1=2147483647, l2=-2147483648
l1+1=-2147483648
l2-1=2147483647
請按任意鍵繼續 . . .
```

2.2.2 字元型別 (char)

字元型別代表使用一個位元組 (Byte) 來儲存字元，其實它儲存的是字元的 ASCII 數值，換句話說，char 儲存的是 -128~127 的整數。字元常使用單引號「'」括住，且只能有一個字元，也可以使用數值直接設定。例如：

```
char chrA;        // 每個字元佔一個位元組
chrA = 'a';       // 以 ASCII=97 值儲存，chrA 的值為「a」
chrA = 97;        // 字元變數也可設定數值，chrA 的值為「a」
chrA = 0x61;      // 也可使用十六進位，chrA 的值為「a」
```

如果字元型別中包含多個字元，則變數值為最後一個字元。

```
chrA = 'abcdef';    // 包含多個字元，chrA 的值為「f」
```

char 除了可做為字元型別外，在前一小節的數值型別中也有「char」，初學者常會混淆。簡單的說，char 型別儲存的是數值，可以對其做各種數值運算，但輸出時則以格式字元決定顯示字元或數值。例如：

```
char chrA = 'a';            //chrA 的值為「a」
char chrB = 97;             //chrB 的值也為「a」
printf("%d\n", chrA);       // 顯示數值 97
printf("%c\n", chrB);       // 顯示字元 a
printf("%d\n", chrA + 2);   // 顯示數值 99
char chrC = chrA + 2;
printf("%c\n", chrC);       // 顯示字元 c
```

一個字元的表示範圍是 0 到 255，如果將大於 255 的數值以字元型別顯示時，是否也會有溢位的問題？會顯示什麼字元？還是編譯時會產生錯誤？先實作一個範例來觀察結果：

01　顯示數值大於 255 的字元。(char.c)

```
C:\example\ch02\char.exe          C:\example\ch02\char.exe
輸入大於255的整數：353            輸入大於255的整數：609
此字元為：a                       此字元為：a
請按任意鍵繼續 . . .             請按任意鍵繼續 . . .
```

程式碼：char.c

```c
1  #include <stdio.h>
2  #include <stdlib.h>
3  int main()
4  {
5      char c;      // 字元變數
6      short i;     // 整數變數
7      printf(" 輸入大於 255 的整數：");
8      scanf("%d",&i);
9      c=i;
10     printf(" 此字元為：%c\n",c);
11     system("pause");
12     return 0;
13 }
```

由第一個執行結果得知：數值 353 的字元顯示為「a」，這是如何得到的呢？在整數
型別時 353 是儲存在 2 個位元組中，而字元型別只有一個位元組，所以字元型別只
會擷取整數型別最後一個位元組資料。例如：353 的二進位表示法為 101100001，
擷取最後一個位元組資料為 01100001，換算為十進位是 97，即字母「a」。

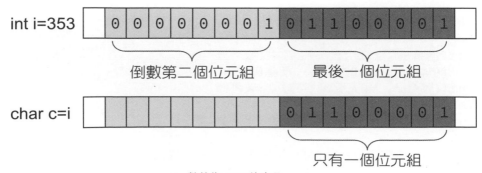

▲ 數值為 353 的字元

再看第二個執行結果，輸入數值 609，仍然顯示字母「a」，為什麼？因為 609 的二進位表示法為 1001100001，擷取最後一個位元組資料仍然是為 01100001，所以仍是字母「a」。

▲ 數值為 609 的二進位表示法

每次要得知數值大於 255 代表的字元，都要先轉換為二進位表示法，再取最後一個位元組嗎？這真是太麻煩了！其實只要將該數值除以 256 所得的餘數，即為顯示的字元，語法為：

```
i % 256
```

「%」為餘數運算子，將在第 3 章詳細說明。

例如取得 609 的字元：

```
char c = 609 % 256;   //c 的值為 97，即字元「a」
```

char 型別也包含一些逸出字元，常用的逸出字元有：

字元	Unicode 碼	意義
\'	0x0027	單引號
\"	0x0022	雙引號
\\	0x005C	反斜線
\0	0x0000	null
\a	0x0007	警告聲
\b	0x0008	倒退字元
\f	0x000C	Form feed
\n	0x000A	游標移到下一列
\r	0x000D	游標移到同一列的列首
\t	0x0009	游標跳到下一個定位點，即 [Tab] 鍵

逸出字元最常使用的是「\n」及「\t」。「\n」使用時的效果是將其後的輸出顯示於下一列的起始處,「\t」可使輸出的資料顯示於下一個定位點處,適用於需要整齊顯示資料的情況。

》範例練習 家庭收支表

使用「\t」定位及「\n」換行逸出字元顯示家庭收支表,所顯示的資料會以定位點整齊排列。(income.c)

程式碼:income.c

```
1  #include <stdio.h>
2  #include <stdlib.h>
3  int main()
4  {
5      printf(" 月份 \t 收入 \t 支出 \t 結餘 \n");
6      printf(" 一月 \t60000\t50000\t10000\n");
7      printf(" 二月 \t65000\t64000\t1000\n");
8      printf(" 三月 \t62000\t60000\t2000\n");
9      system("pause");
10     return 0;
11 }
```

「\t」定位字元可將資料顯示於定位點上,所以資料顯示時就能整齊排列。

▶ 立即演練 以逸出字元建立通訊錄

改寫前一章的隨堂練習,使用「\t」及「\n」建立三位同學的通訊錄如下圖。(address_p.c)

2.2.3 字串型別

字串型別是由字元組成的一串文字，C 語言並沒有字串的基本資料型別，而是使用字元陣列來儲存字串。「陣列」將在第 7 章詳細說明。

建立字串的語法為：

```
char 變數名稱 [n] = 字串值 ;
```

「n」為字串的最大長度。字串值的設定是將字串值置於雙引號 (「"」) 之間。

下面是建立字串的範例：

```
char str1[20];                    // 建立一個字串，內容為空字串
char str2[20] = "";               // 也是建立一個空字串
char str3[20] = "字串範例 ";       // 建立字串並初始化
```

如果字串值中要包含雙引號，前面必須加上逸出字元「\」。

```
char str4[30]="學習 \"C 語言 \" 不困難 "; // 字串內容為「學習 "C 語言 " 不困難」
```

2.2.4 布林型別 (bool)

生活中常會遇到只有兩種可能值的情況，例如性別只有男與女、婚姻狀況只有已婚與未婚等，此種情況最適合使用布林型別。布林型別只有兩個值：true(真) 或 false(假)，通常是在條件運算中使用，程式可根據布林變數的值來判斷要進行何種運作。

布林資料型別是定義在 <stdbool.h> 標頭檔中，因此要使用布林資料型別需引入 <stdbool.h>：

```
#include <stdbool.h>
```

布林變數範例：

```
#include <stdbool.h>
bool bolT = true;    // 設定 bolT 的值為 true
bool bolF = false;   // 設定 bolF 的值為 false
```

在程式中，布林變數常會與數值變數互相轉換，甚至以數值來做各種運算。當布林變數轉換為數值變數時，true 被轉換為「1」，false 被轉換為「0」。如果是數值變數轉換為布林變數時，只有「0」被轉換為 false，其餘非零的值都轉換為 true。

```
bool bolA = true;          // 設定 bolA 的值為 true
printf("%d", bolA);        // 顯示 1
printf("%d", bolA + 1);    // 顯示 2
```

2.3 型別轉換

變數宣告後，即有自己的型別，往後此變數只能接受相同型別的資料，如果在執行階段要使用不同型別的變數則必須經過型別轉換。

2.3.1 型別自動轉換

運算式中若含有不同的型別，編譯器會自動以值域較大的型別為轉換依據，避免資料遺失。例如下面計算長方形面積的例子，height 會自動由 int 轉換為 float：

```
float width = 5.2;
int height = 8;
//width*height 中，height 會自動由 int 轉換為 float
printf(" 長方形面積 =%f\n", width*height);   //41.600000
```

如果是指定式，編譯器會自動將「=」右邊的資料型別轉換為左邊的資料型別。例如接續上面計算長方形面積的例子，右邊的 float 會自動轉換為左邊的 int：

```
int area;
area = width*height;              // 自動由 float 轉換為 int
printf("area=%d\n", area);   //area=41
```

當由 float 轉換為 int 時，小數部分會無條件捨去，只取整數部分。

在做指定式自動型別轉換時，將值域較小的型別轉換為值域較大的型別，轉換資料不會流失，例如：將 short 轉為 int 或 long；但如果將值域大的型別轉換為值域小的型別，則會有資料遺失的問題，此種轉換在編譯過程不會產生錯誤，但執行結果不可預期，使用者要注意避免此種轉換的發生。

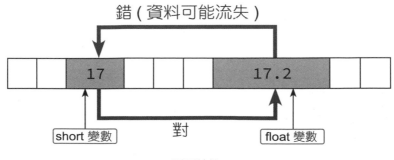

▲ 型別轉換

指定式資料型別轉換的例子：

```
short a = 1000;
int b;
b = a;   // 可以值域小轉值域大
char c;
c = a;   // 值域大轉值域小，資料會遺失
```

2.3.2　型別強制轉換

如果已知在運算式中要使用的型別，可以加上指定型別將變數的型別強制轉換，其語法為：

```
( 資料型別 ) 變數名稱；
```

例如強制將 short 轉為 int

```
short a = 200;
int b;
b = (int) a;   // 可以強制小值域轉大值域
```

強制轉換如果是將值域大的型別轉換為值域小的型別，也會有資料流失的問題，使用時必須謹慎，例如：

```
int a = 9876543;
short b;
b = (short) a;   // 大轉小，資料會遺失
```

》範例練習　計算支出

媽媽要了解家裡的金錢支出情況，設計程式輸入三天的支出後，會自動計算其支出總額及平均。(pay.c)

```
程式碼：pay.c
1  #include <stdio.h>
2  #include <stdlib.h>
3  int main()
4  {
5      short day1, day2, day3;   // 宣告變數
6      printf(" 請輸入第一天的支出：");
7      scanf("%hd",&day1);
8      printf(" 請輸入第二天的支出：");
9      scanf("%hd",&day2);
10     printf(" 請輸入第三天的支出：");
11     scanf("%hd",&day3);
12     int sum = day1 + day2 + day3;   // 計算總支出
13     float ave = (float)sum / 3;       // 計算平均
14     printf(" 您的總支出為 %d 元，平均每天支出 %f\n",sum,ave);
15     system("pause");
16     return 0;
17 }
```

第 7、9、11 列「%hd」是 short 型別的格式設定。

第 5 列建立儲存成績變數時使用 short 型別，因其所佔記憶體小 (佔 2 位元組)；12 列會自動將「=」右方的 short 型別轉換為 int 型別 (佔 4 位元組)，以避免總支出太大而產生資料遺失；因平均分數可能包含小數，故使用 float 型別，13 列使用強制轉換將 sum 變數轉換為 float 型別再除以科目總數而得到平均。

注意 13 列務必要使用強制轉換，如果省略強制轉換 (「float ave=sum/3」)，則 sum 會先以整數除以 3 而得到整數平均，再自動轉換為 float，小數部分已被移除，故顯示的平均只有「整數」部分，使用時要注意。

▶ 立即演練　計算成績

老師要用電腦計算月考成績，設計程式讓老師輸入三科成績後，會自動計算其總分及平均。(score_p.c)

</> 2.4 常數

程式執行過程中，部分固定的資料會重複出現，而且其資料內容不會改變，例如：計算圓形面積的圓周率、計算各種稅收的稅率等，可以使用一個名稱來取代此特定資料，這個設定的名稱即為「常數」。

為什麼要使用常數來取代特定數值呢？在程式中直接輸入該數值不是也一樣嗎？使用常數的第一個好處為增加程式的可讀性，例如：某學校電機系計算考生入學成績時，要將數學成績加權 10%，若學生甲的數學成績為 80 分，實得分數在程式中應撰寫「80X(1+0.1)」；但觀看程式者可能不了解「0.1」是什麼；若將 0.1 設為常數「Math_Add」，Math_Add 意為數學加成比例，程式改寫為「80XMath_Add」，可以清楚表示數學成績乘以數學加權比例，程式可讀性大為增加。

另外，當特定值有變動時，使用常數可以輕易的修改該特定值。例如：因為教師認為應提高數學重要性，希望將數學加成比例調為 25%，如果未使用常數，可能必須在程式中數十處使用加成比例的地方──將 10% 改為 25%，甚至可能因某一處未修正到，造成成績計算錯誤；使用常數時，只需在宣告常數處修正其值即可。

變數與常數的區別在於變數可以不斷改變其設定值，而常數在建立時就指定其初始值，此值不能在程式中加以改變。

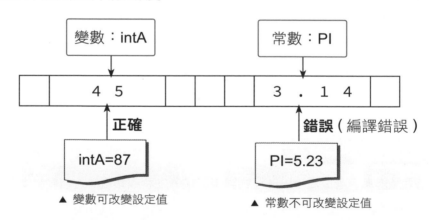

建立常數的方法有兩種：「#define」及「const」。

2.4.1 以 **#define** 自訂常數

#define 是 C 語言的前置處理指令,也可用於定義自訂常數,通常會在程式最前面位置作宣告。以 #define 自訂常數的語法為:

```
#define 常數名稱 常數值
```

要特別注意,以 #define 自訂常數時,程式結尾並不需要加上「;」符號,而且常數名稱與常數值之間沒有「=」號,否則會產生編譯錯誤。例如:

```
#define PI 3.14
```

2.4.2 以 **const** 自訂常數

另一種定義常數的方法是以 const 關鍵字宣告,語法為:

```
const 資料型別 常數名稱 = 常數值;
```

常數範例:

```
const double PI = 3.14;
```

與變數相同,也可以在同一列中宣告數個相同型別的常數,例如:

```
const double Math_Add = 0.1, Eng_Add = 0.05;
```

》範例練習 計算圓面積

以 const 建立圓周率為常數 3.1416,輸入圓的半徑後會顯示該圓的面積。(area.c)

```
C:\example\ch02\area.exe                      —   □   ×
輸入圓形的半徑:10
圓形的面積為:314.159973
請按任意鍵繼續 . . .
```

程式碼：**area.c**

```c
1  #include <stdio.h>
2  #include <stdlib.h>
3  int main()
4  {
5      const float PI=3.1416;   // 建立圓周率常數
6      float radium;
7      printf(" 輸入圖形的半徑：");
8      scanf("%f",&radium);
9      printf(" 圓形的面積為：%f\n",(float)PI*radium*radium );
10     system("pause");
11     return 0;
12 }
```

▶ 立即演練　計算所得稅

以 const 建立所得稅率為常數 0.13，輸入年所得後會顯示應繳的所得稅。(tax_p.c)

```
■ C:\example\立即演練\ch02\tax_p.exe                    —    □    ×
輸入今年所得：2000000
今年應繳的所得稅為：259999.984375
請按任意鍵繼續 . . .
```

2.5 本章重點整理

■ 給予儲存資料地址一個有意義的名稱，以這些名稱來取代無意義的數字地址，就可輕鬆取得電腦中的資料了！這些取代數字地址的名稱，就是「變數」。

■ 變數宣告的語法為：

```
資料型別  變數名稱 [= 初始值];
```

■ 不同的資料型態給予不同的記憶體配置，如此才能使變數達到最佳的運作效率。

■ 數值型別是用來儲存數字型態的變數。

■ 字元型別 (char) 代表使用一個位元組 (Byte) 來儲存字元，其實它儲存的是字元的 ASCII 數值，換句話說，char 儲存的是 -128~127 的整數。

■ 字串型別是由字元組成的一串文字。

■ 布林型別只有兩個值：true(真) 或 false(假)，此種變數通常是在條件運算中使用。

■ 運算式中若含有不同的型別，編譯器會自動以值域較大的型別為轉換依據，避免資料遺失。

■ 在運算式中加上指定的型別，可以將型別強制轉換。

■ 程式執行過程中，部分固定的資料會重複出現，而且其資料內容不會改變，可以使用一個名稱來取代此特定資料，這個特定的名稱即為「常數」。

■ 建立常數的方法有兩種：「#define」及「const」。

延 伸 練 習

2.1 變數

1. 為變數命名必須遵守哪些規則，否則在程式編譯時會產生錯誤？[中]

2. 下列哪些是正確的變數名稱？[中]

   (A)%apple   (B)Year2010   (C)3388   (D)fruit
   (E)threepig   (F)cb8036   (G)_seven   (H)china#
   (I)12_years   (J)Google8

3. 下列哪些是 C 語言的保留字？[中]

   (A)bool   (B)six   (C)protected   (D)using
   (E)static   (F)state   (G)gold   (H)default
   (I)size   (J)sizeof

2.2 基本資料型態

4. 下列資料型別佔多少記憶體大小？數值範圍為多少？[易]

   (A)char   (B)int   (C)short

5. 下列科學記號表示值為多少？[易]

   (A)1.67E5   (B)-3.5E4   (C)5.9764E-4

6. 下列數值以科學記號表示為何？[中]

   (A)8324000   (B)-0.00007592   (C)-67432

7. 下列程式的結果為何？[中]

```c
int main()
{
    char c = 68;
    printf("%c", c);
}
```

8. 要在程式宣告 c 為字元變數並設定其值為「A」，有哪些方法？[難]

9. 撰寫程式宣告 n 為整數變數，設定其值為 100；s 為字串變數，設定其值為「DevC++」；再以 printf 指令顯示變數值如下圖。[易]

延伸練習

10. 撰寫程式顯示包含雙引號字串「"C 語言 " is very easy.」及包含反斜線字串「c:\DevC\example.c」，如下圖。[中]

2.3 型別轉換

11. 下列資料型別轉換時，何者可能產生資料流失？ [中]

(A)int 轉 short   (B)char 轉 short

(C)char 轉 int   (D)long 轉 int

12. 撰寫程式讓使用者輸入一個整數，再使用強制轉換將該數除以 3 成為浮點數，並顯示結果，如下圖。[中]

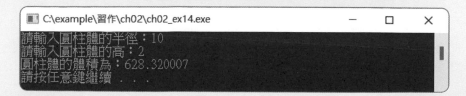

2.4 常數

13. 為什麼要使用常數來取代特定數值呢？ [易]

14. 以 #define 建立圓周率為常數 3.1416，輸入圓柱體的半徑及高後會顯示該圓柱體的體積，如下圖。[中]

memo

03

基本運算成員

3.1 運算式

電腦最大的貢獻之一就是運用其超強的運算能力，為人類解決許多以往要耗費極多時間及人力的計算工作，在很短時間就完成。例如一個數千位學生的學校要計算學期成績，以往需動員教務處數個人力，日以繼夜工作數天才能完成，現在使用電腦作業，完成成績輸入後，大約數十分鐘到數小時就能計算完畢所有學生的成績。

我們從小就學過：一切數學都由「一加一等於二」開始，所以這個定律是數學中最重要的。「一加一」就是運算式典型的例子。

3.1.1 運算元與運算子

日常生活中的計算都是運算式，最簡單例子如上超市買東西時各種物品價錢的加總，到複雜的四則計算如攝氏及華氏的溫度換算等都屬於運算式。

運算式由兩個部分組成：

- **運算子**：指定資料做何種計算的符號，例如：「2+5」中的「+」。
- **運算元**：進行運算的資料，通常是數字或字串，可以直接使用各種數值資料，也可以使用變數。例如：「2+5」中的「2」及「5」。

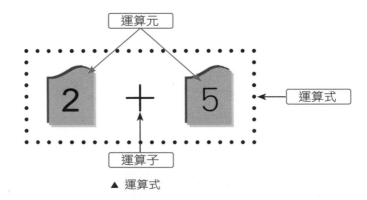

▲ 運算式

運算子依據運算元的個數分為三種：

■ **單元運算子**：只有一個運算元，可以位於運算元的左方，例如「-5」中的「-」(負)；
也可以位於運算元的右方，例如「score++」中的「++」(遞增)。

■ **二元運算子**：具有兩個運算元，二元運算子是位於兩個運算元的中間，例如「35-
12」中的「-」(減)、「x||y」中的「||」(或)。

■ **三元運算子**：具有三個運算元，三元運算子是由兩個運算符號組成，例如
「a>b?a:b」中的「?」及「:」。

3.1.2 執行運算式

常見的運算式是直接以數值資料運算，其運算結果直接顯示於螢幕，例如：

```
printf("%d", 2+5);
```

在程式中最常使用的方式為變數的計算，同時將運算結果也儲存於變數中，以便對
結果做進一步處理，直到需要顯示時才將變數值顯示出來。例如：

```
int a=4, b=2, c;
c = a + b;   //c 的值為 6
```

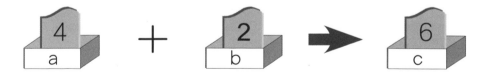

</> 3.2 運算子

C 語言中的運算子種類非常多，不但可執行算術運算，還可以執行邏輯運算、位元運算等。

3.2.1 指定運算子

指定運算子的符號為「=」，類似於數學中的等號，但其意義不是「等於」，而是將等號右方的值指定給等號左方的變數，語法為：

```
變數 = 值;
```

例如將變數 a 的值設定為「5」：

```
a = 5;   //a 的值為 5
```

等號右方的「值」，可以是數值或字串，也可以是變數或運算式，例如：

```
int a = 5, b;
b = a;      //b 的值為 5
b = a + 5;  //b 的值為 10
```

上面的範例都如同數學的「等於」，另一種常用的情況為將運算結果又指定給原先的運算元，就無法用「等於」來解釋了！例如：

```
int a = 3;
a = a + 1;
```

變數 a 的記憶體中原始值為 3，當運算式執行完畢後會將結果再放回變數 a 的記憶體中，即將結果值設定給變數 a，所以變數 a 的值為 4。

此方式可以對運算元做多次運算，例如程式中常會使用計數器來讓電腦執行重複的工作，計數器就是將做為運算元的變數加 1 後再存回原來的變數，就可將計數器值加 1。

如果有多個變數需要設定同一個值時，可以使用連續等號一次設定多個變數的值，語法為：

```
變數1 = 變數2 = …… = 值;
```

例如將變數 a、b、c 的值都設定為 90：

```
a = b = c = 90;
```

 計算加權及總分

小明的數學、英文及化學三科成績都是 78 分，但數學可加權計分而增加 5 分，請計算加權及總分。(sum.c)

```
C:\example\ch03\sum.exe                      —    □    ×
數學加權後為： 83 分
三科總分為： 239 分
請按任意鍵繼續 . . .
```

程式碼：sum.c

```c
1 #include <stdio.h>
2 #include <stdlib.h>
3 int main()
4 {
5     int math, eng, chem, sum;
6     math=eng=chem=78;
7     math=math+5;
8     printf(" 數學加權後為：%d 分 \n",math);
9     sum=math+eng+chem;
10    printf(" 三科總分為：%d 分 \n",sum);
11    system("pause");
12    return 0;
13 }
```

程式說明

- 6　　同時設定三個變數值為 78。
- 7　　數學加 5 分後設定回原變數。
- 9　　加法運算後設定給新變數 sum。

3.2.2 算術運算子

用於執行一般數學運算的運算子稱為「算術運算子」。

運算子	意義	範例	範例結果
+	兩運算元相加	18+2	20
-	兩運算元相減	18-2	16
*	兩運算元相乘	18*2	36
/	兩運算元相除	18/2	9
%	取得餘數	18%4	2
+	正號	+100	
-	負號	-100	
++	運算元遞增 (遞增運算子)	int a=5; a++;	6
--	運算元遞減 (遞減運算子)	int a=5; a--;	4

使用除法符號「/」時要注意如果商數包含小數時，資料型別要使用 float 或 double，例如：

```
float a=20, b=3;
printf("%f", a/b);  //6.666667
```

如果使用整數型別時，商數的小數部分將無條件捨去，例如：

```
int a=20, b=3;
printf("%d", a/b);  //6
```

另外，使用除法時要注意不可以除以 0，否則會產生錯誤。

與一般算術符號較不同的是「%」，功能是取得兩整數相除的餘數，要注意此運算子的兩個運算元必須是整數，否則會出現編譯錯誤。此運算子的應用之一是可以檢查兩數是否整除：如果餘數為 0，表示兩數可整除；餘數不為 0 則表示兩數不可整除。

» 範例練習 商數及餘數

讓使用者輸入都是整數的被除數及除數，程式會顯示兩數相除的商及餘數。(divide.c)

```
C:\example\ch03\divide.exe                                    —    □    ×
請輸入被除數(整數)：124
請輸入除數(整數，不能為0)：15
商：8，餘數：4
請按任意鍵繼續 . . .
```

程式碼：divide.c

```c
1  #include <stdio.h>
2  #include <stdlib.h>
3  int main()
4  {
5      int a, b;
6      printf(" 請輸入被除數 ( 整數 ):");
7      scanf("%d",&a);
8      printf(" 請輸入除數 ( 整數，不能為 0):");
9      scanf("%d",&b);
10     printf(" 商：%d，餘數：%d\n",a/b,a%b);
11     system("pause");
12     return 0;
13 }
```

► 立即演練 計算兩數乘積

讓使用者輸入兩個任意數，程式會顯示兩數相乘的積。(multip_p.c)

```
C:\example\立即演練\ch03\multip_p.exe                          —    □    ×
請輸入第一個數：56
請輸入第二個數：8
兩數之積為：448.000000
請按任意鍵繼續 . . . ▄
```

另外有兩個較為特殊的運算子：遞增運算子「++」及遞減運算子「--」。遞增運算子及遞減運算子的語法為：

```
變數名稱 ++  或  ++ 變數名稱
變數名稱 --  或  -- 變數名稱
```

例如 a++ 或 ++a 的意義皆為 a=a+1，兩者都會將 a 的值加 1。「a++」是將運算子放在變數後面，稱為「後置遞增運算子」，「++a」則是將運算子放在變數前面，稱為「前置遞增運算子」。兩者都會將變數 a 的值加 1，但其實是有差別的：「b=++a」是先將 a 加 1 後再將 a 指派給 b，所以 b 和 a 相等，同是原數加 1 的結果，例如：

```
int a = 3;
int b = ++a;
printf("a=%d, b=%d\n", a, b);  //a=4, b=4
```

「b=a++」則是先將 a 指派給 b 後，再將 a 值加 1，所以 b 仍是原先 a 的值，例如：

```
int a = 3;
int b = a++;
printf("a=%d, b=%d\n", a, b);  //a=4, b=3
```

遞減運算子的用法與遞增運算子完全相同，只是運算改為「減 1」，不再贅述。

遞增運算子及遞減運算子具有每次增加或減少 1 的特性，因此常做為計數器使用，在第 6 章的迴圈中會大量使用。

》範例練習　遞增運算子

觀察前置遞增運算子與後置遞增運算子的不同。(stepplus.c)

```
程式碼：stepplus.c
1  #include <stdio.h>
2  #include <stdlib.h>
3  int main()
4  {
5      int a=5;
6      printf("a=%d\n",a);
7      printf("(a++)*4=%d\n",(a++)*4);    //a++ 結果為 5
8      a=5;
9      printf("(++a)*4=%d\n",(++a)*4);    //++a 結果為 6
10     system("pause");
11     return 0;
12 }
```

程式說明

- 7　　　　a++ 的運算結果為 5，但 a 值為 6。
- 8　　　　因為 a 值為 6，所以要將其還原為 5。
- 9　　　　++a 的運算結果為 6，而 a 值也為 6。

要特別注意：第 7 列程式結果 a++ 為 5，所以其乘以 4 為 20，但 a 值為 6；而第 9 列程式結果 ++a 及 a 值皆為 6，所以 ++a 乘以 4 為 24。

▶ 立即演練　遞減運算子

a=8，撰寫程式觀察「(a--)+5」及「(--a)+5」的結果有何不同。(stepminus_p.c)

3.2.3 比較運算子

比較運算子會比較兩個運算式的大小關係，第 5 章在進行程式流程控制時會經常使用比較運算子。比較運算子的結果只有兩種情況：若比較結果正確，就傳回 1（代表 true，真），若比較結果錯誤，就傳回 0（代表 false，假）。

運算子	意義	範例	範例結果
==	運算式 1 是否等於運算式 2	(4+5==2+7) (3+5==2+7)	1 0
!=	運算式 1 是否不等於運算式 2	(3+5!=2+7) (4+5!=2+7)	1 0
>	運算式 1 是否大於運算式 2	(5+5>2+7) (4+5>2+7)	1 0
<	運算式 1 是否小於運算式 2	(3+5<2+7) (4+5<2+7)	1 0
>=	運算式 1 是否大於或等於運算式 2	(4+5>=2+7) (3+5>=2+7)	1 0
<=	運算式 1 是否小於或等於運算式 2	(3+5<=2+7) (5+5<=2+7)	1 0

範例：

```
int a=5, b=5;
printf("%d", (a==b));  //1 (true)
```

由於算術符號中沒有「==」，因此初學者對於此符號較陌生。要注意「=」為指定運算子，比較兩個運算式是否相等時務必使用「==」，初學者常會將「==」寫成「=」而造成錯誤。

» 範例練習　三一律

三一律：兩數比較的結果，大於、等於或小於，只有一個會成立。讓使用者輸入兩個整數，顯示兩數比較的結果。(compare.c)

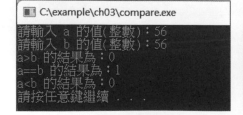

```
程式碼: compare.c
1 #include <stdio.h>
2 #include <stdlib.h>
3 int main()
4 {
5     int a, b;
6     printf(" 請輸入 a 的值 ( 整數 ) : ");
7     scanf("%d",&a);
8     printf(" 請輸入 b 的值 ( 整數 ) : ");
9     scanf("%d",&b);
10    printf("a>b 的結果為 : %d\n",(a>b));
11    printf("a==b 的結果為 : %d\n",(a==b));
12    printf("a<b 的結果為 : %d\n",(a<b));
13    system("pause");
14    return 0;
15 }
```

3.2.4 邏輯運算子

邏輯運算子通常是結合多個比較運算式來綜合得到最終比較結果，用於較複雜的比較條件。邏輯運算子的結果與比較運算子相同，只有兩種情況：1 或 0。

運算子	意義	範例	範例結果
! (Not)	傳回與原來比較結果相反的值，即比較結果是 true，就傳回 false；比較結果是 false，就傳回 true。	!(12>7) !(7>12)	0 1
& (And)	只有兩個運算元的比較結果都是 true 時，才傳回 true，其餘情況皆傳回 false。	(12>7)&(5>2) (12>7)&(5<2) (12<7)&(5>2) (12<7)&(5<2)	1 0 0 0
| (Or)	只有兩個運算元的比較結果都是 false 時，才傳回 false，其餘情況皆傳回 true。	(12>7)|(5>2) (12>7)|(5<2) (12<7)|(5>2) (12<7)|(5<2)	1 1 1 0
^ (Xor)	兩個運算元的比較結果都是 true 或 false 時，就傳回 false；兩個運算元的比較結果一個是 true 而另一個是 false 時，就傳回 true。	(12>7)^(5>2) (12>7)^(5<2) (12<7)^(5>2) (12<7)^(5<2)	0 1 1 0

運算子	意義	範例	範例結果
&& (AndAlso)	第一個運算元為 false 時,直接傳回 false;若第一個運算元為 true 時,則繼續比較第二個運算元,其為 true 就傳回 true,否則就傳回 false。	結果與 & 相同。	
|| (OrElse)	第一個運算元為 true 時,直接傳回 true;若第一個運算元為 false 時,則繼續比較第二個運算元,其為 true 就傳回 true,否則就傳回 false。	結果與 | 相同。	

「&」及「&&」是兩個運算式都是 true 時其結果才是 true,相當於數學上兩個集合的交集,如下圖:

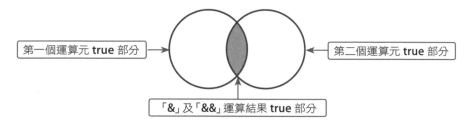

「|」及「||」是只要其中一個運算式是 true 時其結果就是 true,相當於數學上兩個集合的聯集,如下圖:

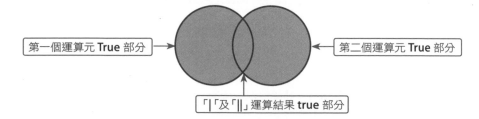

「&&」及「||」的比較結果分別與「&」及「|」完全相同,但因前者在某些情況並不對第二個運算式做比較,所以執行效率較高。

» 範例練習 ▸ 邏輯運算子

顯示各種邏輯運算的結果。(logic.c)

```
C:\example\ch03\logic.exe                    —    □    ×
a=8, b=5, c=9, d=2
a>b & c>d 的結果為：1
a<b | c<d 的結果為：0
a>b ^ c>d 的結果為：0
!(a<b) 的結果為：1
請按任意鍵繼續 . . .
```

程式碼：**logic.c**

```c
1  #include <stdio.h>
2  #include <stdlib.h>
3  int main()
4  {
5      int a=8, b=5, c=9, d=2;
6      printf("a=8, b=5, c=9, d=2\n");
7      printf("a>b & c>d 的結果為：%d\n",(a>b & c>d));
8      printf("a<b | c<d 的結果為：%d\n",(a<b | c<d));
9      printf("a>b ^ c>d 的結果為：%d\n",(a>b ^ c>d));
10     printf("!(a<b) 的結果為：%d\n",!(a<b));
11     system("pause");
12     return 0;
13 }
```

3.2.5 複合指定運算子

在程式中，某些變數值常需做某種規律性改變，例如在迴圈中需將計數變數做特定增量。如果增量為 1 可用「變數 ++」(3.2.2 節介紹)，但如果增量不是 1，一般的做法是將變數值進行運算後再指定給原來的變數。例如：將變數 a 的值增加 5：

```
a = a + 5;
```

這樣的寫法有些累贅，因為同一個變數名稱重複寫了兩次。複合指定運算子就是為簡化此種敘述產生的運算子，將運算子置於「=」前方來取代重複的變數名稱。例如：

```
a += 5;   // 即 a=a+5
a -= 5;   // 即 a=a-5
```

要使用複合指定運算子的先決條件是等號右方的運算元必須有一個與左方指定數值運算元相同，如此才能省略一個運算元。

下表中 a 的資料型別為 int，a 的值為 7 來計算範例結果：

運算子	意義	範例	範例結果
+=	兩運算元相加後再指定給原變數	a+=5	12
-=	兩運算元相減後再指定給原變數	a-=5	2
*=	兩運算元相乘後再指定給原變數	a*=5	35
/=	兩運算元相除得到商數後再指定給原變數	a/=5	1
%=	兩運算元相除得到餘數後再指定給原變數	a%=5	2
&=	兩運算元做位元 and 運算後再指定給原變數	a&=5	5
|=	兩運算元做位元 or 運算後再指定給原變數	a|=5	7
<<=	運算元做位元左移運算後再指定給原變數	a<<=2	28
>>=	運算元做位元右移運算後再指定給原變數	a>>2	1

表中最後四個運算子為位元運算子，請參考第 14 章說明。

▲ a+=5 圖示

» 範例練習 以複合指定運算子計算成績

讓使用者輸入三科成績，程式以複合指定運算子計算三科成績總和。(score.c)

```
程式碼：score.c
1  #include <stdio.h>
2  #include <stdlib.h>
3  int main()
4  {
5      int sum=0, score1, score2, score3;   //sum儲存總成績，初始值為 0
6      printf(" 請輸入第一科成績：");
7      scanf("%d",&score1);
8      sum += score1;   // 總和加入第一科成績
9      printf(" 請輸入第二科成績：");
10     scanf("%d",&score2);
11     sum += score2;   // 總和加入第二科成績
12     printf(" 請輸入第三科成績：");
13     scanf("%d",&score3);
14     sum += score3;   // 總和加入第三科成績
15     printf(" 總成績為：%d 分 \n",sum);
16     system("pause");
17     return 0;
18 }
```

▶ 立即演練 計算平方

以複合指定運算子設計程式，讓使用者輸入任意數，程式會顯示該數的平方。
(square_p.c)

```
■ C:\example\立即演練\ch03\square_p.exe          —    □    ×
請輸入任意數：7.5
7.500000 的平方為：56.250000
請按任意鍵繼續 . . .
```

3.2.6 sizeof 型別運算子

第 2 章已詳細說明各種資料型別所佔的記憶體容量，讓設計者可以使用最適當的資料型別來儲存資料。資料型別種類不少，要全部記得不是很容易，如果在程式設計中要了解記憶體的配置情形，常需查閱資料，是一件非常麻煩的事情。sizeof 運算子可以取得各種資料型別、變數及運算式的位元組大小，如此就不必死記各種資料型別的記憶體大小，只要一個運算子就解決所有問題。

最重要的是，在不同的電腦系統上，資料型別所佔的記憶體大小會有所差異，例如在十六位元和三十二位元作業系統中就不一樣。使用 sizeof 運算子取代固定數值後，當程式要移植到不同電腦系統時，就不必更改程式碼而能正常運作。例如：

```
int a = sizeof(char);      //a=1, 取得字元資料型別記憶體大小
int b = sizeof(double);    //b=8
int c = sizeof(a);         //c=4, 取得變數記憶體大小
int d = sizeof(a+b);       //d=4, 取得運算式記憶體大小 ,a=1,b=8
```

» 範例練習　顯示資料型別記憶體大小

顯示本機作業系統各種資料型別、變數及運算式所佔記憶體的大小。(sizeof.c)

```
C:\example\ch03\sizeof.exe                           —  □  ×
char 記憶體大小為 1
short 記憶體大小為 2
int 記憶體大小為 4
long 記憶體大小為 4
float 記憶體大小為 4
double 記憶體大小為 8
變數 a 記憶體大小為 2
算式 a+b 記憶體大小為 4
請按任意鍵繼續 . . .
```

程式碼：sizeof.c

```c
1  #include <stdio.h>
2  #include <stdlib.h>
3  int main()
4  {
5      short a=1;
6      int b=1;
7      printf("char 記憶體大小為 %d\n",sizeof(char));      //1
8      printf("short 記憶體大小為 %d\n",sizeof(short));    //2
9      printf("int 記憶體大小為 %d\n",sizeof(int));        //4
10     printf("long 記憶體大小為 %d\n",sizeof(long));      //4
11     printf("float 記憶體大小為 %d\n",sizeof(float));    //4
12     printf("double 記憶體大小為 %d\n",sizeof(double));  //8
13     printf(" 變數 a 記憶體大小為 %d\n",sizeof(a));       //2
14     printf(" 算式 a+b 記憶體大小為 %d\n",sizeof(a+b));   //4
15     system("pause");
16     return 0;
17 }
```

程式說明

- **13**　由於 a 的資料型別為 short，所以記憶體大小為 2。
- **14**　a+b 運算式會先經自動型別轉換為值域較大者，也就是 int 型別，所以記憶體大小為 4。

3.2.7　條件運算子

在 C 語言中有一個非常實用的條件運算子，它屬於三元運算子，是由「?」及「:」兩個符號所組成，語法為：

```
比較運算式 ? 值1 : 值2
```

運算式會依據比較運算的結果來決定運算式的結果：若比較運算式結果為「真」，則運算式結果為「值1」；若條件判斷結果為「假」，則運算式結果為「值2」。.

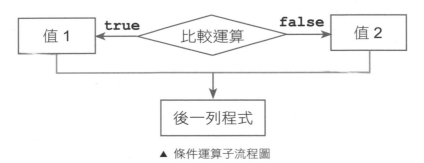

▲ 條件運算子流程圖

「if…else」判斷式是根據比較運算的結果在兩種情況擇一執行，與此條件運算子的功能類似，但此條件運算子程式簡潔很多，只要一列程式碼就能取代「if…else」五、六列程式碼，不過條件運算子的運算式結果只能是一個值或運算式，無法依據判斷結果執行多列程式碼。

條件運算子的應用很廣，只要是兩個值取其中之一者皆可使用，例如依據成績判斷是否及格、兩數取出其中較大或較小的數等。下面以判斷成績是否及格為例，如果成績大於或等於 60 分就及格，否則不及格：

```
int score = 70;
score >= 60 ? "及格" : "不及格";  // 及格
```

讓使用者輸入任意整數，程式會顯示其為偶數或奇數。(evenodd.c)

```
C:\example\ch03\evenodd.exe
請輸入一個整數：88
你輸入的數為：偶數
請按任意鍵繼續 . . .
```

```
C:\example\ch03\evenodd.exe
請輸入一個整數：21
你輸入的數為：奇數
請按任意鍵繼續 . . .
```

程式碼：**evenodd.c**

```c
1  #include <stdio.h>
2  #include <stdlib.h>
3  #include <string.h>
4  int main()
5  {
6      int n;
7      char s[20];
8      printf(" 請輸入一個整數：");
9      scanf("%d",&n);
10     strcpy(s, (n%2)==0 ? " 偶數 " : " 奇數 "); // 根據輸入的數判斷
11     printf(" 你輸入的數為：%s\n",s); // 顯示結果
12     system("pause");
13     return 0;
14 }
```

程式說明

- 3　　　第 10 列使用 strcpy 必須引入 string.h 標頭檔。
- 10　　如果一個數除以 2 的餘數為 0，表示此數為偶數，否則就是奇數。

字串是一個字元組成的陣列，無法以指定運算子「=」改變字串值，需使用 strcpy 函式改變字串值。strcpy 的語法為：

```c
strcpy(s1, s2);
```

- **s1**：字串變數。
- **s2**：要設定的字串值。

例如下面程式結果為 **str1** 的值為「字串一」。字串各種函式將在第 8 章詳細說明。

```c
strcpy(str1, " 字串一 ");
```

▶ 立即演練 找出最大數

讓使用者輸入三個數,程式會顯示其中最大的數。(maxnum_p.c)

3.2.8 運算子的優先順序

小學生初學四則運算時,老師會教學生「先乘除,後加減」的口訣,否則學生會迷失在長長的計算式中。C 語言的運算子有數十個,務必徹底了解各運算子的優先順序,否則見到複雜的運算式,會有不知如何下手之慮。

下表為常見運算子的優先順序,數字越小表示優先順序越高,若同一列中的運算子具有相同的優先順序,則由左至右運算。

優先順序	運算子	分類
1	()	括號運算子
2	::	範圍解析運算子
3	.、->、a()、a[]、i++、i--	成員存取運算子
4	+、-、!、~、++i、--i、sizeof	一元運算子
5	*、/、%	乘除法運算
6	+(加)、-(減)	加減運算
7	<<、>>	移位運算
8	<、>、<=、>=	關係運算
9	==、!=	等於運算
10	&	關係 / 位元運算 And
11	^	關係 / 位元運算 Xor
12	|	關係 / 位元運算 Or
13	&&	AndAlso 運算

優先順序	運算子	分類
14	||	OrElse 運算
15	?:	條件運算子
16	= 、 *= 、 /+ 、 %= 、 += 、 -= 、 <<= 、 >>= 、 &= 、 |= 、 ^=	指定運算

以「84 < 50 | 67 > (14 +2) + 15 * 2」為例，計算過程為：

84 < 50 | 67 > (14 + 2) + 15 * 2	
步驟 1	14 + 2 = 16 // 括號中最先運算
步驟 2	15 * 2 = 30 // 乘法比加法優先
步驟 3	16 + 30 = 46
步驟 4	84 < 50 // 傳回 false
步驟 5	67 > 46 // 傳回 true
步驟 6	(false) | (true) // 最後結果為 1 (true)

3.3 進階型別轉換

在第 2 章中曾提及不同資料型別的資料進行運算時，會先做型別轉換才進行運算，在複雜的運算式中，型別轉換也變得相當複雜，該如何設計才能確保正確的資料型別呢？

C 語言在運算式中做自動型別轉換時有個原則，就是「轉換時以不流失資料為前提」，否則容易造成執行結果錯誤。資料型別由大到小的轉換順序為：

```
double > float > long > int > short > char
```

當 C 語言發現運算式中有資料型別不符合時，會依據下面兩個規則做型別轉換：

■ 記憶體佔用較少者轉換為記憶體佔用較多者：例如：short 型別遇上 int 型別時，short 型別會轉換為 int 型別。

■ 指定運算子右方的資料型別轉換為指定運算子左方的資料型別：例如：f 為 float 型別，i 為 int 型別，s 為 short 型別，「f=i+s」運算式最後的結果，會將右方資料型別轉換為 float 再設定給 f。

以下面的範例來分析運算式中的型別轉換過程：

» 範例練習　運算式型別轉換

利用包含各種資料型別變數的運算式呈現自動型別轉換。(trantype.c)

```
C:\example\ch03\trantype.exe                    —    □    ×
d=f*i+c/s 的運算結果為 34.599998
請按任意鍵繼續 . . .
```

程式碼：*trantype.c*
```c
1 #include <stdio.h>
2 #include <stdlib.h>
3 int main()
4 {
5     int i=6;
6     char c='A';
7     short s=5;
8     float f=3.6;
9     double d;
10     d=(float)f*i+c/s;
```

```
11      printf("d=f*i+c/s 的運算結果為 %f\n",d);
12      system("pause");
13      return 0;
14 }
```

此運算式幾乎包含全部數值型別，其轉換過程為：

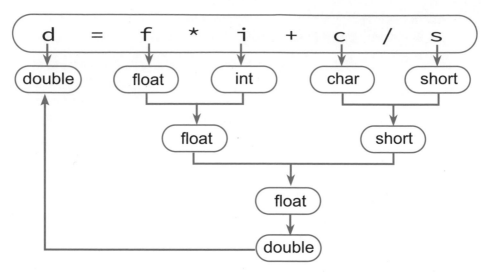

了解資料型別的轉換過程後，將數值代入，觀察實際數值運算過程：

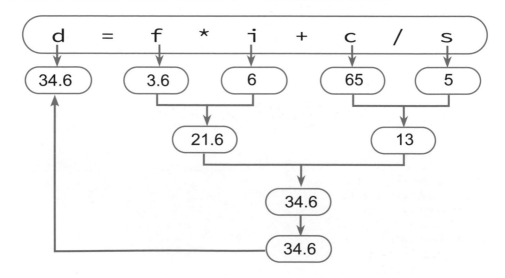

3.4 本章重點整理

- 運算式由兩個部分組成：

  - **運算子**：指定資料做何種計算的符號，例如：「2+5」中的「+」。

  - **運算元**：進行運算的資料，通常是數字或字串，可以直接使用各種數值資料，也可以使用變數。例如：「2+5」中的「2」及「5」。

- 運算子依據運算元的個數分為三種：單元運算子、二元運算子及三元運算子。

- 指定運算子的符號為「=」，是將等號右方的值指定給等號左方的變數。

- 用於執行一般數學運算的運算子稱為「算術運算子」。

- 比較運算子會比較兩個運算式的大小關係，結果只有兩種情況：若比較結果正確，就傳回 1（代表 true，真），若比較結果錯誤，就傳回 0（代表 false，假）。

- 邏輯運算子通常是結合多個比較運算式來綜合得到最終比較結果，用於較複雜的比較條件。

- 複合指定運算子是將運算子置於「=」前方來取代重複的變數名稱。

- sizeof 運算子可以取得各種資料型別、變數及運算式的位元組大小。

- 條件運算子，它是由「?」及「:」兩個符號所組成。

- C 語言在運算式中做自動型別轉換時有個原則，就是「轉換時以不流失資料為前提」。

3.1 運算式

1. 運算子依據運算元的個數分為哪三種？[易]

3.2 運算子

2. 下列程式片斷的執行結果為何？[易]

```
printf("%d\n", (8*9)>(6*8));
```

3. 下列程式片斷的執行結果為何？[易]

```
int a=18, b=6, c=7, d=9;
printf("%d\n", (a>b & c>d));
```

4. 下列程式片斷的執行結果為何？[易]

```
int a=18, b=6;
a -= b;
printf("%d\n", a);
```

5. 「=」與「==」有何不同？[中]

6. 下列程式片斷執行後，a 及 b 的值為何？[中]

```
int a=7, b;
b = ++a;
```

7. 下列程式片斷執行後，a 及 b 的值為何？[中]

```
int a=7, b;
b = a++;
```

8. 下列程式片斷的執行結果為何？[中]

```
int a=73, b=21;
a %= b;
printf("%d\n", a);
```

9. 排列下列運算子的優先順序？[中]

    (A)=   (B)+   (C)==   (D)&   (E)()

延 伸 練 習

10. 下列程式片斷的執行結果為何？[難]

```
int a=18, b=6;
printf("%d\n", a&b);
```

11. 有 180 個雞蛋，每打賣 50 元，撰寫程式計算共可賣多少元？如下圖。[易]

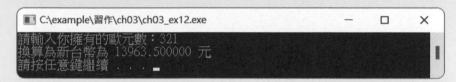

12. 目前歐元兌換新台幣為 1：43.5，讓使用者輸入歐元數，程式會顯示換算為新台幣的數目，如下圖。[易]

13. 讓使用者輸入一個任意數，程式會顯示此數的立方值，如下圖。[中]

14. 讓使用者輸入三科成績，計算其總分及平均後顯示，如下圖。[中]

15. 讓使用者輸入國文成績，利用三元運算子撰寫程式顯示該成績是否及格，如下圖。[中]

16. 讓使用者輸入梯形的上底、下底及高，程式會計算梯形的面積 (梯形面積的公式為「上底加下底乘以高除以二」)，如下圖。[中]

17. 變數 a、b、c 的初始值為「a=8,b=3,c=9」，撰寫程式執行「a=a+++(a-b)*(c-b)」後，顯示變數 a、b、c 的值，如下圖。[難]

18. 讓使用者輸入任意整數，程式會顯示其是否為 3 的倍數，如下圖。[難]

3.3 進階型別轉換

19. 下列資料型別由大到小的轉換順序為何？[中]

(A)long   (B)int   (C)double   (D)short   (E)float

04

輸出格式化及輸入注意事項

4.1 printf 輸出格式化

前一章範例列印浮點數值時，無論是否含有小數，都會顯示小數點後面六位數，不但不美觀，有時還會有部分誤差，例如：

```
C:\example\ch03\trantype.exe                    —   □   ×
d=f*i+c/s 的運算結果為 34.599998
請按任意鍵繼續 . . .
```

上圖中的運算結果應為 **34.6**，顯示成 **34.599998**。若是將顯示值指定為小數點一位數或兩位數，就不會產生誤差。

輸出格式化不僅能指定小數顯示位數，還能設定資料顯示長度、對齊方向等。

4.1.1 項目格式

printf 指令的語法為：

```
printf(" 輸出字串 ", 項目1, 項目2, ………);
```

「輸出字串」包含要顯示的字串內容及項目格式，常用的項目格式有：

項目格式	說明	項目格式	說明
%c	字元	%s	字串
%d	整數 (int)	%o	無符號八進位數值
%hd	短整數 (short)	%u	無符號十進位數值
%ld	長整數 (long)	%x、%X	無符號十六進位數值
%f	浮點數：數值型式	%e、%E	浮點數：科學記號型式
%%	列印百分號 (%)		

%o、%d、%x 分別顯示八進位、十進位及十六進位數值，例如：

```
int a=234;
printf("%d 的八進位:%o\n", a, a);     //234 的八進位:352
printf("%d 的十進位:%d\n", a, a);     //234 的十進位:234
printf("%d 的十六進位:%x\n", a, a);   //234 的十六進位:ea
```

%c 會顯示一個字元，如果字元變數包含多個字元，則只會顯示最後一個字元，例如：

```
char c = 'a';
printf("%c\n", c);  //a
c = 'abcd';          // 執行時會有警告「多字元」訊息，不影響執行結果
printf("%c\n", c);  //d
```

%f 及 %e 都是顯示浮點數，%f 會直接顯示數值，%e 會以科學記號顯示數值，例如：

```
float f=456.5;
printf(" 數值表示:%f\n", f);      // 數值表示:456.500000
printf(" 科學記號表示:%e\n", f);  // 科學記號表示:4.565000e+002
```

「%」已用於項目格式的前導字元，如果要顯示「%」需使用「%%」，例如：

```
printf("300 的 25%% 為 75\n");  //300 的 25% 為 75
```

4.1.2 資料長度

項目格式是以百分號「%」開始，然後接上一組代表格式的字母，而顯示資料的長度則是由系統設定：整數、字串會以最小長度顯示完整資料，浮點數則固定顯示小數點後 6 位小數等。

輸出資料時常會為了美觀必須自行控制顯示資料的長度，尤其是資料以表格形式輸出時，若各欄位的資料長短不一，將造成欄位參差不齊難以閱讀。printf 設定輸出資料長度的方法是在「%」及格式字母之間加上輸出資料長度的數值，例如：

```
printf("%6d\n", 123);    //    123，左方有 3 個空格
printf("%8s\n", "abc");  //      abc，左方有 5 個空格
```

預設輸出資料會靠右對齊，多餘的長度會以空格補足。例如上面第 1 個範例：長度為 6 個字元，但輸出資料只有 3 個字元，所以會在資料左方補 3 個空白字元。

如果輸出資料是浮點數，則以浮點數值來設定輸出資料長度：整數部分是含小數點在內的總長度，小數部分是小數點後面的位數。例如：

```
printf("%7.2f\n", 123.45);  // 123.45，左方有 1 個空格
```

「%7.2f」設定顯示 2 位小數，總體長度為 7 個字元，因為 123.45 含小數點在內為 6 個字元，所以左方補 1 個空白字元。

輸出浮點數時，如果設定的小數位數不足以顯示原數值的小數時，小數部分會自動四捨五入，例如：

```
printf("%7.2f\n", 123.4587);  // 123.46
printf("%7.2f\n", 123.4523);  // 123.45
```

輸出浮點數時，如果整數部分沒有設定的話，表示整數部分會以最小長度顯示資料，例如：

```
printf("%.2f\n", 123.4);       //123.40
printf("%.2f\n", 12345.789);   //12345.79
```

如果設定的輸出資料長度不足以顯示原始資料時，系統仍會輸出原始資料，以保持資料的完整性。例如：

```
printf("%3d\n", 12345);        //12345
printf("%4s\n", "abcdef");     //abcdef
printf("%4.2f\n", 123.452);    //123.45
```

輸出字串資料時，若字串中包含中文，要特別注意 1 個中文字佔用 2 個字元，例如：

```
printf("%8s\n", "C 語言 ");   //    C 語言，左方有 3 個空格
```

「C 語言」包含 1 個字母及 2 個中文字，所以字串長度為 1+2*2=5 個字元，設定長度為 8 個字元，所以左方會補 3 個空白字元。

» 範例練習　格式化成績單 (一)

以表格方式顯示包含姓名、性別、總分及平均的學生成績單。(score1.c)

```
程式碼：score1.c
1  #include <stdio.h>
2  #include <stdlib.h>
3  int main()
4  {
5      printf("姓名     性別   總分   平均 \n");
6      printf("%6s   %3s     %3d   %5.2f\n", "張品風", "男", 563, 87.42);
7      printf("%6s   %3s     %3d   %5.2f\n", "李有才", "男", 650, 90.4);
8      printf("%6s   %3s     %3d   %5.2f\n", "黃美芳", "女", 482, 76.137);
9      printf("%6s   %3s     %3d   %5.2f\n", "莊芬華", "女", 521, 84.2);
10     system("pause");
11     return 0;
12 }
```

▶ 立即演練　**格式化業績表 (一)**

以表格方式顯示四位營業員的姓名、營業額及營業額佔全部額度的比例。(sale1_p.c)

4.1.3 格式修飾子

printf 的項目格式還提供「修飾子」進一步設定一些特定功能，例如顯示數值資料的正負號、資料靠左對齊等。修飾子位置是緊接在「%」之後。

常用的修飾子有：

修飾子	説明
-	靠左對齊。
+	顯示數值資料的正負號。
空格	數值為正時在數值前留一個空格，數值為負時顯示負號。
0	將固定長度的數值前空格填上「0」。注意：此修飾子若與「-」修飾子同時使用時，此修飾子無效。

printf 預設是靠右對齊，加入「-」修飾子會改為靠左對齊。「-」修飾子範例：

```
printf("%5d\n", 123);    //  123，靠右對齊
printf("%-5d\n", 123);   //123  ，靠左對齊，123 後面有 2 個空格
```

「+」修飾子範例：

```
printf("%d\n", 123);     //123
printf("%+d\n", 123);    //+123
printf("%+d\n", -123);   //-123
```

「空格」修飾子範例：

```
printf("%d\n", 123);     //123
printf("% d\n", 123);    // 123
printf("% d\n", -123);   //-123
```

「0」修飾子範例：

```
printf("%5d\n", 123);    //  123
printf("%05d\n", 123);   //00123
printf("%-05d\n", 123);  //123  ，123 後面有 2 個空格，「0」無效
```

> **範例練習**　格式化成績單 (二)

以表格方式顯示包含姓名、性別、總分、平均及名次升降的學生成績單。姓名為 2~4 個中文，名次升降需顯示正負號。(score2.c)

程式碼：score2.c

```
1 #include <stdio.h>
2 #include <stdlib.h>
3 int main()
```

```
 4  {
 5      printf("%-10s%4s%6s%7s%10s\n", " 姓名 ", " 性別 ", " 總分 ",
            " 平均 ", " 名次升降 ");
 6      printf("%-11s%2s%7d%7.2f%+7d\n", " 張品風 ", " 男 ", 563, 87.42, 2);
 7      printf("%-11s%2s%7d%7.2f%+7d\n", " 李才 ", " 男 ", 98, 21.39, -3);
 8      printf("%-11s%2s%7d%7.2f%+7d\n", " 歐陽美芳 ", " 女 ",
            482, 76.137, 1);
 9      printf("%-11s%2s%7d%7.2f%+7d\n", " 莊芬華 ", " 女 ", 521, 84.2, -1);
10      system("pause");
11      return 0;
12  }
```

程式說明

■ 6 　　　「姓名」需靠左對齊故使用「**%-11s**」,「名次升降」需顯示正負號故使用「**+7d**」。

▶ 立即演練　**格式化業績表 (二)**

以表格方式顯示四位營業員的姓名、營業額及營業額佔全部額度的比例。姓名為 **2~4** 個中文。(sale2_p.c)

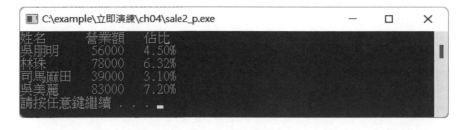

4.2 scanf 輸入注意事項

scanf 可讓使用者由鍵盤輸入資料,語法為:

```
scanf(" 格式字串 ", & 變數 1, & 變數 2, ………);
```

4.2.1 格式字串

scanf 常用的格式字串有:

格式字串	說明	項目格式	說明
%c	字元	%s	字串
%d	十進位整數	%o	八進位整數
%f	浮點數	%x	十六進位整數

» **範例練習** 進位數值轉換

讓使用者輸入十六進位數值後,程式會將十六進位數值轉換為十進位及八進位數值輸出。(transfer.c)

```
C:\example\ch04\transfer.exe                    —    □    ×
請輸入十六進位整數:5ef7
5ef7 的十進位為 24311
5ef7 的八進位為 57367
請按任意鍵繼續 . . .
```

程式碼:transfer.c

```c
1 #include <stdio.h>
2 #include <stdlib.h>
3 int main()
4 {
5     int n;
6     printf(" 請輸入十六進位整數:");
7     scanf("%x", &n);
8     printf("%x 的十進位為 %d\n", n, n);
9     printf("%x 的八進位為 %o\n", n, n);
10    system("pause");
```

```
11      return 0;
12 }
```

程式說明

■ 7   「%x」表示以十六進位輸入數值。

■ 8~9   分別以十進位 (%d) 及八進位 (%o) 輸出數值。

▶ 立即演練 十進位轉十六進位

讓使用者輸入十進位數值後，程式會將十進位數值轉換為十六進位數值輸出。
(10to16_p.c)

```
■ C:\example\立即演練\ch04\10to16_p.exe                    —    □    ×
請輸入十進位整數：60000
60000 的十六進位為 ea60
請按任意鍵繼續 . . . ■
```

4.2.2 變數名稱是否加上位址「&」

scanf 中接收使用者輸入資料的變數需使用變數位址 (「位址」將在第 10 章詳細說明)，也就是要在變數名稱前面加上位址符號「**&**」。例如：

```
int n;
scanf("%d", &n);   // 變數名稱「n」前面加上「&」
printf("%d\n", n);
```

要注意如果變數名稱前面沒有加上位址符號「**&**」，例如：

```
int n;
scanf("%d", n);
n = n + 2;
```

程式編譯執行時將不會產生任何錯誤訊息，但 n 並沒有接收到使用者輸入的數值，後續結果不可預期。

若要讓使用者輸入字串，C 語言的字串是字元陣列，而陣列變數本身就是位址 (陣列將在第 7 章詳細說明)，因此輸入字串時的陣列變數可以不必加上「**&**」符號，若是加上「**&**」符號也可以正常執行。

» 範例練習 字串輸入

分別以字串變數是否加入位址「&」符號讓使用者輸入字串。(stringin.c)

```
C:\example\ch04\stringin.exe                    —    □    ✕
請輸入第一個字串：apple
請輸入第二個字串：蘋果
第一個字串為：apple
第二個字串為：蘋果
請按任意鍵繼續 . . .
```

程式碼：**stringin.c**

```c
1  #include <stdio.h>
2  #include <stdlib.h>
3  int main()
4  {
5      char s1[50], s2[50];
6      printf(" 請輸入第一個字串：");
7      scanf("%s", s1);
8      printf(" 請輸入第二個字串：");
9      scanf("%s", &s2);
10     printf(" 第一個字串為：%s\n", s1);
11     printf(" 第二個字串為：%s\n", s2);
12     system("pause");
13     return 0;
14 }
```

程式說明

- ■ 7　　　　字串變數不必加上位址「&」符號。
- ■ 9　　　　字串變數也可以加上位址「&」符號。

4.2.3 輸入字元注意事項

清除緩衝區資料

格式字串「%c」可以讓使用者輸入字元，使用「%c」格式前需確認緩衝區已沒有任何資料，否則「%c」格式會先讀取緩衝區的資料而造成錯誤的執行結果。

下面為「%c」格式讀取緩衝區資料造成錯誤結果的範例：

》範例練習 輸入字元錯誤示範

讓使用者輸入國文成績後再以輸入字元方式確認成績是否正確。(charerror.c)

```
程式碼：charerror.c
1 #include <stdio.h>
2 #include <stdlib.h>
3 int main()
4 {
5     int score;
6     char yn;
7     printf(" 輸入國文成績：");
8     scanf("%d", &score);
9     printf(" 國文成績：%d\n", score);
10    printf(" 國文成績正確嗎？(y 或 n)：");
11    scanf("%c", &yn);
12    printf(" 輸入的確認字元：%c\n", yn);
13    system("pause");
14    return 0;
15 }
```

程式說明

■ 8　　　　輸入整數國文成績。

■ 11　　　輸入確認字元「y」或「n」。

執行結果是使用者在第 8 列輸入成績後就一直執行到最後，並沒有在第 11 列讓使用者輸入確認字元，為什麼呢？原因是 Windows 系統當使用者按下 **[Enter]** 鍵時，系統會送出 CR (歸位，ASCII 碼 13) 及 LF (換行，ASCII 碼 10) 兩個字元，第 8 列接收到 CR 字元時，系統就認為成輸入完畢，接著將 LF 字元儲存於緩衝區中；執行到第 11 列時就將緩衝區的 LF 字元取出做為確認字元的輸入值，因此沒有讓使用者輸入確認字元，同時執行結果在確認字元後面多了一列空白列，此空白列就是 LF 換行字元。

要修正此錯誤可在執行字元輸入前清除緩衝區內的資料，清除緩衝區資料的語法為：

```
fflush(stdin);
```

» 範例練習　輸入字元

讓使用者輸入國文成績後再以輸入字元方式確認成績是否正確。(charin.c)

程式碼：charin.c

```
1  #include <stdio.h>
2  #include <stdlib.h>
3  int main()
4  {
5      int score;
6      char yn;
7      printf(" 輸入國文成績：");
8      scanf("%d", &score);
9      printf(" 國文成績：%d\n", score);
10     fflush(stdin);
11     printf(" 國文成績正確嗎？(y 或 n)：%c", yn);
12     scanf("%c", &yn);
13     printf(" 輸入的確認字元：%c\n", yn);
14     system("pause");
15     return 0;
16 }
```

只能接收 1 個字元

使用「%c」讓使用者輸入字元時，無論使用者輸入多少個字元，「%c」格式都只接收第 1 個字元。

» 範例練習 字元輸入僅接收一個字元

無論使用者輸入多少個字元，「**%c**」格式都只接收第 1 個字元。(charone.c)

```
C:\example\ch04\charone.exe                          —    □    ×
輸入第一個字元：y
第一個字元：y
輸入第二個字元：book
第二個字元：b
請按任意鍵繼續 . . .
```

程式碼：charone.c

```
 1 #include <stdio.h>
 2 #include <stdlib.h>
 3 int main()
 4 {
 5     char c1, c2;
 6     printf(" 輸入第一個字元：");
 7     scanf("%c", &c1);
 8     printf(" 第一個字元：%c\n", c1);
 9     fflush(stdin);
10     printf(" 輸入第二個字元：");
11     scanf("%c", &c2);
12     printf(" 第二個字元：%c\n", c2);
13     system("pause");
14     return 0;
15 }
```

程式說明

- **6~8** 程式開始時緩衝區沒有資料，不需執行「**fflush(stdin);**」。
- **9** 清除緩衝區。
- **10~12** 輸入時輸入多個字元，**c2** 變數只儲存第 1 個字元。

</> 4.3 本章重點整理

- printf 指令的語法為：

```
printf("輸出字串", 項目1, 項目2, ………);
```

- printf 設定輸出資料長度的方法是在「%」及格式字母之間加上輸出資料長度的數值。

- 如果輸出資料是浮點數，則以浮點數值來設定輸出資料長度：整數部分是含小數點在內的總長度，小數部分是小數點後面的位數。

- printf 的項目格式還提供「修飾子」進一步設定一些特定功能，例如顯示數值資料的正負號、資料靠左對齊等。修飾子位置是緊接在「%」之後。

- scanf 可讓使用者由鍵盤輸入資料，語法為：

```
scanf("格式字串", &變數1, &變數2, ………);
```

- scanf 中接收使用者輸入資料的變數需使用變數位址，也就是要在變數名稱前面加上位址符號「&」。

- 格式字串「%c」可以讓使用者輸入字元，使用「%c」格式前需確認緩衝區已沒有任何資料。

- 清除緩衝區資料的語法為：

```
fflush(stdin);
```

延 伸 練 習

4.1 printf 輸出格式化

1. 下列程式片斷執行後,輸出結果為何? [易]

```
printf("%c\n", '12345');
```

2. 下列程式片斷執行後,輸出結果為何? [中]

```
printf("%e\n", 1234.89);
```

3. 下列程式片斷執行後,輸出結果為何? [中]

```
printf("%09.3f\n", 987.54);
```

4. 下列程式片斷執行後,輸出結果為何? [易]

```
printf("%3s\n", "123456");
```

5. 下列程式片斷執行後,輸出結果為何? [易]

```
printf("%+6d\n", 123);
```

6. 利用 printf 寫一程式輸出「**"20 dollars is 45%."**」字串 (包含雙引號)。[中]

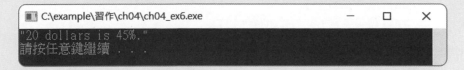

7. 以表格方式顯示四個月份的家庭支出,包含月份、預計花費、實際花費及結餘。
   月份為 2~3 個中文,結餘是預計花費減實際花費,結餘需顯示正負號。[中]

4.2 scanf 輸入注意事項

8. 寫一程式利用 scanf 讓使用者輸入兩個整數，再用 printf 輸出兩個整數的乘積。
   [中]

```
C:\example\習作\ch04\ch04_ex8.exe                          —      □    ×

請輸入第一個整數：67
請輸入第二個整數：5
67 X 5 = 335
請按任意鍵繼續 . . .
```

9. 執行下列程式碼：[難]

```c
1  #include <stdio.h>
2  #include <stdlib.h>
3  int main()
4  {
5      char c1, c2;
6      printf(" 輸入第一個字元:");
7      scanf("%c", &c1);
8      printf(" 第一個字元:%c\n", c1);
9      printf(" 輸入第二個字元:");
10     scanf("%c", &c2);
11     printf(" 第二個字元:%c\n", c2);
12     system("pause");
13     return 0;
14 }
```

(1) 為何無法輸入第二個字元？

(2) 程式應如何修正？

05

選擇結構

程式流程

5.1 程式流程

前面章節的程式都是由上而下，一列一列程式依順序執行，到最後一列後就完成應用程式，此種程式稱為「循序結構」。如同在日常生活中，通常是按部就班的做每一件事情，例如：早上起床後刷牙、吃早餐，然後上班，晚上下班後看電視，最後上床睡覺。

但日常生活中也經常會遇到一些需要做決策的情況，然後再依決策結果做不同的事情，例如：到了假日，如果天氣晴朗，就約朋友一同去打球、騎自行車；如果下雨，就只能待在家裡看書、打電動了！執行程式也相同，有些時候必須判斷各種情況，再依結果來執行特定的程式，此種程式稱為「跳躍式結構」，而跳躍式結構又分為「選擇結構」及「重複結構」。

5.1.1 循序結構

循序結構是程式由上而下，一列程式執行完畢後接著執行下一列程式，直到程式列執行完畢為止。大部分程式是依此方式進行。

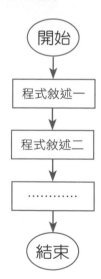

5.1.2 選擇結構

選擇結構根據比較運算或邏輯運算的條件式來判斷程式執行的流程，若條件式結果為 true，就執行跳躍。選擇結構指令包括：

09

```
if…else
switch…case
```

10

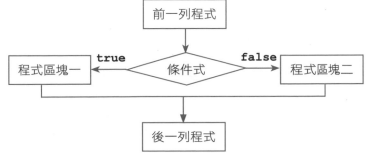

11

當條件式為 true 時，就執行程式區塊一；當條件式為 false 時，則執行程式區塊二。

12

5.1.3 重複結構

13

重複結構又稱為「迴圈」，根據比較運算或邏輯運算條件式的結果為 true 或 false 來判斷，以決定是否重複執行指定的程式。迴圈指令包括：(迴圈將在下一章詳細說明)

```
for…
while
do…while
```

14

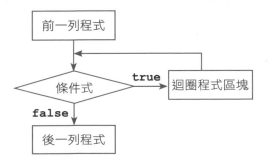

15

當條件式為 true 時，就執行迴圈程式區塊，然後再進行條件判斷，如此重複執行，直到條件式為 false 時，才離開迴圈程式區塊繼續下一列程式。

5.2 if 指令

在選擇結構中使用最多的是 if 指令,也是最容易理解的指令。若是使用最簡單的「if…」型態,表示要條件成立才執行 if 後的程式區塊;若使用「if…else」型態,表示條件成立就執行 if 後的程式區塊,條件不成立則執行 else 後的程式區塊,這樣的語法與一般英文文章不是大同小異嗎?即使沒有程式基礎也很容易看懂!

5.2.1 單向選擇 (if…)

if 指令中最簡單的型態是單向選擇結構,也就是只有一種情況可供選擇,語法為:

```
if (<條件式>)
{
    <程式區塊>
}
```

當條件式為 true 時,就會執行程式區塊的敘述;當條件式為 false 時,則不會執行程式區塊的敘述。

單向選擇流程控制的流程圖:

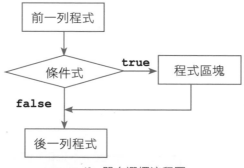

▲ if…單向選擇流程圖

條件式可以是關係運算式,例如:a<10;也可以是邏輯運算式,例如:a>1 & a<10。如果程式區塊只有一列程式碼,則大括號也可以省略,直接寫成:

```
if (<條件式>)
    <程式區塊>
```

» 範例練習 遲到罰款

老師規定，遲到 20 分鐘以上 (含) 者要罰款 30 元。使用者輸入遲到分鐘數後會顯示
罰款數目。(money.c)

💻 C:\example\ch05\money.exe	💻 C:\example\ch05\money.exe
請輸入遲到分鐘數：25 你的罰款為 30 元！ 請按任意鍵繼續 . . . ▪	請輸入遲到分鐘數：10 你的罰款為 0 元！ 請按任意鍵繼續 . . . ▪

程式碼：money.c

```c
1 #include <stdio.h>
2 #include <stdlib.h>
3 int main()
4 {
5     int money=0, late;
6     printf(" 請輸入遲到分鐘數：");
7     scanf("%d",&late);
8     if (late >= 20)    // 如果遲到大於等於 20 分鐘
9     {
10         money += 30;
11     }
12     printf(" 你的罰款為 %d 元！\n",money);
13     system("pause");
14     return 0;
15 }
```

程式說明

■ 8-11　　如果輸入的數字大於或等於 20 就執行第 10 列程式，所以 12 列程式顯
　　　　　示 30 元；若輸入的數字小於 20，就直接跳到 12 列顯示 0 元。

因為此處 if 程式區塊的敘述只有一列，可以省略大括號。所以上例中 8-11 列可改寫
為：

```c
if (late>=20)
    money += 30;
```

 **簡易密碼**

讓使用者輸入密碼，如果輸入的密碼正確 (1234)，會顯示「歡迎光臨！」；如果輸入的密碼錯誤，則不會顯示歡迎訊息。(password_p.c)

(提示：字串比較是以「strcmp(s1, s2)==0」判斷兩個字串是否相同。)

程式區塊的大括號

if 指令的程式區塊若超過一列，必須置於大括號中。如果忘記加上大括號，編譯並不會出錯，而是解讀為程式區塊只有一列，例如上面密碼輸入範例改為：

```
if(late>=20)    // 如果遲到大於等於 20 分鐘
    money += 30;
    printf("下次不要遲到！\n");
printf("你的罰款為 %d 元！\n", money);
```

執行結果為：

```
C:\example\ch05\money.exe                    —   □   ×
請輸入遲到分鐘數：5
下次不要遲到！
你的罰款為 0 元！
請按任意鍵繼續 . . .
```

輸入數字小於 20 時，if 程式區塊的第二列也會執行，因為程式自動解讀為程式區塊只有一列程式。此種錯誤在除錯時非常不易察覺，因為編譯時沒有錯誤，只是執行結果不正確。為防止此種錯誤，不論程式區塊中程式有多少列，建議都加上大括號，雖然輸入時較為麻煩，但較不易出錯。

5.2.2 雙向選擇 (if…else)

上述 if…單向選擇在條件式成立就執行程式區塊內的內容，但條件式不成立也能執行某些程式就更加完美。「if…else…」是 if 指令的雙向選擇，提供了兩種不同的選擇，在條件式成立與不成立時分別執行不同的程式碼。

「if⋯else⋯」雙向選擇結構的語法為：

```
if(<條件式>)
{
    <程式區塊一>
}
else
{
    <程式區塊二>
}
```

當條件式為 **true** 時，會執行 if 後的程式區塊一，但不會執行程式區塊二；當條件式為 **false** 時，會直接跳到 else 後的程式區塊二執行。與 if⋯單向選擇相同，程式區塊中可以是一列或多列程式碼，如果程式區塊中的程式碼只有一列，可以省略大括號。

雙向選擇流程控制的流程圖：

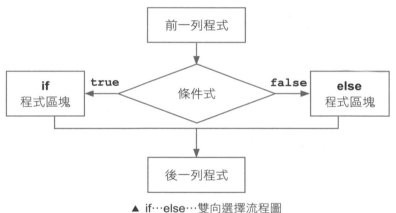

▲ if⋯else⋯雙向選擇流程圖

》範例練習　簡易肥胖判斷

讓使用者輸入身高 (公分) 及體重，若體重大於身高減 110 就表示過重，顯示「該減肥」的訊息，否則就恭喜體重未過重。(fat.c)

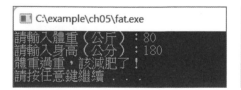

```
程式碼：fat.c
1 #include <stdio.h>
2 #include <stdlib.h>
3 int main()
4 {
5     int weight, height;
6     printf(" 請輸入體重 ( 公斤 )：");
7     scanf("%d",&weight);
8     printf(" 請輸入身高 ( 公分 )：");
9     scanf("%d",&height);
10    if (weight>(height-110))    // 如果體重大於身高減 110
11    {
12        printf(" 體重過重，該減肥了！\n");
13    }
14    else
15    {
16        printf(" 恭喜，體重未過重！\n");
17    }
18    system("pause");
19    return 0;
20 }
```

程式說明

- 10-13　若體重大於身高減 110，就執行第 12 列程式。
- 14-17　若體重不大於身高減 110，就執行第 16 列程式。

第 3 章中的條件運算子「條件判斷？值 1：值 2」也是依據條件判斷來傳回不同的值，功能與「if…else」雙向選擇類似。如果「if…else」兩個程式區塊的程式碼皆只有一列，就可用條件運算子取代。上面範例的 10 至 17 列程式可以下面程式碼代替，執行結果完全相同：

```
(weight>(height-110)) ? printf(" 該減肥了！\n") : printf(" 恭喜，體重未過重！\n");
```

可將八列程式碼合併為一列，多簡潔！

但要特別留意，條件運算子無法執行多列程式的程式區塊，在較複雜的選擇結構中，仍要使用「if…else」雙向選擇。

▶ 立即演練　**進階密碼判斷**

讓使用者輸入密碼，如果輸入的密碼正確 (1234)，會顯示「歡迎光臨！」；如果輸入的密碼錯誤，則會顯示密碼錯誤訊息。(password2_p.c)

```
C:\example\立即演練\ch05\password2_p.e
請輸入密碼:1234
歡迎光臨！
請按任意鍵繼續 . . . .
```

```
C:\example\立即演練\ch05\password2_p.e
請輸入密碼:5678
密碼錯誤！
請重新輸入！
請按任意鍵繼續 . . . .
```

5.2.3 多向選擇 (if…else if…else)

如果雙向選擇像測驗中的是非題 (二選一)，那麼多向選擇就如同測驗中的選擇題 (多選一)。實際上，大部分人們所遇到的情況是複雜的，並不是一個條件就能解決，例如繳所得稅時，依所得會有 5%、12%、20%……等稅率，判斷時就必須有多個條件，這時就是多向選擇「if…else if…else」的使用時機。

「if…else if…else」可在多項條件式中，擇一選取，如果條件式為 true 時，就執行相對應的程式區塊，如果所有條件式都是 false，則執行 else 後的程式區塊；若省略 else 敘述，則條件式都是 false 時，將不執行任何程式區塊。if…else if…else 多向選擇的語法為：

```
if (<條件式一>)
}
    <程式區塊一>;
}
else if (<條件式二>)
{
    <程式區塊二>;
}
else if (<條件式三>)
.........
[else]
{
    [<程式區塊else>];
}
```

如果 < 條件式一 > 為 true 時，執行程式區塊一，然後跳離 if 多項條件式；< 條件式一 > 為 false 時，則繼續檢查 < 條件式二 >，若 < 條件式二 > 為 true 時，執行程式區塊二，其餘依此類推。如果所有的條件式都是 false，則執行 else 後的程式區塊。

多向選擇流程控制的流程圖 (以設定兩個條件式為例)：

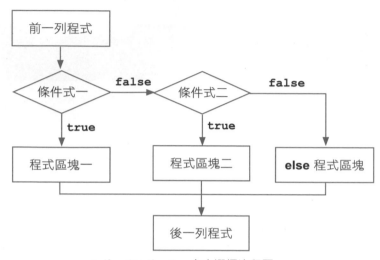

▲ if⋯else if⋯else 多向選擇流程圖

BMI 值是簡易判斷身體是否肥胖的指標：BMI 值的計算公式為「體重除以身高 (公尺) 的平方」，如果 BMI 值大於 24 表示肥胖，小於 18 表示太瘦，在 18 到 24 之間則為標準體重。下面範例可依輸入的身高及體重判斷體重是否合乎標準，你趕快試試吧！

》範例練習　BMI 肥胖判斷

讓使用者輸入身高及體重，程式會顯示體重是否合乎標準。(bmi.c)

```
C:\example\ch05\bmi.exe                        —    □    ×
請輸入體重（公斤）：80
請輸入身高（公尺）：1.8
你的 BMI 值為  24.691360，太重了！該減肥！
請輸入體重（公斤）：50
請輸入身高（公尺）：1.8
你的 BMI 值為  15.432099，太輕了！多吃點吧！
請輸入體重（公斤）：70
請輸入身高（公尺）：1.8
你的 BMI 值為  21.604939，恭喜！標準體重！
請輸入體重（公斤）：
```

```
程式碼：bmi.c
1 #include <stdio.h>
2 #include <stdlib.h>
3 int main()
4 {
5     float weight, height, bmi;
6     Start:
7     printf(" 請輸入體重 ( 公斤 )：");
8     scanf("%f",&weight);
9     printf(" 請輸入身高 ( 公尺 )：");
10    scanf("%f",&height);
11    bmi=weight/height/height;   // 計算 BMI 值
12    printf(" 你的 BMI 值為  %f",bmi);
13    if (bmi>24)
14        printf("，太重了！該減肥！\n");
15    else if (bmi<18)
16        printf("，太輕了！多吃點吧！\n");
17    else
18        printf("，恭喜！標準體重！\n");
19    goto Start;
20    return 0;
21 }
```

程式說明

■ 6 及 19　　第 6 列建立標記，19 列可跳到第 6 列重複執行。

■ 13-14　　bmi>24 顯示「太胖了！」。

■ 15-16　　bmi<18 顯示「太瘦了！」。

■ 17-18　　其他情況顯示「標準體重！」。

為了方便觀察結果，第 6 及 19 列分別加入「Start:」標記及「goto Start;」敘述，使程式可以反覆執行 (標記及 goto 指令將在下一章詳細說明)。這是一個無止境的循環，程式將無法自行結束，若要結束執行程式，可直接按顯示視窗右上角的 ✕ 關閉鈕或按 **[Ctrl] + [C]** 鍵以關閉視窗，強迫程式結束執行。

01

▶ 立即演練　百貨公司折扣戰

讓顧客輸入購買金額，若金額在 100000 元以上就打八折，金額在 50000 元以上就打八五折，金額在 30000 元以上就打九折，金額在 10000 元以上就打九五折。(discount_P.c)

02

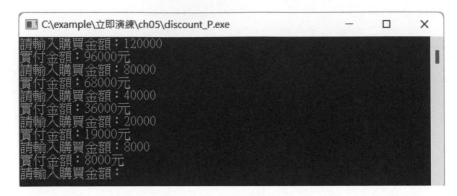

```
C:\example\立即演練\ch05\discount_P.exe                    —    □    ×
請輸入購買金額：120000
實付金額：96000元
請輸入購買金額：80000
實付金額：68000元
請輸入購買金額：40000
實付金額：36000元
請輸入購買金額：20000
實付金額：19000元
請輸入購買金額：8000
實付金額：8000元
請輸入購買金額：
```

03

04

if…else if…else 的真實語法

05

事實上，C 語言中並沒有 if…else if…else 的語法，上面的語法只是在巢狀 if 中將下一層的 if 指令接在上一層的 else 指令之後所造成的效果，其真正的縮排應當如下：

```
if (< 條件式一 >)
}
    < 程式區塊一 >;
}
else
    if (< 條件式二 >)
    {
        < 程式區塊二 >;
    }
    else
        if (< 條件式三 >)
        .........
[else]
{
    [< 程式區塊else>];
}
```

06

07

08

5.3 switch…case 指令

「if…else if…else」多向選擇當判斷的條件式很多時，程式顯得複雜冗長且不易閱讀，也增加維護的困難度。「switch…case」也是一個多項選擇的指令，其程式碼簡潔清楚，可以改善「if…else if…else」程式碼複雜的狀況。但是 switch…case 只能判斷整數或字串條件式，使用上限制較多，而 if…else if…else 則沒有這些限制。

switch…case 的語法為：

```
switch (< 表示式 >)
{
    case Value1:
        < 程式區塊一 >
        break;
    case Value2:
        < 程式區塊二 >
        break;
    ...............
    case ValueN:
        < 程式區塊 N>
        break;
    [default]:
        [< 程式區塊 default>]
        break;
}
```

switch…case 指令中的「表示式」可以使用變數或運算式，當「表示式」中變數或運算式的值等於 case 子句的值時就執行相對應的 case 程式區塊，每個 case 程式區塊最後一行必須加上「break;」以結束 switch…case 指令。

case 會依序由上往下檢查各個條件式，當發現有條件式成立時，即執行 case 中的程式區塊，直到 break 指令為止，並結束 switch…case 指令。當所有的 case 條件式都不成立時，則強迫執行 default 內的程式區塊，default 子句和其子句內的程式區塊也可以省略，如果省略 default 子句，則當所有 case 條件式都不成立時，將不會執行任何程式。

switch…case 多向選擇流程控制的流程圖 (以設定三個條件式為例)：

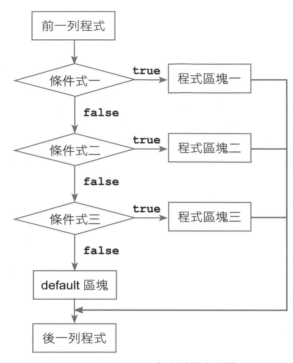

▲ switch…case 多向選擇流程圖

» 範例練習 中英文等第轉換

讓使用者輸入 A 到 E 等第，就會轉換為等第「優」到「丁」。(grade.c)

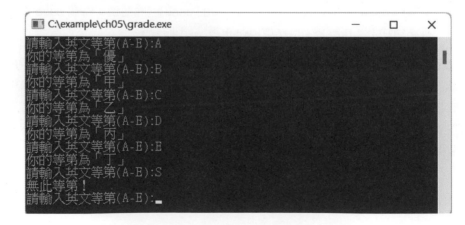

程式碼：**grade.c**

```c
1  #include <stdio.h>
2  #include <stdlib.h>
3  int main()
4  {
5      char grade;
6      Start:
7      fflush(stdin);
8      printf("請輸入英文等第 (A-E):");
9      scanf("%c",&grade);
10     switch (grade)
11     {
12     case 'A':    // 等第「優」
13         printf("你的等第為「優」\n");
14         break;
15     case 'B':    // 等第「甲」
16         printf("你的等第為「甲」\n");
17         break;
18     case 'C':    // 等第「乙」
19         printf("你的等第為「乙」\n");
20         break;
21     case 'D':    // 等第「丙」
22         printf("你的等第為「丙」\n");
23         break;
24     case 'E':    // 等第「丁」
25         printf("你的等第為「丁」\n");
26         break;
27     default:
28         printf("無此等第！\n");
29         break;
30     }
31     goto Start;
32     return 0;
33 }
```

程式說明

■ 7　　　　　　使用「%c」輸入字元需用「fflush(stdin);」清除緩衝區。

► 立即演練　四則運算

01 讓使用者輸入加、減、乘、除運算子，就會顯示運算結果。(calculate_p.c)

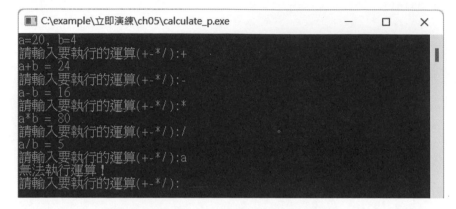

```
C:\example\立即演練\ch05\calculate_p.exe                —    □    ×
a=20, b=4
請輸入要執行的運算(+-*/):+
a+b = 24
請輸入要執行的運算(+-*/):-
a-b = 16
請輸入要執行的運算(+-*/):*
a*b = 80
請輸入要執行的運算(+-*/):/
a/b = 5
請輸入要執行的運算(+-*/):a
無法執行運算！
請輸入要執行的運算(+-*/):
```

由於 case 只能設定單一數值或字元，如果有多個數值都要執行相同的程式碼區塊，是否可行呢？因為 switch…case 一旦檢查到符合條件情況時，會向下執行直到出現 break 指令為止，所以可將數個 case 並排，再於最後一個 case 後建立程式區塊，這樣只要其中一個 case 條件成立，就會執行指定的程式區塊。例如：

```
case 1:
case 3:
case 5:
    printf(" 此月份有 31 天 \n");
    break;
```

則變數值為 1、3 或 5 都會顯示「此月份有 31 天」。

» 範例練習　顯示每個月份的天數

讓使用者輸入月份，就會顯示該月份的天數。(month.c)

```
C:\example\ch05\month.exe                —    □    ×
請輸入現在是幾月份(1-12):3
3 份有 31 天！
請輸入現在是幾月份(1-12):11
11 月份有 30 天！
請輸入現在是幾月份(1-12):2
2 月份有 28 或 29 天！
請輸入現在是幾月份(1-12):18
無此月份！
請輸入現在是幾月份(1-12):
```

```
程式碼：month.c
 1 #include <stdio.h>
 2 #include <stdlib.h>
 3 int main()
 4 {
 5     int month;
 6     Start:
 7     printf("請輸入現在是幾月份 (1-12):");
 8     scanf("%d",&month);
 9     switch (month)
10     {
11     case 1:    //31 天的月份
12     case 3:
13     case 5:
14     case 7:
15     case 8:
16     case 10:
17     case 12:
18         printf("%d 份有 31 天！\n",month);
19         break;
20     case 4:    //30 天的月份
21     case 6:
22     case 9:
23     case 11:
24         printf("%d 月份有 30 天！\n",month);
25         break;
26     case 2:    //28 或 29 天的月份
27         printf("%d 月份有 28 或 29 天 ！\n",month);
28         break;
29     default:
30         printf("無此月份！\n");
31         break;
32     }
33     goto Start;
34     return 0;
35 }
```

程式說明

- 11-17　此七個月份都是 31 天，這七個 case 都會執行 18 列程式。
- 20-23　這四個 case 都會執行 24 列程式。

►立即演練 以 switch…case 判斷成績等第

讓使用者輸入成績，若成績在 90 分以上就顯示「優等」，80 − 89 分顯示「甲等」，70 − 79 分顯示「乙等」，60 − 69 分顯示「丙等」，60 分以下顯示「丁等」。(grade_p.c)

(提示：將分數除以 10 即可取得成績的十位數數值，例如 93 分時 n=9，82 分時 n=8，依此類推。100 分時 n=10 要單獨處理。)

case 的程式區塊需以 break 結束

由於 switch…case 一旦檢查到符合條件情況時，會向下執行直到出現 break 指令為止，所以每個 case 的程式區塊需以 break 結束。如果忘記在 case 的程式區塊以 break 結束，程式將繼續向下執行，直到最後，例如：

```
case 8:     //80 多分為甲等
    printf(" 甲等 \n");
case 7:     //70 多分為乙等
    printf(" 乙等 \n");
case 6:     //60 多分為丙等
    printf(" 丙等 \n");
default:    //60 分以下為丁等
    printf(" 丁等 \n");
```

</> 5.4 本章重點整理

■ 循序結構是程式由上而下，一列程式執行完畢後接著執行下一列程式，直到程式列執行完為止。

■ 選擇結構根據比較運算或邏輯運算的條件式來判斷程式執行的流程，若條件式結果為 true，就執行跳躍。

■ 重複結構又稱為「迴圈」，根據比較運算或邏輯運算條件式的結果為 true 或 false 來判斷，以決定是否重複執行指定的程式。

■ if 指令中最簡單的型態是單向選擇結構，也就是只有一種情況可供選擇。

■ if 指令的雙向選擇，提供了兩種不同的選擇，在條件式成立與不成立時分別執行不同的程式碼。

■ 「if…else if…else」可在多項條件式中，擇一選取，如果條件式為 true 時，就執行相對應的程式區塊。

■ 「switch…case」也是一個多項選擇的指令，其程式碼簡潔清楚，但是 switch…case 只能判斷整數或字串條件式。

5.1 程式流程

1. 程式結構可分為哪三種？請分別簡要說明。[中]

5.2 if 指令

2. 下列程式片斷執行後，若輸入的數值為 10、20、30、40，其結果分別為何？[易]

```
int money=0, late;
printf(" 請輸入遲到分鐘數：");
scanf("%d", &late);
if (late>=30)
    money += 50;
printf(" 你的罰款為 %d 元！\n", money);
```

3. 程式區塊在何種情況下可省略大括號？[易]

4. 讓使用者輸入成績，若成績大於等於 60 分，則顯示及格，否則顯示不及格，如下圖。[易]

5. 讓使用者輸入成績，若成績在 90 分以上就顯示「優等」，80 − 89 分顯示「甲等」，70 − 79 分顯示「乙等」，60 − 69 分顯示「丙等」，60 分以下顯示「丁等」，如下圖。[中]

延 伸 練 習

6. 所得稅課稅：使用者輸入收入淨額就顯示應繳稅額，若金額在 2000000 元以上稅率為 30%，1000000-1999999 元以上稅率為 20%，600000-999999 元以上稅率為 12%，300000-599999 元以上稅率為 5%，299999 元以下免稅，如下圖。[中]

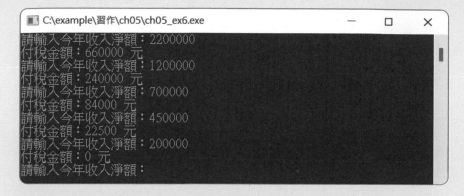

7. 讓使用者輸入一個整數，程式會判斷此數是否為 2 及 11 的公倍數，如下圖。[難]

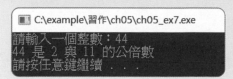 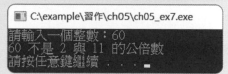

> ▶ 提示
>
> 2 及 11 的公倍數為同時是 2 及 11 的倍數，檢驗是否為 2 倍數的程式碼為「n%2」是否等於 0。

8. 判斷文字及數字：使用者輸入一個字元就會顯示該字元是大、小寫字母或數字，若非文字或數字則顯示提示訊息，如下圖。[難]

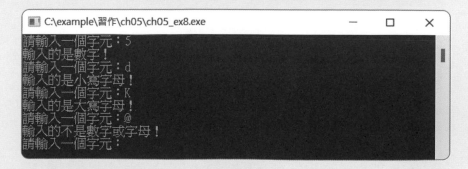

延 伸 練 習

9. 判斷平年及閏年：使用者輸入西元年份就會顯示該年是平年或閏年，如下圖。[難]

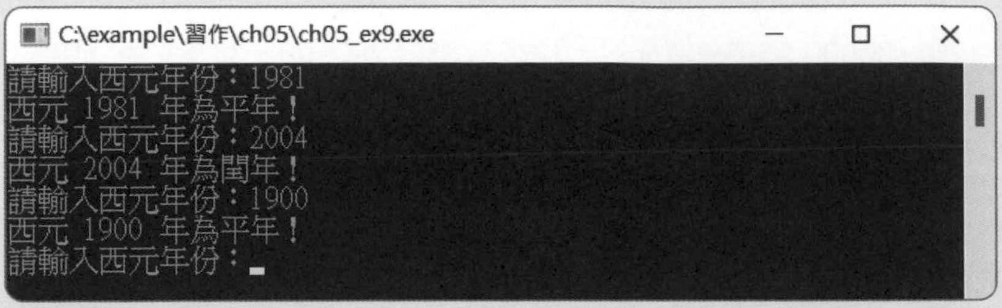

> ▶ 提示
>
> 閏年的規則為：西元年份為 4 的倍數，但其中是 100 的倍數而非 400 的倍
> 數則需排除。

5.3 switch…case 指令

10. 下列程式片斷有何錯誤？[易]

```
switch (grade)
{
    case 'A':   // 等第「優」
        printf(" 你的等第為「優」\n");
    case 'B':   // 等第「甲」
        printf(" 你的等第為「甲」\n");
    default:
        printf(" 無此等第！\n");
}
```

11. 讓使用者輸入 1 到 4 的數字，由 1 到 4 分別顯示春天、夏天、秋天、冬天，如下
    圖。[易]

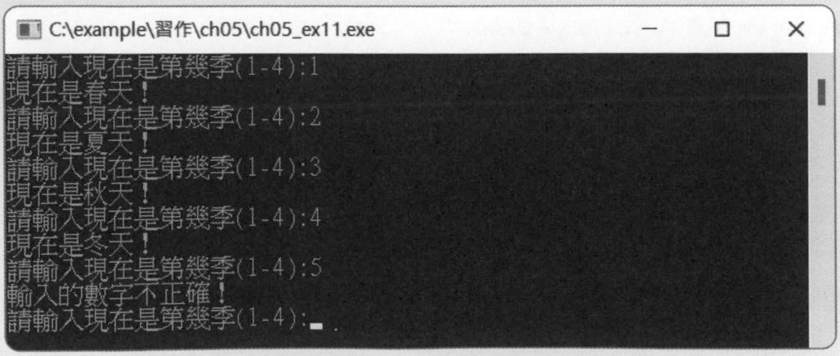

06

重複結構

6.1 固定次數的迴圈

重複結構是根據所設立的條件來重複執行某一段程式碼,直到條件判斷不成立時才結束重複執行動作,又稱為「迴圈」,這是電腦最擅長處理的工作,而日常生活中到處充斥著這種不斷重複的現象,例如家庭中每個月固定要購買的各種日用品、子女每天要做的功課等,這些如果能以電腦來加以管理,將可減輕許多負擔。C 語言程式中的迴圈指令,主要有 for、while 及 do…while 三種,前者常用於固定次數的迴圈,後兩者則常用於不固定次數的迴圈。

6.1.1 for 迴圈

for 迴圈又稱為計數迴圈,是最常使用的迴圈指令,通常用於固定次數的迴圈,其基本語法結構為:

```
for ([變數初始化];[條件判斷];[增量值])
{
    程式敘述;
    …………
}
```

大括號內是要重複執行的程式區塊,如果此處的程式敘述只有一列,則大括號可以省略。

for 迴圈的執行步驟為:

1. 第一個參數設定變數的初始值。

2. 執行第二個參數的「條件判斷」,如果條件判斷的結果為 true,則執行大括號中的程式區塊。

3. 進行第三個參數的「增量值」運算,然後回到第二個參數做條件判斷,如此週而復始。

4. 如果條件判斷的結果為 false,就結束 for 迴圈敘述,繼續執行 for 迴圈後面的程式敘述。

for 迴圈的流程如下：

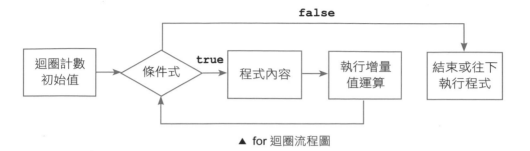

▲ for 迴圈流程圖

例如：

```
for (int i=0; i<10; i++)
{
    printf("%d\n", i);
}
```

for 迴圈的三個參數可以省略，但其對應的分號不可以省略，這樣程式才能判別每一個參數是第幾個參數。例如將計數變數 i 在迴圈外宣告，即可省略第一個參數：

```
int i=0;
for (; i<10; i++)   // 建立 for 迴圈
    printf("%d\n", i);
```

或是將遞增參數在程式區塊中執行，就可省略第三個參數：

```
int i=0;
for (; i<10;)   // 建立 for 迴圈
{
    printf("%d\n", i);
    i++;
}
```

省略參數時，務必要注意需在程式碼中設定該參數的功能，否則會產生錯誤，或者不可預期的結果。若是將三個參數都省略「for(;;)」，因為沒有任何條件，所以無法離開迴圈而形成無窮迴圈，將在 6.3.4 節詳細說明。

修改編譯器設定

for 迴圈的計數變數若使用區塊變數例如「for(int i=1; i<=10 ;i++)」時，編譯會產生如下錯誤：

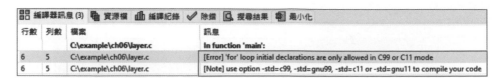

修正方法是修改編譯器變量模式，操作方式為：點選功能表 **工具 / 編譯器選項**。

於 **編譯器選項** 對話方塊點選 **編譯設定 / 程式碼產生**，在 **語言標準 (-std)** 右方下拉選單點選 **ISO C99**，最後按 **確定** 鈕完成設定。

下面範例會顯示迴圈執行的次數，每次迴圈執行的成果也會顯示出來，便於觀察。

» 範例練習　計算階層

計算 5 階層 (5!) 的值。(layer.c)

```
C:\example\ch06\layer.exe                    —  □  ×
i=1 , 1! 為 1
i=2 , 2! 為 2
i=3 , 3! 為 6
i=4 , 4! 為 24
i=5 , 5! 為 120
請按任意鍵繼續 . . .
```

程式碼：layer.c

```c
1 #include <stdio.h>
2 #include <stdlib.h>
3 int main()
4 {
5     int sum=1;
6     for(int i=1; i<=5 ;i++) // 建立 for 迴圈
7     {
8         sum *= i; // 計算總和
9         printf("i=%d , %d! 為 %d\n",i,i,sum);
10    }
11    system("pause");
12    return 0;
13 }
```

程式說明

- 5　　　變數 sum 存放階層的乘積，初始值為 1。
- 6　　　建立 for 迴圈，初始值為 1，每次增加 1，直到 i 的值為 5 為止。
- 8　　　計算累積乘積。
- 9　　　顯示結果，i 的值就是執行迴圈的次數。

階層範例的執行過程是這樣的：

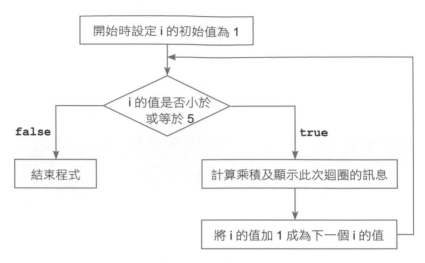

▲ 計算階層值的流程圖

第一次迴圈時 i 的值為 1，其乘積也為 1，然後將 i 的值加 1 成為 2；因 2 小於等於 5，所以執行第二次迴圈，將前次乘積值乘以 2 成為目前乘積值，依此類推。直到第五次迴圈執行完後，i 的值為 5，將 i 的值加 1 成為 6，此時 i 的值大於 5，所以結束程式，其乘積值就是 5 階層的值。

► 立即演練　家庭支出

為了控制家中的支出，媽媽每個星期會將家裡的花費記錄下來，並且計算本週的花費總和。(spend_p.c)

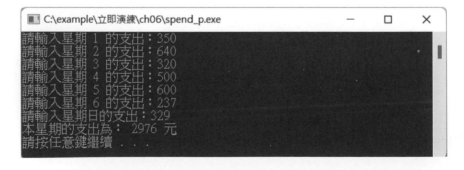

6.1.2 巢狀迴圈

有時迴圈中的每一個元素也可能是需要重複執行的事件,也就是在 for 迴圈中再包含其他 for 迴圈,此種情況稱為「巢狀迴圈」。例如某教師擔任五個班級的課程,則輸入成績時可使用班級建立第一層迴圈(執行五次),再使用各班人數建立第二層迴圈,如此就可一次將全部班級成績都輸入。

巢狀迴圈的基本語法結構為:

```
for ([ 變數 1 初始化宣告 ];[ 條件判斷 1];[ 增量值 1])
{
    程式敘述 ;
    …………
    for ([ 變數 2 初始化宣告 ];[ 條件判斷 2];[ 增量值 2])
    {
        程式敘述 ;
        …………
    }
    …………
}
```

下面範例建立兩層迴圈,內層迴圈的執行次數會依外層迴圈的變數值而改變,如此可將顯示的「井」字排列成三角形。

» 範例練習 井字三角形

利用兩層迴圈列印「井」字,將其排列成直角三角形。(well.c)

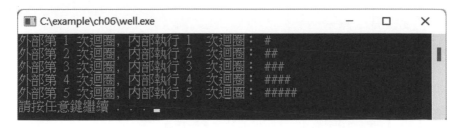

程式碼:**well.c**

```
1 #include <stdio.h>
2 #include <stdlib.h>
3 int main()
4 {
5     for(int i=1; i<=5 ;i++) // 外部迴圈,共執行 5 次
6     {
7         printf(" 外部第 %d 次迴圈 , 內部執行 %d   次迴圈: ",i,i);
```

```
 8              for(int j=1; j<=i; j++) // 內部迴圈
 9              {
10                  printf("#");
11              }
12          printf("\n");
13      }
14      system("pause");
15      return 0;
16 }
```

程式說明

- 5   建立外層 for 迴圈，共執行 5 次。
- 7   顯示訊息。
- 8   建立內層 for 迴圈，執行次數由外層迴圈的 i 變數值決定 (第二個參數 j<=i)，即第一次列印一個「井」字，第二次列印兩個「井」字，依此類推。
- 10   列印「井」字。
- 12   每一次外部迴圈都由新的一列開始，所以加入換行字元。

第一次執行外部迴圈時 i 的值為 1，內部迴圈只執行一次，所以列印一個「井」字；第二次執行外部迴圈時 i 的值為 2，內部迴圈需執行兩次，所以列印兩個「井」字；依此類推，直到執行完 i 等於 5 的迴圈。

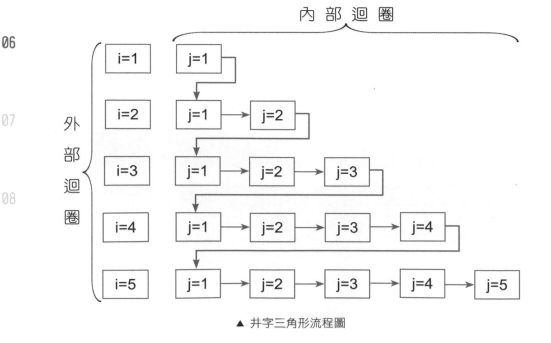

▲ 井字三角形流程圖

▶ 立即演練　**九九乘法表**

利用兩層迴圈列印九九乘法表。(nine99_p.c)

```
■ C:\example\立即演練\ch06\nine99_p.exe                              —    □    ×
1*1=1    1*2=2    1*3=3    1*4=4    1*5=5    1*6=6    1*7=7    1*8=8    1*9=9
2*1=2    2*2=4    2*3=6    2*4=8    2*5=10   2*6=12   2*7=14   2*8=16   2*9=18
3*1=3    3*2=6    3*3=9    3*4=12   3*5=15   3*6=18   3*7=21   3*8=24   3*9=27
4*1=4    4*2=8    4*3=12   4*4=16   4*5=20   4*6=24   4*7=28   4*8=32   4*9=36
5*1=5    5*2=10   5*3=15   5*4=20   5*5=25   5*6=30   5*7=35   5*8=40   5*9=45
6*1=6    6*2=12   6*3=18   6*4=24   6*5=30   6*6=36   6*7=42   6*8=48   6*9=54
7*1=7    7*2=14   7*3=21   7*4=28   7*5=35   7*6=42   7*7=49   7*8=56   7*9=63
8*1=8    8*2=16   8*3=24   8*4=32   8*5=40   8*6=48   8*7=56   8*8=64   8*9=72
9*1=9    9*2=18   9*3=27   9*4=36   9*5=45   9*6=54   9*7=63   9*8=72   9*9=81
請按任意鍵繼續 . . .
```

使用巢狀迴圈固然非常方便，但要注意其執行次數是各層迴圈次數的乘積，例如九九乘法表就執行了 81 次。巢狀迴圈的執行次數如果未做適當限制，可能會使執行的次數變得非常龐大，會讓使用者誤以為程式當掉。例如在兩層迴圈中，內外層各 1000 次，相乘就會達一百萬 (1000000) 次，若是更多層迴圈，其數字將更可怕，使用時不可不慎！

```
for(int i=1; i<=1000; i++)        // 外部迴圈執行 1000 次
{
    for(int j=1; j<=1000; j++)    // 內部迴圈執行 1000 次
    {
        程式敘述          ←────  執行一百萬次
        ..............
    }
}
```

6.1.3 執行迴圈後的變數值

一個程式中的 for 迴圈是否至少會執行一次呢？ for 迴圈在每次執行時都會檢查第二個參數所設定的條件是否成立，如果成立才會執行指定的程式區塊。如果 for 迴圈第一次檢查就發現所設定的條件不成立，程式將直接離開迴圈，一次都沒有執行，那離開迴圈時，變數值為何？

》範例練習 未執行迴圈

迴圈在第一次檢查就發現條件不成立，將直接離開迴圈，且顯示迴圈計數器的值。
(forno.c)

程式碼：forno.c

```
1 #include <stdio.h>
2 #include <stdlib.h>
3 int main()
4 {
5     int i=1; // 設定 i 的起始值為 1
6     for(i=6; i<=3 ;i++) //for 迴圈中設定 i 的起始值為 6
7     {
8         printf(" 此訊息表示迴圈有被執行！\n");
9     }
10    printf(" 結束迴圈後的 i 值為 %d \n",i);
11    system("pause");
12    return 0;
13 }
```

由結果圖中可見到第 8 列顯示的訊息並未出現，可知第 8 列程式一次都沒有執行。
第 6 列設定 for 迴圈中 i 的起始值為 6，所以「i<=3」的條件一開始就不成立，因此
直接結束 for 迴圈，跳到第 10 列顯示結束迴圈後的 i 值。

初學者另外一個容易產生的疑問是迴圈執行結束後，計數器的變數值究竟是多少？

》範例練習 迴圈結束後計數變數的值

for 迴圈執行完畢後顯示計數變數的值。(forend.c)

```
程式碼：forend.c
1  #include <stdio.h>
2  #include <stdlib.h>
3  int main()
4  {
5      int i;
6      for(i=1; i<=16 ;i+=3) //for 迴圈中設定 i 的起始值為 2
7      {
8          printf("%d ",i);
9      }
10     printf("\n 結束迴圈後的 i 值為 %d \n",i);
11     system("pause");
12     return 0;
13 }
```

由結果圖中可見到迴圈中最後顯示的 i 值為 16，而迴圈結束後的 i 值為 19。第 6 列 for 迴圈前六次的條件式都成立，因此列印「1 4 7 10 13 16」，第七次先將 i 的值加 3 成為 19，條件式「i<=16」不成立而結束迴圈，所以結束 for 迴圈後 i 的值為 19。

6.1.4 區塊變數

你是否注意到前一小節中，兩個範例的計數變數宣告都在 for 迴圈的外部：

```
1  int i;
2  for(i=6; i<=3; i++)
3      printf(" 此訊息表示迴圈有被執行！\n");
4  printf(" 結束迴圈後的 i 值為 %d\n", i);
```

為什麼呢？原因是在迴圈內部宣告的變數稱為「區塊變數」，而區塊變數的存取範圍僅限於該迴圈中，一旦離開迴圈，這個區塊變數就不能再使用。如果上面範例移除第 1 列並將第 2 列改為區塊變數：

```
1  for(int i=6; i<=3; i++)
2      printf(" 此訊息表示迴圈有被執行！\n");
3  printf(" 結束迴圈後的 i 值為 %d\n", i);
```

執行結果會在第 3 列產生編譯錯誤，因為在迴圈外，區塊變數 i 並不存在。

迴圈外宣告的變數與迴圈內的區塊變數可使用相同的名稱，這兩個變數是獨立的變數，互不相干，所以編譯時並不會產生錯誤。程式會自動判別，在迴圈外使用迴圈外宣告的變數，在迴圈內使用區塊變數。

》範例練習　區塊變數值

比較迴圈外及區塊變數內宣告的變數，並顯示其值。(local.c)

```
■■ C:\example\ch06\local.exe                    —    □    ×
區塊變數 i = 1 , 變數 a = 11
區塊變數 i = 3 , 變數 a = 12
結束迴圈後的 i = 100 , a = 12
請按任意鍵繼續 . . .
```

程式碼：local.c

```c
1 #include <stdio.h>
2 #include <stdlib.h>
3 int main()
4 {
5     int i=100, a=10;  //i,a 迴圈外變數
6     for(int i=1; i<5 ;i+=2)  //i 為區塊變數
7     {
8         printf("區塊變數 i = %d ",i);
9         a++;
10        printf(", 變數 a = %d \n",a);
11    }
12    printf("結束迴圈後的 i = %d ",i);  // 顯示迴圈外變數 i 的值
13    printf(", a = %d \n",a);
14    system("pause");
15    return 0;
16 }
```

程式說明

- 5　　　宣告迴圈外變數。
- 6　　　宣告 i 為區塊變數。
- 8　　　顯示區塊變數值。
- 9-10　在迴圈內也可顯示迴圈外變數值。
- 12　　顯示迴圈外變數 i 的值 100。
- 13　　顯示迴圈外變數 a 的值 12。

第 6 列宣告區塊變數 i 的值為 1，並不影響第 5 列迴圈外變數 i 的值，所以迴圈外變數 i 值仍為 100。留意迴圈結束後區塊變數 i 的值為 6，但迴圈結束後區塊變數 i 就消失，所以第 12 列顯示的是迴圈外變數 i 的值 100。

區塊變數的最大好處是可以重複使用計數器變數：在一個複雜的應用程式中，可能會使用數十次、甚至數百次迴圈，如果每次都要使用不同計數器變數名稱，對設計者是一大負擔，常會因重複宣告相同名稱的變數而造成錯誤；而且不同計數器變數可能產生干擾，導致執行結果不符預期。有了區塊變數後，每個迴圈都可使用相同變數名稱，常使用的是「i、j、k」，迴圈結束後該區塊變數就消失，可以重複再使用，從此不必再為計數器變數名稱傷腦筋了！

例如下面就是三個迴圈使用相同計數器變數名稱：

```
for(int i=1; i<20; i++)    //i為區塊域變數
{
    sum += i;
    printf("%d\n", sum);
}
for(int i=1; i<5; i++)     //i為區塊變數
    printf("%d\n", i*10);
for(int i=1; i<20; i++)    //i為區塊變數
    printf("%d\n", sum+i);
```

6.2 不固定次數的迴圈

如果已知迴圈的執行次數,那麼 for 迴圈是最佳選擇。但有許多情況無法事先得知需重複的次數,例如教師要輸入成績時,每個班級的人數通常並不相同,若要使用 for 迴圈,得先取得班級人數才能開始進行登錄成績工作。難道不能直接輸入成績嗎?只要在最後輸入一個特定數值 (例如負數,因為成績沒有負數),程式就知道成績已輸入完畢。不固定次數的迴圈能解決此問題,因其單純以條件式來判斷迴圈的結束點,不需要初始值。常用於不固定次數的迴圈有 while 及 do…while 迴圈兩種。

6.2.1 while 迴圈

while 迴圈和 for 迴圈類似,都是先檢查條件判斷式是否成立才執行迴圈內程式區塊,稱為「前測試迴圈」。while 迴圈的基本語法結構為:

```
while( 條件判斷 )
{
    程式敘述 ;
    …………
}
```

while 迴圈只有一個參數:條件判斷,如果條件判斷的結果為 true,則執行大括號中的程式區塊;如果條件判斷的結果為 false,就結束 while 迴圈繼續執行 while 迴圈後面的程式敘述。

while 迴圈的執行步驟為:

1. 在第一次進入 while 迴圈前,必須設定迴圈控制變數的初始值。

2. 進行條件判斷,如果條件判斷的結果為 true,則執行大括號中的程式區塊;若條件判斷的結果為 false,則結束 while 迴圈繼續執行 while 迴圈後面的程式敘述。

3. 程式區塊應有重新設定控制變數的部分,執行大括號中的程式區塊後,回到步驟 2 做條件判斷,如此週而復始。

while 迴圈的流程如下：

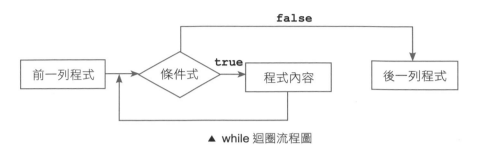

▲ while 迴圈流程圖

在使用 while 迴圈時要特別留意，必須設定條件判斷的中止條件，以便可以停止迴圈的執行，否則會陷入無窮迴圈的窘境。例如：

```
int n=1, sum=0;
while(n<10)
{
    sum += n;
}
```

因為設計者忘記將 n 的值遞增，造成 n 的值永遠為 1，而使條件式永遠為「真」，無法離開迴圈。執行時，程式將宛如當機，沒有任何回應。此時唯有按 **[Ctrl] + [C]** 鍵中斷程式執行，才能恢復系統運作。

» 範例練習　計算奇數和

計算 1 到 100 之間奇數的總和。(odd.c)

程式碼：**odd.c**
```
1 #include <stdio.h>
2 #include <stdlib.h>
3 int main()
4 {
5     int sum=0, n=1; //sum 為總和，n 儲存奇數
6     while(n<=100)
7     {
```

```
 8          sum +=n;    //計算總和
 9          n+=2;       //下一個奇數
10     }
11     printf("1+3+5+……+99=%d\n",sum);
12     system("pause");
13     return 0;
14 }
```

程式說明

- 5　　　　設定總和及奇數的初始值。
- 6　　　　建立 while 迴圈,當 n 變數值 (奇數) 小於或等於 100 時就執行 8 至 9
　　　　　列程式。
- 8　　　　計算總和。
- 9　　　　計算下一個奇數。

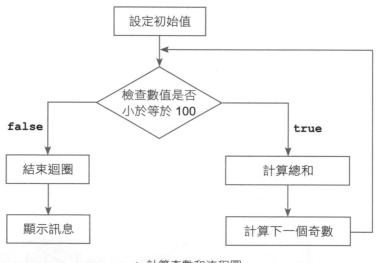

▲ 計算奇數和流程圖

首先在迴圈外設定總和及奇數的初始值,迴圈開始時就檢查 n 變數值 (奇數) 是否小於或等於 100,如果「是」就執行大括號中的敘述:計算總和,產生下一個奇數,再檢查 n 變數值是否小於或等於 100;如果「否」就結束迴圈,顯示結果。

---

for 迴圈與 while 迴圈的差別

for 迴圈具有初始值及終止值而可以確實得知其迴圈執行的次數，而 while 迴圈通常沒有初始值，其執行次數完全依判斷條件而定。如果要使用 while 迴圈來取代 for 迴圈，可在 while 迴圈之前設定初始值，再自行於迴圈執行程式中加入遞增量程式，例如下面的 for 迴圈：

```
for(i=3; i<10; i++)
{
    printf("i 的值為 %d\n", i);
}
```

若是以 while 迴圈達到相同結果，程式如下：

```
int i=3;  ◄────  設定初始值
while(i<10)
{
    printf("i 的值為 %d\n", i);
    i++;  ◄────  設定增量值
}
```

可見 while 迴圈雖可取代 for 迴圈達到相同結果，但其程式碼增加很多，執行效能也比 for 迴圈差。因此設計者應依據實際狀況的需求，選擇使用最適當的迴圈方式，不但能讓程式碼精簡，而且能提升程式執行的效能。

▶ 立即演練 顯示 15 倍數

顯示 1 到 100 之間所有 15 的倍數。(m15_p.c)

```
■ C:\example\立即演練\ch06\m15_p.exe                    —    □    ×
15 30 45 60 75 90
請按任意鍵繼續 . . .
```

6.2.2 do…while 迴圈

do…while 迴圈與 while 迴圈就像孿生兄弟，也是用於沒有固定次數的情況，只是 do…while 迴圈是「先斬後奏」：先執行迴圈內的程式區塊後才進行條件判斷，稱為「後測試迴圈」。do…while 的基本語法結構為：

```
do
{
    程式敘述;
    ............
}while( 條件判斷 );
```

如果條件判斷的結果為 true，則執行大括號中的程式區塊；如果條件判斷的結果為 false，就結束 do…while 迴圈而繼續執行 do…while 迴圈後面的程式敘述。要特別留意在「while(條件判斷)」之後要加上分號，否則會產生編譯錯誤。

do…while 迴圈的執行步驟為：

1. 在第一次進入 while 迴圈前，必須設定迴圈控制變數的初始值。

2. 執行大括號中的程式區塊。

3. 進行條件判斷，程式區塊應有重新設定控制變數的部分，如果條件判斷的結果為 true，則執行大括號中的程式區塊；若條件判斷的結果為 false，則結束 while 迴圈繼續執行 while 迴圈後面的程式敘述。如此週而復始。

do…while 迴圈的流程如下：

▲ do…while 迴圈流程圖

對於 while 迴圈而言，因為是在執行第一次迴圈區塊內容前就進行條件判斷，如果第一次判斷就發現條件式結果為 false，則迴圈區塊內容連一次也沒有執行；而 do…while 迴圈，因為其是在執行第一次迴圈區塊內容後才進行條件判斷，即使第一次判斷就發現條件式結果為 false，迴圈區塊內容至少已執行一次。

由使用者輸入密碼進行驗證以決定是否讓使用者進行進階功能，是應用程式中常用到的方式。密碼驗證功能是最適合使用 do…while 迴圈的範例之一，因為必須先由使用者輸入密碼才能進行驗證，所以輸入密碼的動作至少要進行一次；而使用者無論輸入密碼多少次 (不固定次數的迴圈)，都要通過驗證才能繼續後面的程式敘述。

》範例練習　密碼驗證

預設的密碼為「1234」，使用者若輸入的密碼錯誤，將不斷出現輸入密碼訊息，直到輸入的密碼正確才顯示正確訊息。(password.c)

```
■ C:\example\ch06\password.exe          —    □    ×

請輸入密碼：5678
請輸入密碼：abcdef
請輸入密碼：1234
恭喜！密碼正確！
請按任意鍵繼續 . . .
```

程式碼：password.c

```c
1  #include <stdio.h>
2  #include <stdlib.h>
3  #include <string.h>
4  int main()
5  {
6      char pw[80]; // 儲存使用者輸入的密碼
7      do // 建立 do…while 迴圈
8      {
9          printf("請輸入密碼：");
10         scanf("%s",pw);
11     }while(strcmp(pw,"1234")); // 如果密碼不正確
12     printf("恭喜！密碼正確！\n");
13     system("pause");
14     return 0;
15 }
```

程式說明

- 6　　　因為密碼是字串，所以設定字串變數儲存輸入值。

- 7-11　建立 do…while 迴圈。

- 11　　驗證密碼是否正確，如果不正確就回到第 7 列執行。

- 12　　如果密碼正確就結束迴圈執行本列顯示密碼正確訊息。

do…while 迴圈另一個典型應用是在程式區塊執行完畢後，詢問使用者是否要重複執行，例如一個遊戲結束後，詢問使用者是否要再玩一次。下面演練就是此功能的應用。

▶立即演練 以 **do…while** 迴圈決定程式繼續執行

讓使用者輸入一個整數，會顯示此數是否為 5 的倍數，接著會詢問使用者是否繼續
輸入數字，直到使用者輸入 0 才結束程式。(multi5_p.c)

6.3 流程控制指令

迴圈的重複動作並不是只能一成不變的執行，有時會因特殊原因，需要變更程式執行的流程，這些改變流程的指令稱為「流程控制指令」，包括 goto、break 及 continue 三個指令。

6.3.1 無條件跳躍指令

goto 是強制跳離程式流程的指令，只要先在欲執行的程式區塊起始處建立「識別字」，在程式任何地方輸入「goto 識別字」，就會跳到識別字的程式區塊執行。「識別字」的建立是在識別字名稱後面加上冒號即可，goto 的基本語法結構為：

```
識別字：
    程式敘述；
    ............        會跳到識別字的程式區塊執行
    ............
goto 識別字；
```

使用 goto 指令時要注意程式跳躍的位置，如果是往回跳到前面的程式列執行，需在程式區塊中設計離開此區塊的程式碼，否則程式將永遠在此區塊中反覆執行而形成無窮迴圈。

goto 指令使用上雖然非常方便，可以跳到任意地方執行，但是此種任意改變執行順序的做法，會增加程式閱讀及維護上的困難，而且通常可使用其他方式達成，現在的程式中已很少使用 goto 指令。

» 範例練習　輸入成績

以 goto 指令為老師設計一個輸入成績的程式，如果輸入負數表示成績輸入結束，在輸入成績結束後顯示班上總成績及平均成績。(score.c)

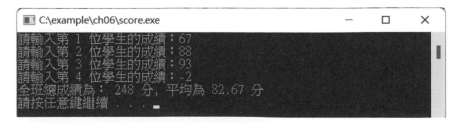

```
程式碼：score.c
1  #include <stdio.h>
2  #include <stdlib.h>
3  int main()
4  {
5      int n=0, c=0; //n 儲存輸入數字，c 為計數器
6      float sum=0, ave; //sum 儲存總分，ave 儲存平均
7  START: // 反覆執行程式開始處  ◄
8      sum += n; // 計算總分
9      c++;
10     printf(" 請輸入第 %d 位學生的成績：",c);
11     scanf("%d",&n);  // 等待使用者輸入
12     if(n<0) // 輸入值小於 0 就結束
13         goto END; // 跳到輸入結束處
14     goto START; // 跳到輸入開始處
15 END: // 輸入結束處  ◄
16     ave = sum/(c-1); // 計算平均 ，學生人數為 (c-1)
17     printf(" 全班總成績為： %.0f 分，平均為 %.2f 分 \n",sum,ave);
18     system("pause");
19     return 0;
20 }
```

程式說明

- **7**　　建立 START 識別字，做為反覆執行的起始處。

- **8**　　計算總分。

- **9**　　統計人數。

- **12-13**　如果使用者輸入值小於 0 就跳到 END 識別字處結束成績輸入。

- **14**　　跳到 START 識別字反覆執行程式。

▶ 立即演練　使用 goto 指令驗證密碼

預設的密碼為「1234」，以 goto 指令驗證使用者輸入的密碼，直到輸入的密碼正確才顯示正確訊息。(password_p.c)

```
■ C:\example\立即演練\ch06\password_p.exe          —   □   ×
請輸入密碼：5678
請輸入密碼：abcde
請輸入密碼：1234
恭喜！密碼正確！
請按任意鍵繼續 . . . .
```

6.3.2 強制結束迴圈指令

在使用 switch 指令時已使用過 break 指令，在 case 程式區塊的最後要加入 break 指令，以離開 switch 條件式。break 指令不只可用於 switch 指令，也可是用於迴圈中，功能是在迴圈執行中途強迫跳離迴圈，跳到迴圈後面的程式繼續執行。用於迴圈中的 break 指令，一般會置於 if 條件內，否則迴圈內在 break 指令後的程式將永遠不會執行。以 while 迴圈為例的流程如下：

```
while(條件判斷)
{
    程式敘述;
    ...........
    if(條件判斷)
    {
        ...........
        break;
    }
    程式敘述;         若執行 break 指令，此部分不執行
    ...........
}
迴圈後程式;
```

» 範例練習 以 **break** 指令顯示井字三角形

讓使用輸入井字三角形的高度，會以輸入數值做為高度顯示井字三角形，如果輸入數值大於 6 則顯示高度為 6 的三角形 (即最高為 6)。(wellbreak.c)

```
C:\example\ch06\wellbreak.exe
輸入井字三角形的高(2-6)：3
#
##
###
請按任意鍵繼續 . . .
```

```
C:\example\ch06\wellbreak.exe
輸入井字三角形的高(2-6)：4
#
##
###
####
請按任意鍵繼續 . . .
```

程式碼：wellbreak.c

```
1 #include <stdio.h>
2 #include <stdlib.h>
3 int main()
4 {
5     int height;
```

```
 6          printf(" 輸入井字三角形的高 (2-6)：");
 7          scanf("%d",&height);
 8          for(int i=1; i<=6 ;i++)
 9          {
10              if(i>height)    // 如果已到高度就離開迴圈
11                  break;
12              for(int j=1; j<=i; j++)
13              {
14                  printf("#");
15              }
16              printf("\n");
17          }
18          system("pause");
19          return 0;
20      }
```

程式說明

- 10-11　　如果已到高度就以 break 指令結束迴圈。

▶立即演練　**以 break 指令顯示乘法表**

以 break 指令讓使用輸入整數，以此整數模仿九九乘法表顯示乘法表，如下圖。(nine_p.c)

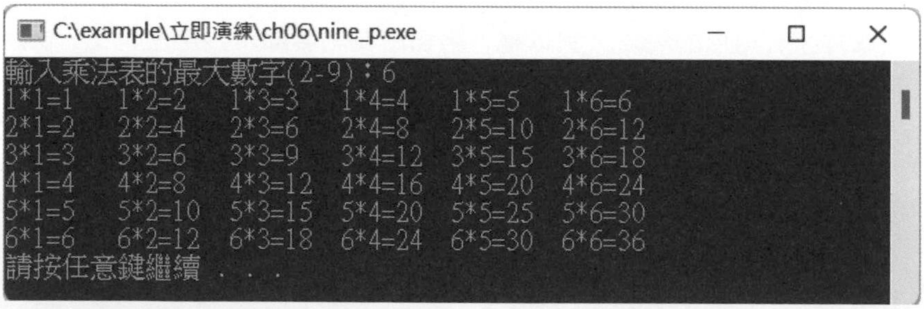

6.3.3 強制回到迴圈起始位置指令

continue 指令是在迴圈執行中途暫時停住不往下執行，而將程式控制權跳到迴圈的起始處，也就是跳過迴圈中剩下的指令，重新執行下一次迴圈。以 while 迴圈為例的流程如下：

```
    ┌──► while( 條件判斷 )
    │    {
    │        程式敘述 ;
    │        …………
    │        if( 條件判斷 )
    │        {
    │            …………
    │ ┌──────── continue;
    │ │      }
    └─┘        程式敘述 ;  ┐
             …………      ├─ 若執行 continue 指令，此部分不執行
         }               ┘
         迴圈後程式 ;
```

因為 4 樓代表不吉利，許多大樓中不喜歡以 4 樓命名樓層，所以常會在樓層命名時跳過 4 樓。

» 範例練習 樓層命名排除四樓

輸入大樓的樓層數後，如果是三層以下，會正常顯示樓層命名；如果是四層(含)以上，顯示樓層命名時會跳過四樓不顯示。(floor.c)

C:\example\ch06\floor.exe
請輸入本大樓的樓層數：3
本大樓具有的樓層為：
1 2 3
請按任意鍵繼續 . . .

C:\example\ch06\floor.exe
請輸入本大樓的樓層數：8
本大樓具有的樓層為：
1 2 3 5 6 7 8 9
請按任意鍵繼續 . . .

程式碼：floor.c

```c
1  #include <stdio.h>
2  #include <stdlib.h>
3  int main()
4  {
5      int f=0, n; //f 為樓層，n 儲存輸入數字
6      printf(" 請輸入本大樓的樓層數：");
7      scanf("%d",&n); // 等待使用者輸入
8      printf(" 本大樓具有的樓層為：\n");
9      while(f<=n)
10     {
11         f++;   // 樓層加 1
12         if(f==4) // 如果樓層為 4 就跳過不顯示
```

```
13        {
14            continue;
15        }
16        printf("%d ",f);   // 顯示樓層
17    }
18    printf("\n");
19    system("pause");
20    return 0;
21 }
```

程式說明

- 9　　　　　　建立顯示樓層的迴圈。

- 12-15　　　　如果樓層為 4 就跳過不顯示。

- 14　　　　　continue 指令會終止執行迴圈內 continue 指令後面的程式，回到第 9
　　　　　　　列迴圈起始位置執行，所以當樓層為 4 時第 16 列未執行。

▶ 立即演練　排除公倍數

請列出 1 到 30 中是 2 或 3 的倍數，但不是 2 及 3 公倍數的整數。(multi_p.c)

```
C:\example\立即演練\ch06\multi_p.exe                    —    □    ×
2 3 4 8 9 10 14 15 16 20 21 22 26 27 28
請按任意鍵繼續 . . .
```

6.3.4 無窮迴圈

有一種較為特殊的迴圈稱為「無窮迴圈」，這是當條件判斷式的結果永遠為 true 時，
就可以不斷執行其指定的程式區塊。for 無窮迴圈的語法為：

```
for(;;)
{
    程式敘述;
    ............
}
```

例如下面的程式將不斷顯示迴圈執行的次數，永不停止。(unlimit_for.c)

```
int i=1;
for(;;)  // 建立無窮迴圈
{
    printf(" 第 %d 次執行迴圈 \n", i);
    i++;
}
```

如果要手動停止上述無窮迴圈的執行，可按 **[Ctrl] + [C]** 鍵。

while 無窮迴圈的語法為：

```
while(true)
{
    程式敘述;
    .............
}
```

例如下面的程式執行結果與上面 for 無窮迴圈完全相同：(unlimit_while.c)

```
int i=1;
while(true)   // 建立無窮迴圈
{
    printf(" 第 %d 次執行迴圈 \n", i);
    i++;
}
```

如果要使用 for 迴圈來取代 while 迴圈是否可能呢？因為在 for 迴圈中必須指定迴圈執行的次數，所以若要避開固定執行次數，可用無窮迴圈來讓 for 迴圈不斷執行，再將條件式加入程式區塊中，當條件式成立時就以 break 指令結束無窮迴圈。

例如下面的 for 迴圈次數將只執行 500 次。(limit_for.c)

```c
int i=1;
for(;;)   // 建立無窮迴圈
{
    printf(" 第 %d 次執行迴圈 \n", i);
    i++;
    if(i>500)
    {
        break;
    }
}
```

當 i 的值大於 500 時，就會跳出無窮迴圈而停止程式執行。

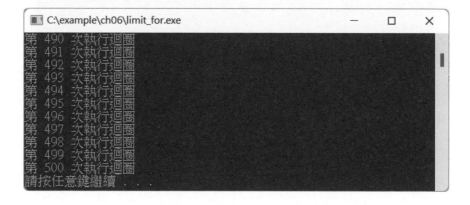

6.4 本章重點整理

- 重複結構是根據所設立的條件來重複執行某一段程式碼，直到條件判斷不成立時才結束重複執行動作，又稱為「迴圈」，這是電腦最擅長處理的工作。

- for 迴圈又稱為計數迴圈，是最常使用的迴圈指令，通常用於固定次數的迴圈。

- 有時迴圈中的每一個元素也可能是需要重複執行的事件，也就是在 for 迴圈中再包含其他 for 迴圈，此種情況稱為「巢狀迴圈」。

- 在迴圈內部宣告的變數稱為「區塊變數」，而區塊變數的存取範圍僅限於該迴圈中，一旦離開迴圈，這個區塊變數就不能再使用。

- while 迴圈和 for 迴圈類似，都是先檢查條件判斷式是否成立才執行迴圈內程式區塊，稱為「前測試迴圈」。

- do…while 迴圈是先執行迴圈內的程式區塊後才進行條件判斷，稱為「後測試迴圈」。

- 迴圈的重複動作並不是只能一成不變的執行，有時會因特殊原因，需要變更程式執行的流程，這些改變流程的指令稱為「流程控制指令」。

- goto 是強制跳離程式流程的指令，只要先在欲執行的程式區塊起始處建立「識別字」，在程式任何地方輸入「goto 識別字」，就會跳到識別字的程式區塊執行。

- break 指令功能是在迴圈執行中途強迫跳離迴圈，跳到迴圈後面的程式繼續執行。

- continue 指令是在迴圈執行中途暫時停住不往下執行，而將程式控制權跳到迴圈的起始處，也就是跳過迴圈中剩下的指令，重新執行下一次迴圈。

- 有一種較為特殊的迴圈稱為「無窮迴圈」，這是當條件判斷式的結果永遠為 true 時，就可以不斷執行其指定的程式區塊。

6.1 固定次數的迴圈

1. 下列 for 迴圈執行後其變數 i 的值為多少？[中]

```c
int i;
for(i=1; i<10; i+=2)
{
    printf("%d ", i);
}
```

2. 使用 for 迴圈計算由 2 到 12 所有偶數的總和，如下圖。[易]

3. 小美班上有五位學生，請你為小美設計一個使用 for 迴圈輸入成績的程式，並且在輸入成績後顯示班上總成績及平均成績，如下圖。[中]

4. 撰寫程式顯示 1 到 100 中 3 及 4 的公倍數，如下圖。[中]

延 伸 練 習

5. 小美在校擔任兩個班級的課程，每個班級有四位學生，請你為小美設計一個可以一次輸入所有班級成績的程式，並且在輸入每個班級的成績後立刻顯示班級總成績及平均成績，如下圖。[中]

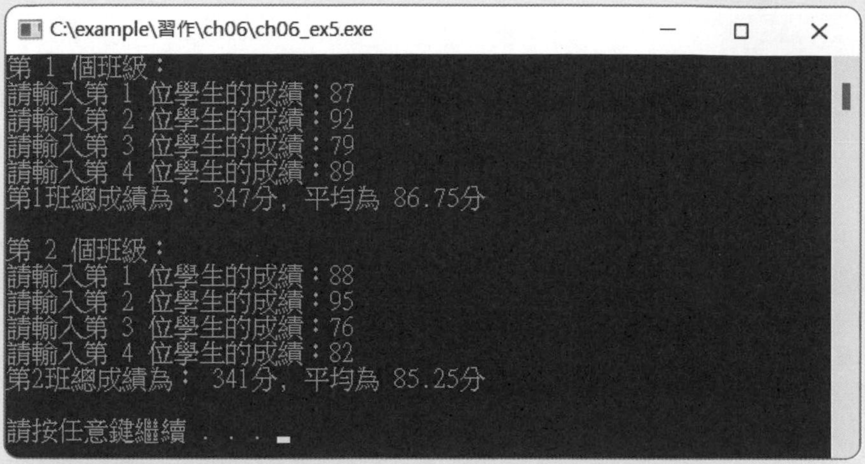

```
C:\example\習作\ch06\ch06_ex5.exe                       —    □    ×
第 1 個班級：
請輸入第 1 位學生的成績：87
請輸入第 2 位學生的成績：92
請輸入第 3 位學生的成績：79
請輸入第 4 位學生的成績：89
第1班總成績為： 347分，平均為 86.75分

第 2 個班級：
請輸入第 1 位學生的成績：88
請輸入第 2 位學生的成績：95
請輸入第 3 位學生的成績：76
請輸入第 4 位學生的成績：82
第2班總成績為： 341分，平均為 85.25分

請按任意鍵繼續 . . .
```

6.2 不固定次數的迴圈

6. 下列程式片斷有錯誤，請修正錯誤。[易]

```
int i=0;
do
{
    i++;
}while(i<=10)
printf("%d\n", i);
```

7. 下列 while 迴圈執行後其變數 i 的值為多少？[中]

```
int i=0;
while(i<=10)
{
    i++;
}
printf("%d\n", i);
```

延 伸 練 習

8. 小明想要存錢買一輛機車，機車每輛 **30000** 元，他將每月存的錢輸入，當存款足夠買機車時，就顯示提示訊息告知，如下圖。[中]

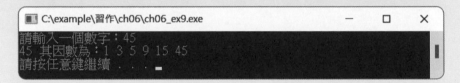

9. 讓使用者輸入一個整數，使用 while 迴圈設計程式來顯示該整數的所有因數，如下圖。[中]

10. 讓使用者輸入兩個正整數，設計程式顯示該兩整數的最大公因數，如下圖。[難]

```
C:\example\習作\ch06\ch06_ex10.exe          —    □    ×
輸入第一個正整數:36
輸入第二個正整數:60
最大公因數：12
請按任意鍵繼續 . . .
```

6.3 流程控制指令

11. 下列 for 迴圈執行後其變數 i 的值為多少？[中]

```c
int i;
for(i=1; i<10; i++)
    if(i>6)
        break;
printf("%d\n", i);
```

延 伸 練 習

12. 下列 for 迴圈的執行結果為何？[中]

```
int i;
for(i=1; i<10; i++)
{
    if(i>6)
        continue;
    printf("%d ", i);
}
```

13. 讓使用者輸入一個整數，程式會顯示該整數是否為質數，如下圖。[難]

memo

07

陣列與字串

7.1 一維陣列

在程式中如果有大量的同類型資料需要儲存時，必須宣告龐大數量的變數，將會耗費大量程式碼。例如：某學校有 1000 位學生，就要宣告 1000 個變數才能存放這些成績：

```
int score1;
int score2;                    宣告變數就有 1000 列
.......................
int score1000;
```

同時，這些變數都是各自獨立的變數，通常會存放於不連續的記體位置，當要對這些變數進行處理時，執行效率並不好。

score1　　　　　score2　　　　　score3

▲ 變數的記憶體配置

陣列也是提供儲存資料的記憶體空間，可說是一群性質相同變數的集合，屬於一種循序性的資料結構，陣列中的所有資料在記憶體佔有連續的記憶體空間。每一個陣列擁有一個名稱，做為識別該陣列的標誌，陣列中的每一個基本單位稱為「元素」，每一個陣列元素相當於一個變數，如此就可輕易建立大量的資料儲存空間。可以把陣列想成是有許多相同名稱的箱子，連續排列在一起，這些箱子可以儲存資料，而每個箱子有不同編號，如果要存取箱子中的資料，只要指定編號即可存取對應箱子內的資料。例如：score[1000] 可用來存放 1000 個學生的成績，而 score[0]、score[1] 等則是實際存放資料的陣列元素。

score[0]　　　　score[1]　　　　score[2]　　　　score[3]

▲ 陣列元素的記憶體配置

7.1.1 一維陣列宣告

陣列在使用之前需先宣告，陣列宣告可分為單純宣告及設定初值的宣告。單純宣告需包含下列要素：

- **資料型別**：陣列中所有元素都是此資料型別，系統會依據宣告的資料型別分配適當的記憶體大小。
- **陣列名稱**：陣列中所有元素的共同名稱，命名規則與變數相同。
- **陣列長度**：陣列中元素的數目。

陣列的宣告及存取是以「引數」做為指標，「引數」相當於每個箱子的編號。只有一個引數的陣列稱為一維陣列，一維陣列是最簡單的陣列型態。一維陣列的宣告語法為：

```
資料型別　陣列名稱 [ 陣列長度 ];
```

例如宣告一個資料型別為 int，名稱為 num，有 3 個元素的陣列，：

```
int num[3];
```

要注意宣告一個長度為 n 的陣列，其引數是由 0 開始至 n-1。上面例子宣告 num[3] 的整數陣列，其中 3 個元素為 num[0]、num[1] 及 num[2]，每一個元素分配 4 個位元組來儲存一個整數，所以 num 整數陣列的總長度是 12 位元組。

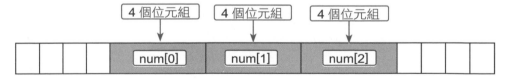

▲ int 陣列宣告

sizeof 運算子不但可取得整個陣列所佔記憶體的大小，也可以取得每個陣列元素記憶體空間的大小，如果把陣列總記憶體空間的大小除以每個陣列元素記憶體空間的大小，就可以得到陣列元素的個數。

» 範例練習　一維陣列元素個數

顯示整個陣列及陣列中個別元素所佔的記憶體大小，與陣列中的元素個數。(element. c)

```
C:\example\ch07\element.exe                    —    □    ×
int 陣列元素佔 4 個位元組
整個 int 陣列佔 20 個位元組
陣列元素個數：5
請按任意鍵繼續 . . .
```

程式碼：**element.c**

```
 1 #include <stdio.h>
 2 #include <stdlib.h>
 3 int main()
 4 {
 5     int n[5]; // 宣告陣列
 6     printf("int 陣列元素佔 %d 個位元組 \n",sizeof(n[0]));
 7     printf(" 整個 int 陣列佔 %d 個位元組 \n",sizeof(n));
 8     printf(" 陣列元素個數：%d\n",sizeof(n)/sizeof(n[0]));
 9     system("pause");
10     return 0;
11 }
```

程式說明

- 5　　宣告五個元素的整數陣列。
- 6　　顯示元素所佔的記憶體大小。
- 7　　顯示陣列所佔的記憶體大小。
- 8　　顯示元素個數。

▶ 立即演練　**double** 陣列元素個數

宣告一個含 9 個元素的 double 陣列，顯示整個 double 陣列及陣列中個別元素所佔的記憶體大小，與陣列中的元素個數。(double_p.c)

```
C:\example\立即演練\ch07\double_p.exe          —    □    ×
double 陣列元素佔 8 個位元組
整個 double 陣列佔 72 個位元組
陣列元素個數：9
請按任意鍵繼續 . . .
```

7.1.2 一維陣列設定值

建立陣列的目的是用於儲存資料，可以先使用陣列的單純宣告建立陣列，再於程式中使用指定運算子 (=) 來設定陣列元素的值。

語法：

```
資料型別 陣列名稱 [ 陣列長度 n ];
陣列名稱 [0] = 值1;
陣列名稱 [1] = 值2;
............
陣列名稱 [n-1] = 值n;
```

例如：

```
int num[3];
num[0] = 12;
num[1] = 24;
num[2] = 36;
```

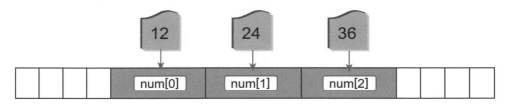

▲ 設定陣列元素值

上面例子是將陣列宣告及設定初始值分別寫在不同的程式列中，使用不少程式列來設定初始值。如果在宣告陣列時就已知道陣列元素的初始值時，可以使用設定初值的陣列宣告，在宣告陣列時同時設定各元素初始值：只要在資料型別後面加上等號，再將各元素的值置於大括號中，元素值彼此以逗號分開即可，如此可精減掉許多程式碼。

設定初值的陣列宣告語法為：

```
資料型別 陣列名稱 [n] = { 值1, 值2, …, 值n };
```

例如前面例子中定義 num 陣列含有 3 個陣列元素，並設定其初始值：

```
int num[3] = {12, 24, 36};
```

其意義為第一個元素 **num[0]** 的值為 **12**，第二個元素 **num[1]** 的值為 **24**，依此類推，結果與前一例子完全相同，相當於將四列程式碼縮減成一列完成。

使用設定初值的陣列宣告時要注意陣列元素及初始值的個數，如果陣列宣告的元素個數少於右邊初始值的個數，會產生陣列元素過多的警告訊息，雖然仍可執行，但執行結果不可預期。例如：宣告 **num** 陣列含有 **2** 個陣列元素，卻設定了 **3** 個初始值，執行結果不可預期：

```
int num[2] = {12, 24, 36};  // 結果不可預期
```

如果陣列宣告的個數大於右邊初始值的個數，未初始化的陣列元素將設為預設值。例如：宣告 **num** 陣列含有 **5** 個陣列元素，卻只設定了 **3** 個初始值，則 **num[3]** 及 **num[4]** 的初始值皆為 **0**：

```
int num[5] = {12, 24, 36};  //num[3]=0, num[4]=0
```

因為設定初值的陣列宣告其元素個數可由右方初始值的個數得知，所以即使宣告陣列時不加入陣列長度，系統也可由使用者給予的初始值個數取得，因此可將陣列長度省略，語法為：

```
資料型別  陣列名稱 [] = { 值 1, 值 2, …};
```

此種語法的優點是可避免等號左右兩邊設定的陣列長度及元素個數不一致：陣列長度設定太大則浪費記憶體，陣列長度設定太小會產生編譯錯誤。

例如前面例子中定義 **num** 陣列並設定其初始值，因為初始值有 **3** 個，所以陣列長度自動設定為 **3**：

```
int num[] = {12, 24, 36};  // 陣列長度自動設定為 3
```

陣列使用指定運算子 (**=**) 設定其值時，要注意只有陣列元素可以使用指定運算子，兩個陣列不能使用指定運算子互相指定。例如：

```
int num1[3] = {12, 24, 36}, num2[3];
num2[0] = num1[0];  //num2[0]=12
num2 = num1;         // 錯誤
```

» 範例練習 設定陣列元素值

使用陣列儲存使用者輸入的各科成績，並計算總分顯示出來。(score.c)

*程式碼：***score.c**

```c
1  #include <stdio.h>
2  #include <stdlib.h>
3  int main()
4  {
5      int score[3];
6      printf("輸入國文成績：");
7      scanf("%d", &score[0]);
8      printf("輸入數學成績：");
9      scanf("%d", &score[1]);
10     printf("輸入英文成績：");
11     scanf("%d", &score[2]);
12     printf("總分：%d 分 \n", score[0]+score[1]+score[2]);
13     system("pause");
14     return 0;
15 }
```

程式說明

- 5　　　　宣告三個元素的整數陣列。
- 6-11　　讓使用者輸入三科成績，並將這些輸入值做為陣列元素值。

► 立即演練 幸運數字

建立一個包含三個元素的整數陣列並設定初始值，代表個人最喜愛的三個幸運數字，再依序顯示出來。(luckynum_p.c)

> ### 使用未設定初值的陣列元素
>
> 如果程式中使用了尚未設定初始值的陣列元素，在 DevC++ 中會使用該元素所佔記憶體的原始內容 (此內容不可預期)，例如：
>
> ```c
> int Score[3];
> printf("%d\n", Score[1]);  //Score[1] 尚未初始化
> ```
>
> 執行結果為：(讀者顯示的結果可能不同)
>
> ```
> C:\example\ch07\tem.exe                    —    □    ✕
> 623191333
> 請按任意鍵繼續 . . .
> ```

7.1.3 使用迴圈設定陣列

無論使用單純宣告或設定初值的宣告，當陣列元素龐大時，要一一設定陣列元素的值，都是一件繁瑣的工作；實際應用時，通常會將這些資料儲存於檔案或資料庫中，需要使用時由儲存裝置中讀取，再設定給陣列元素來簡化設定工作。

如果陣列元素的值具有規律性，就可使用迴圈來設定初始值，只要短短幾列程式碼，即能完成大量元素的初值設定。例如：某班級有學生 50 人，要以 seat 陣列來儲存學生座號，因為座號為 1 到 50 號，使用 for 迴圈可輕易完成設定：

```c
int seat[50];
for(int i=0; i<50; i++)   // 引數由 0~49 共 50 個人
    seat[i] = i+1;        //seat[0] 為 1 號，seat[1] 為 2 號，……
```

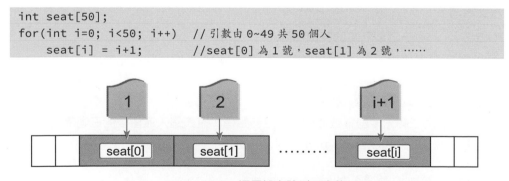

▲ for 迴圈設定陣列元素值

因為陣列元素的引數是由 0 開始遞增的整數，要顯示陣列元素的內容，使用 for 迴圈是最恰當的方式。例如上面由迴圈建立的座號，顯示的程式碼為：

```
for(int i=0; i<50; i++)
    printf("%d\n", seat[i]);
```

» 範例練習　尋找最大值

建立一個包含四個元素的整數陣列，讓使用者輸入四個數值，然後顯示所有輸入值及其中的最大數。(max.c)

```
C:\example\ch07\max.exe                      —    □    ×
輸入第 1 個數：54
輸入第 2 個數：128
輸入第 3 個數：98
輸入第 4 個數：12
輸入的數：54 128 98 12
最大數：128
請按任意鍵繼續 . . .
```

程式碼：max.c

```c
 1 #include <stdio.h>
 2 #include <stdlib.h>
 3 int main()
 4 {
 5     const int c=4;      // 數值個數
 6     int n[c], max;   // 宣告陣列，max 儲存最大值
 7     for(int i=0;i<c;i++)   // 使用者輸入
 8     {
 9         printf(" 輸入第 %d 個數：",i+1);
10         scanf("%d",&n[i]);
11     }
12     max=n[0];   // 開始時設定第一個值為最大值
13     for(int i=1;i<c;i++)    // 由第二個值開始比較
14         if(n[i]>max)        // 如果數值大於最大值，則以該數值為最大值
15             max=n[i];
16     printf(" 輸入的數：");
17     for(int i=0;i<c;i++)   // 顯示輸入值
18         printf("%d ",n[i]);
19     printf("\n");
20     printf(" 最大數：%d\n",max);
21     system("pause");
22     return 0;
23 }
```

程式說明

- 5　　　　宣告常數來儲存數值個數。
- 6　　　　宣告陣列及儲存最大值的變數。
- 7-11　　使用迴圈讓使用者輸入數值。
- 12　　　開始時設定第一個值為最大值。
- 13-15　使用迴圈逐一比對數值，如果比對的數值比最大值還要大，就將該數值設定為最大值，如此可確保 max 變數的值為最大值。
- 17-18　使用迴圈顯示使用者輸入值。

7 到 11 列是先以陣列儲存輸入的數值，再於 13 到 18 列以迴圈處理輸入數值及顯示。陣列最大的好處是可以將資料儲存於陣列元素中再做各種處理，實際應用時可將這些陣列元素值存入檔案或資料庫中，等需要時再讀入陣列。

另外，本範例使用一個程式設計時很常用且重要的技巧：使用常數來代替數值。第 5 列先宣告一個常數 c 來儲存數值個數，此後的陣列宣告及迴圈計數器都使用此常數。其最大好處是如果將來本程式要比較的數值不是 4 個，只需修改第 5 列的常數值即可，而不必逐一修改第 6、7、13 及 17 列的數字，否則往往有一列程式未修正，就造成程式執行結果的錯誤。

▶ 立即演練　尋找最小值

建立一個包含四個元素的整數陣列，讓使用者輸入四個數值，然後顯示其中的最小數。(min_p.c)

⨍.⨍.⨍ 陣列界限

C 語言為了增加執行效能,並不會對陣列元素引數是否大於陣列範圍做檢查,設計者在使用陣列時,要特別注意不要使用超過陣列大小的元素,也就是「引數」值不可超過宣告陣列的範圍,例如:

```
int num[3];
num[3] = 92;  // 錯誤,num[3] 不存在
```

由於 num 陣列最大引數值為 2,num[3] 不存在,對其設定初始值沒有意義。

最可怕的是,此種情況在編譯時並不會產生錯誤訊息,程式仍可執行,只是會將超出範圍的陣列元素存放在陣列以外的記憶體中,這樣很可能會覆蓋其他的資料,造成不可預期的執行結果。這種不會在編譯時產生錯誤,而是在執行時才發生錯誤的情形,因編譯器無法產生任何警告訊息,是程式設計時最難除錯的,使用者不可不慎!

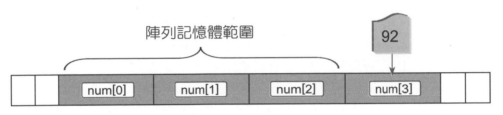

▲ 引數超出範圍的陣列元素設定

為了防止發生陣列引數超出範圍的不可預期錯誤,最好能在程式中加入檢查陣列元素引數功能,以確保執行結果的正確。

» 範例練習 貨品結帳

請你為百貨公司結帳員設計一個程式,可輸入客人購買貨品的價格,最多可輸入五件,如果輸入負數表示輸入結束,最後計算全部貨品總價。(sale.c)

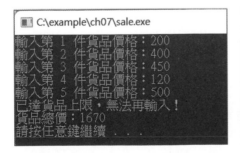

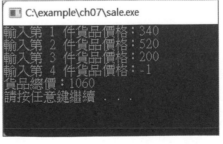

```
程式碼：sale.c
1  #include <stdio.h>
2  #include <stdlib.h>
3  int main()
4  {
5      const int c=5;
6      int price[c], sum=0, i=0, n;
7      do
8      {
9          if(i==c) // 當 i 的值為 c，表示陣列已滿
10         {
11             printf(" 已達貨品上限，無法再輸入！\n");
12             i++;
13             break;
14         }
15         printf(" 輸入第 %d 件貨品價格：",i+1);
16         scanf("%d",&price[i]);
17         i++;
18     }while(price[i-1]>=0);   // 輸入負數表示結束
19     n=i-1;      //n 為實際輸入件數
20     for(i=0;i<n;i++)         // 計算總價
21         sum+=price[i];
22     printf(" 貨品總價：%d\n",sum);
23     system("pause");
24     return 0;
25 }
```

程式說明

- **9-14**　　當輸入的件數已達宣告的陣列上限時，就顯示提示訊息並結束輸入迴圈，避免使用者再輸入而超出陣列範圍。

- **18**　　輸入負數表示結束輸入。

- **19**　　因在迴圈中已將 i 值加 1，所以實際輸入件數為 i-1。

- **20-21**　　使用迴圈計算總價。

> ▶ 立即演練   **成績計算**

請你為老師設計一個程式，可輸入學生成績，最多可輸入四位學生，如果輸入負數表示輸入結束，最後計算全班總分。(score_p.c)

7.1.5 陣列的應用

泡沫排序

將一序列的值依照某種指定的規則排列，稱為排序。在程式設計中常需要對資料進行排序，例如在資料庫的查詢中，如何於顯示的眾多資料中快速找到所要的資料呢？可以依照資料的筆劃排序，就能很快取得所需的資料了！

泡沫排序是最簡單但最常用的排序方法，其原理為逐一比較兩個資料，如果不符合指定的排序原則，就將兩個資料對調，如此反覆操作，就可完成排序工作。例如有一序列的值是 5,3,2,1,4 要由小至大排序，泡沫排序的過程如下：

1. 將序列中第 1~4 個數分別和其下一個數比較，如果比下一個數大，則互相交換，如下：

次數	比較前 **53214**	交換後	說明
1	53214	35214	5 和 3 交換
2	35214	32514	5 和 2 交換
3	32514	32154	5 和 1 交換
4	32154	32145	5 和 4 交換

2. 將序列中第 1~3 個數分別和其下一個數比較，如果比下一個數大，則互相交換，如下：

次數	比較前 32145	交換後	說明
1	32145	23145	3 和 2 交換
2	23145	21345	3 和 1 交換
3	21345	21345	3 和 4 不變

3. 將序列中第 1~2 個數分別和其下一個數比較，如果比下一個數大，則互相交換，如下：

次數	比較前 21345	交換後	說明
1	21345	12345	2 和 1 交換
2	12345	12345	2 和 3 不變

4. 將序列中第 1 個數和其下一個數比較，如果比下一個數大，則互相交換，如下：

次數	比較前 12345	交換後	說明
1	12345	12345	1 和 2 不變

每一個步驟會將一個較大的數移到後面，感覺上較大的數就像泡沫般往後冒出，故稱為「泡沫排序法」。

» 範例練習　成績排序

建立一個整數陣列並設定初始值為班級成績，先顯示原始成績，再將成績由大到小排序後顯示出來。(sort.c)

程式碼：**sort.c**

```c
 1 #include <stdio.h>
 2 #include <stdlib.h>
 3 int main()
 4 {
 5     int score[]= {87, 72, 98, 65, 85, 72};   // 成績
 6     int n=sizeof(score)/sizeof(score[0]); // 學生人數
 7     printf(" 排序前成績：\n");
 8     for (int i=0;i<n;i++)
 9         printf("%d ",score[i]);
10     for (int i=0;i<n-1;i++)   // 陣列排序
11     {
12         for (int j=0;j<n-i-1;j++)
13         {
14             if (score[j]<score[j+1])
15             {
16                 int x=score[j];   // 交換
17                 int y=score[j+1];
18                 score[j]=y;
19                 score[j+1]=x;
20             }
21         }
22     }
23     printf("\n 由大到小排序後：\n");
24     for (int i=0;i<n;i++)
25         printf("%d ",score[i]);
26     printf("\n");
27     system("pause");
28     return 0;
29 }
```

程式說明

■ 6　　　　取得陣列元素個數，即學生人數。

■ 8-9　　　以迴圈顯示排序前的數值序列。

■ 10-22　　以泡沫排序法排序，如果 score[j]<score[j+1] 就將兩數互相交換。若將 14 行改為「if(score[j]>score[j+1])」則可以將陣列由小至大排序。

■ 24-25　　以迴圈顯示排序後的結果。

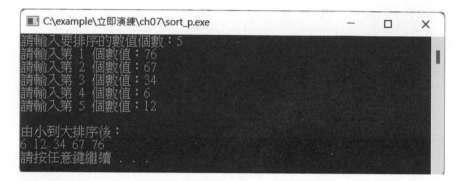

►立即演練 由小到大排序

由使用者輸入任意個整數的數值序列，程式會將此數值序列由小到大排序後顯示。
(sort_p.c)

循序搜尋

資料搜尋是目前應用程式必定具備的功能，搜尋的方法有循序搜尋和二分搜尋：循序
搜尋是依序逐一搜尋，程式設計較簡單，但沒有效率；使用二分搜尋則可以提昇速度，
但程式較複雜，且搜尋前資料必須先進行排序。

»範例練習 循序搜尋

建立一個包含 1000 個數字的陣列，程式會檢查使用者輸入的數字是否在陣列中並顯
示比對的次數。(search1.c)

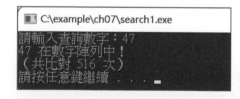

程式碼：**search1.c**

```
1 #include <stdio.h>
2 #include <stdlib.h>
3 int main()
4 {
5     int num[1000];
6     int s,i;
```

```
7      int Isfound=0;
8      for(i=0;i<500;i++)
9      {
10         num[i]=3*i+1;
11         num[500+i]=3*i+2;
12     }
13     printf(" 請輸入查詢數字：");
14     scanf("%d",&s);
15     for (i=0;i<1000;i++)   // 逐一比對搜尋
16     {
17         if ( num[i]==s)   // 號碼相符
18         {
19             Isfound=1;
20             i++;
21             break;
22         }
23     }
24     if (Isfound==1)
25         printf("%d 在數字陣列中！\n",s);
26     else
27         printf("%d 不在數字陣列中！\n",s);
28     printf("( 共比對 %d 次)\n",i);
29     system("pause");
30     return 0;
31 }
```

程式說明

- **7** 宣告 Isfound 並預設為 false，如果在 15-23 列的搜尋有找到查詢資料，就設 IsFound=true。在程式設計中，這個觀念稱為旗標，也就是如果有找到就將設旗標 IsFound=true，否則 IsFound 的值為 false，最後判斷旗標 IsFound 就可得知資料是否有找到。

- **8-12** 以迴圈設定 1000 個陣列元素資料。

- **15-23** 逐一比對資料是否相符。

- **20** 如果找到查詢資料，將 i 值加 1 就是比對次數。

- **21** 如果找到查詢資料就離開 for 迴圈。

- **24-27** 根據旗標 IsFound 得知資料是否有找到來顯示訊息。

01　為了區別循序搜尋與二分搜尋的效率差異，必須使用一個資料量較大的陣列，所以本範例的元素多達 1000 個，元素值則使用迴圈設定：前 500 個元素值為 3 的倍數加 1，即 1、4、7、……；後 500 個元素值為 3 的倍數加 2，即 2、5、8、……。使用者輸入的數字若為 3 的倍數將不在陣列中；若為 3 的倍數加 1 則在陣列中，比對次數在 500 內；若為 3 的倍數加 2 也在陣列中，比對次數會超過 500。

02　循序搜尋是從第一個陣列元素開始，依序逐一搜尋，如果陣列元素有 n 個，循序搜尋最快一次就可以搜尋到，最慢則需 n 次才能搜尋到。程式中刻意加入「比對次數」訊息，目的是要讓使用者了解實際的搜尋次數 (實際應用程式中可將此部分移除)。

03　當查詢資料不存在時，循序搜尋會從頭到尾搜尋一次，本範例中有 1000 筆資料，所以顯示比對 1000 次。實際應用時資料動輒數十萬筆，一次搜尋就要比對數十萬次，非常沒有效率，將造成系統很重的負擔，且搜尋時間很長！當資料量很大時，最好使用二分搜尋。

04
二分搜尋

05　二分搜尋法是先將陣列資料排序好，然後以陣列正中央的陣列元素將陣列分為兩半：較大部分及較小部分。再以此正中央陣列元素和欲搜尋的資料做比較，如果相等表示找到資料，如果正中央陣列元素大於欲搜尋資料，代表要尋找的資料是落在比較小的那半部，可以去掉較大的那一半，只保留較小的那一半再繼續搜尋；如果正中央陣列元素小於欲搜尋資料，代表要尋找的資料是落在比較大的那半部，可以去掉

06　較小的那一半，只保留較大的那一半再繼續搜尋。如此，每比對一次就可去掉一半的資料，所以可很快找到資料。

» 範例練習　二分搜尋

07　與前一範例相同，此處以二分搜尋法執行搜尋。(search2.c)

08

```
程式碼：search2.c
1  #include <stdio.h>
2  #include <stdlib.h>
3  int main()
4  {
5      int num[1000];
6      int s,i;
7      int Isfound=0;
8      for(i=0;i<500;i++)
9      {
10         num[i]=3*i+1;
11         num[500+i]=3*i+2;
12     }
13     int j,c,min,max,mid;
14     printf(" 請輸入查詢數字：");
15     scanf("%d",&s);
16     for (i=0;i<999;i++)    // 陣列排序
17         for (j=0;j<999-i;j++)
18             if (num[j]>num[j+1])
19             {
20                 int x=num[j];    // 交換編號
21                 int y=num[j+1];
22                 num[j]=y;
23                 num[j+1]=x;
24             }
25     min=0;
26     max=999;
27     c=1;
28     while(min<=max)
29     {
30         mid=(min+max)/2;
31         if ( num[mid]==s)   // 號碼相符
32         {
33             Isfound=1;
34             c++;
35             break;
36         }
37         c++;    // 計算比對次數
38         if (num[mid]>s)   // 如果中間值大於輸入值
39             max=mid-1;      // 使用較小的一半區域繼續比對
40         else               // 如果中間值不大於輸入值
41             min=mid+1;      // 使用較大的一半區域繼續比對
```

```
42        }
43    if (Isfound==1)
44        printf("%d 在數字陣列中！\n",s);
45    else
46        printf("%d 不在數字陣列中！\n",s);
47    printf("( 共比對 %d 次 )\n",c-1);
48    system("pause");
49    return 0;
50 }
```

程式說明

- 16-24　　執行資料排序。
- 25-26　　開始搜尋時設定陣列最小引數值 min=0，最大值 max= 陣列個數 -1。
- 27　　　設定比對次數初始值。
- 30　　　mid=(min+max)/2 表示取陣列正中央的元素加以比較。
- 31-36　　如果有找到，後面都不要找了，以 break 強迫離開迴圈。
- 37　　　如果沒有找到，表示必須進行下一次比對，所以將比對次數加 1。
- 38-39　　if(num[mid]>s) 代表要尋找的資料 s 是落在比較小的那半部，所以將最大值 max 重設為 max=mid-1，表示要去掉較大的那一半，只保留較小的那一半再繼續搜尋。
- 40-41　　將 min 重設為 min=mid+1，表示要去掉較小的那一半，只保留較大的那一半繼續搜尋。

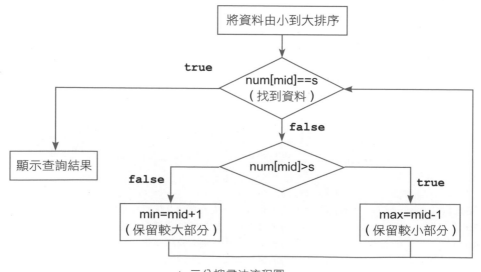

▲ 二分搜尋法流程圖

使用二分搜尋可以大幅提昇搜尋速度，如果陣列元素有 n 個，二分搜尋最快一次就可以搜尋到 (例如上例中排序後正中央的數字為 749，執行時若輸入 749 會顯示比對次數為 1)，最多則需 m 次才能搜尋到，m 的計算公式為：

```
m =  int(log₂n + 1)
```

例如上例中有 1000 筆資料，則最多只需要 10 次 ($\log_2 1000 = 9.96578$) 就可搜尋到，夠快吧！而使用循序搜尋則需 1000 次。當資料數量越大時，其與循序搜尋的差異就越大。

使用二分搜尋較耗費時間的是資料「排序」，但使用二分搜尋時，無論進行多少次搜尋，只需做一次排序即可，因此當搜尋資料量較大時，其效能上遠大於循序搜尋。

▶ 立即演練　查詢數值

建立一個整數陣列 num[] = {5,67,45,98,7,34,72,52,92,10}，讓使用者輸入一個整數，以二分搜尋方法檢查該整數是否存在於陣列中，並顯示查詢結果。(search_p.c)

7.2 多維陣列

一維陣列只能處理較為簡單的資料，若是更複雜的資料則需多維陣列才能處理，例如某公司有 100 位業務員，要記錄一年中每個月的業績，如果每個月使用一個一維陣列來儲存業績，需要 12 個一維陣列來存放，此種情況可用二維陣列來解決。

多維陣列的使用方式與一維陣列類似，只是引數個數不同，二維陣列是指陣列的引數有兩個，三維陣列是指陣列的引數有三個，依此類推。以下的說明以二維陣列為主，多維陣列的宣告與使用皆與二維陣列相同。

7.2.1 二維陣列宣告

二維陣列的引數有兩個，其宣告的語法為：

```
資料型別 陣列名稱 [ 引數 1 ][ 引數 2 ];
```

例如 100 個業務員的業績如下：

業務員編號	一月	二月	…………	十二月
1	235	120	……	342
2	213	241	……	79
……	……	……	……	……
100	643	378	……	230

此資料可用下面的二維陣列宣告來儲存：

```
int sell[100][12];
```

第一個引數代表業務員 (0 到 99 共 100 個業務員)，第二個引數代表業績 (0 到 11 代表一到十二月)，對應關係如下表：

sell[0]0] 235	sell[0][1] 120	……	sell[0][11] 342
sell[1][0] 213	sell[1][1] 241	……	sell[1][11] 79
……	……	……	……
sell[99][0] 643	sell[99][1] 378	……	sell[99][11] 230

sell[n][0] 表示業務員一月的業績,例如 sell[0][0] 代表第一個業務員一月的業績 (235)、sell[1][0] 代表第二個業務員一月的業績 (213),依此類推。

使用多維陣列時需特別注意龐大的元素個數將佔用非常多記憶體,有時甚至導致系統因資源耗盡而當機。多維陣列的宣告為:

```
資料型別　陣列名稱 [ 引數 1][ 引數 2]……[ 引數 n];
```

陣列元素個數為各引數的乘積:

```
元素個數 = ( 引數 1) X ( 引數 2) X …… X ( 引數 n)
```

例如前面記錄業務員業績的 sell[100][12] 二維陣列,元素個數為

```
元素個數 = (100) X (12) = 1200,其元素就多達 1200 個。
```

此陣列的資料型別為 int,int 資料型別的記憶體大小為 4 位元組,故:

```
記憶體數量 = 4 X 1200 = 4800 ( 位元組 )
```

再看一個三維陣列的範例:

```
int score[100][100][100];
```

元素個數 = (100) X (100) X (100) = 1000000,其元素有一百萬個,可觀吧!所佔的記憶體為四百萬位元組,不可不慎!

7.2.2　二維陣列初值設定

與一維陣列相同,二維陣列初值設定可以先宣告陣列變數,再設定各元素的初值,其語法為:

```
資料型別　陣列名稱 [n1][n2];
陣列名稱 [0][0] = 值 1;
陣列名稱 [0][1] = 值 2;
……………………………………
陣列名稱 [n1-1][n2-1] = 值 n;
```

例如：

```
int sell[3][2];
sell[0][0] = 235;
sell[0][1] = 120;
..............
sell[2][1] = 378;
```

二維陣列的初值也可以在宣告陣列變數時同時設定各元素初值，如果元素的個數不
是很龐大，這種方法可以很方便的設定初值。設定方法為將每一列陣列元素放置於
大括號中，語法為：

```
資料型別  陣列名稱 [m][n] = {{ 值 n1, 值 n2,……}, { 值 m1, 值 m2,……}, ……};
```

例如要設定一個 **3X2** 的二維陣列初值 sell[3][2]：

```
int sell[3][2] = {{235,120}, {213,241}, {643,378}};
```

對應關係為：sell[0][0]=235、sell[0][1]=120、依此類推：

列索引	陣列元素、值	陣列元素、值
0	sell[0][0]=235	sell[0][1]=120
1	sell[[1][0]=213	sell[1][1]=241
2	sell[2][0]=643	sell[2][1]=378

與一維陣列相同，使用設定初值的二維陣列宣告時，要注意初始值的個數：如果設
定的初始值太多，會產生警告訊息，執行結果不可預期。，例如：

```
int sell[3][2] = {{235,120}, {213,241}, {643,378,12}};   // 結果不可預期
```

第三組數值多了一個設定值：**12**，編譯時會產生錯誤。

如果設定的初始值太少，則未設定的值會自動設為預設值，例如：

```
int sell[3][2] = {{235}, {213}, {643,378}};
```

第一及第二組設定值都少了一個數值，則 sell[0][1] 及 sell[1][1] 的值自動設定為 0。

此外，二維陣列也可以不必指定陣列的長度，可由初始值的個數自動產生，不過，只有第一個引數可以省略，省略第二個引數會產生編譯錯誤，例如：

```
int sell[][2] = {{235}, {213}, {643,378}};  // 正確，等同 int sell[3][2]
```

下面兩個範例都會在編譯時產生錯誤，因為省略第二個引數：

```
int sell[][] = {{235}, {213}, {643,378}};    // 錯誤
int sell[3][] = {{235}, {213}, {643,378}};   // 錯誤
```

二維陣列通常是以兩層巢狀迴圈來顯示其內容，例如顯示一個 3X2 的二維陣列內容：

```
for(int i=0; i<3; i++)
{
    for(int j=0; j<2; j++)
        printf("%d\n", sell[i][j]);
}
```

» 範例練習 業績計算

某貿易公司 3 個業務員前四個月的業績如下：

業務員編號	一月	二月	三月	四月
1	32000	87000	76000	100000
2	56000	12000	58300	67000
3	12000	43000	96000	80000

建立一個二維陣列儲存所有業績，並計算每個業務員的總業績及統計每個月的業績總額。(calsale.c)

7-25

```
程式碼：calsale.c
1  #include <stdio.h>
2  #include <stdlib.h>
3  int main()
4  {
5      int sale[3][4]={ {32000,87000,76000,100000},
6                       {56000,12000,58300,67000},
7                       {12000,43000,96000,80000}  };  // 建立二維陣列
                                                          並初始化
8      int month[4], person[3];
9      for(int i=0;i<4;i++)  // 計算各月的業績總額
10     {
11         month[i]=0;
12         for(int j=0; j<3;j++)
13             month[i] += sale[j][i];
14         printf("%d  月的業績總額為 %d 元 \n",i+1,month[i]);
15     }
16     for(int i=0;i<3;i++)  // 計算各業務員的業績總額
17     {
18         person[i]=0;
19         for(int j=0; j<4;j++)
20             person[i] += sale[i][j];
21         printf(" 第 %d  位業務員的業績總額為 %d 元 \n",i+1,person[i]);
22     }
23     system("pause");
24     return 0;
25 }
```

程式說明

- **5-7**　　宣告二維陣列並初始化。

- **9-15**　　使用兩層巢狀迴圈計算各月的業績總額。

- **11**　　　開始時讓業績總額歸零。

- **12-13**　累加該月不同業務員的業績。

- **14**　　　顯示單月業績總額。

- **16-22**　使用兩層巢狀迴圈計算各業務員的業績總額。

5 到 7 列其實是一列程式，二維陣列的初始值設定會使程式列變得冗長，將每一列元素 (每個大括號中的資料) 做為一列加以對齊，在輸入時較不易出錯。

09

▶ 立即演練　顯示二維陣列成績

建立一個 **2X3** 的二維陣列並初始化，用來儲存輸入的兩個學生各三科成績，再以兩
層巢狀迴圈將所有成績顯示出來。(twolayer_p.c)

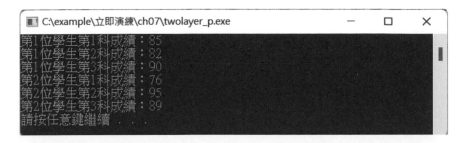

```
C:\example\立即演練\ch07\twolayer_p.exe                    —    □    ×
第1位學生第1科成績：85
第1位學生第2科成績：82
第1位學生第3科成績：90
第2位學生第1科成績：76
第2位學生第2科成績：95
第2位學生第3科成績：89
請按任意鍵繼續 . . . .
```

10

11

12

13

14

15

7.3 字串

字串是一組字元型別的集合體，嚴格說起來，C 語言並沒有字串的基本資料型別，而是使用字元陣列來儲存字串，因為每一個字元型別用於儲存一個字元資料，字元陣列就可儲存多個字元，也就是字串。

7.3.1 一維字元陣列

字元型別的陣列稱為字元陣列，字元陣列是由一串字元組成，例如：

```
char str[] = {'s','t','r','i','n','g'};
```

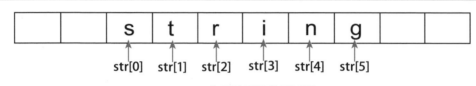

▲ 字元陣列記憶體配置

上例中 str 字元陣列實際上使用 6 個位元組。

字串最重要的特色是要以空字元 ('\0') 做為字串的結束字元，如果字元陣列要做為字串使用，必須自己在陣列最後加入字串結束字元 ('\0')。要特別注意：儲存 n 個字元的字元陣列，宣告其長度時，必須宣告為 n+1 個位元組，多一個位元組放置字串結束字元。例如：

```
char str[]={'s','t','r','i','n','g','\0'};
```

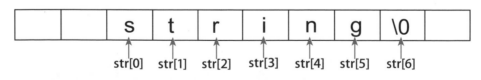

▲ 字元陣列做為字串

str 字元陣列做為字串時，實際上使用 7 個位元組。

每次設定字元陣列都要自行在尾部加入字串結束字元，那不是太麻煩了嗎？而且常會忘記加入字串結束字元，導致程式執行結果錯誤。字元陣列也可以使用字串方式初始化，例如：

```
char str[7] = "string";  // 利用字串初始化
```

或者省略陣列長度，則長度由系統自動分配：

```
char str[] = "string";  // 利用字串初始化
```

使用此種方式建立的字元陣列，系統會自動在陣列結尾加上 '\0' 字元，所以上面的 str 陣列大小是 7 個位元組：

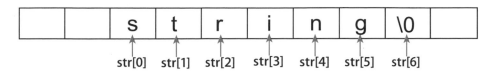

str[0] str[1] str[2] str[3] str[4] str[5] str[6]

使用字元陣列儲存字串時，設定「" 字串內容 "」方式只能在初始化時使用，之後不可以使用指定運算子來改變字元陣列的內容，否則會產生編譯錯誤。例如：

```
char str[] = "string";
str = "char";  // 編譯錯誤
```

如果在字元陣列初始化之後要改變字元陣列的內容，需使用 strcpy 函式，strcpy 函式是定義於 <string.h> 中，在程式開始處需含入該標頭檔，例如：

```
#include <string.h>
char str[] = "string";
strcpy(str, "char");  //str 的內容改變為「char」
```

當使用 strcpy 函式改變字元陣列內容時，要注意字元陣列的長度，如果新內容超過字元陣列的長度時，不會產生編譯錯誤，但執行結果不可預期。

關於字元陣列函式的使用方法將於下一章詳細說明。

字元陣列的長度在宣告後就固定了，即使沒有用到的部分也會佔用記憶體，例如：

```
char str[20] = "string";
```

str 字元陣列宣告為 20 個位元組，實際內容僅有 7 個位元組 (含字串結束字元)，後面 13 個位元組就浪費了！但因字元陣列內容可能會改變，若新內容超過字元陣列的長度時，執行結果不可預期。設計者在宣告陣列時，要仔細考量可能的存放內容，宣告為最適當的陣列長度，避免造成不足或浪費。

» **範例練習** 字元及字串記憶體

01 顯示字元及字串所佔的記憶體大小。(memory.c)

程式碼：memory.c

```
 1 #include <stdio.h>
 2 #include <stdlib.h>
 3 int main()
 4 {
 5     char s1[]="learn DevC++", s2='a', s3[]="a";
 6     printf("\"learn DevC++\" 佔 %d 個位元組 \n",sizeof(s1));
 7     printf("\'a\' 佔 %d 個位元組 \n",sizeof(s2));
 8     printf("\"a\" 佔 %d 個位元組 \n",sizeof(s3));
 9     system("pause");
10     return 0;
11 }
```

「"learn DevC++"」字串包含空格在內為 12 個字元 (空格也是一個字元)，加上字串結束字元所以佔 13 個位元組。「'a'」是字元變數，所以只佔 1 個位元組；而「"a"」是字元陣列以字串設定初始值，會自動加入字串結束字元，所以佔 2 個位元組。

7.3.2 字元陣列的輸入與輸出

當程式需要使用者輸入資料時，通常是使用「scanf」指令；但 scanf 指令在接受使用者輸入資料時，會自動以空白 ([Space]) 鍵或 [Tab] 鍵做為資料的結束字元，也就是輸入的資料不可包含空白鍵或 [Tab] 鍵，否則空白鍵或 [Tab] 鍵之後的資料會被移除。例如使用者輸入英文姓名時，空白鍵之後的資料會被移除：

```
char name[20];
scanf("%s", &name);   // 輸入「John Chang」
printf("%s", name);   // 顯示「John」
```

如果要取得包含空白鍵的資料，可以使用 gets 函式，語法為：

```
gets( 字元陣列 );
```

例如前面例子改用 gets 函式即可取得完整句子：

```
char name[20];
gets(name);            // 輸入「John Chang」
printf("%s", name);    // 顯示「John Chang」
```

gets 函式是專為取得字串設計，使用 gets 函式時，參數必須是字元陣列，如果使用其他資料型別會產生編譯錯誤，例如：

```
int intA;        // 整數型別
gets(intA);      // 編譯錯誤
```

至於字元陣列的顯示，使用「printf」指令即可正常顯示。不過，相對於 gets 函式來讓使用者輸入字元陣列，系統也提供一個 puts 函式來顯示字元陣列，語法為：

```
puts( 字元陣列 );
```

例如前面例子也可使用 puts 函式來顯示完整句子：

```
char name[20];
gets(name);    // 輸入「John Chang」
puts(name);    // 顯示「John Chang」
```

puts 函式與 printf 指令仍有些許不同：puts 函式會在顯示完字串資料後自動換行，也就是之後的資料會顯示於下一列；printf 指令則不會自動換行，之後的資料會接續著原來位置顯示。另外，puts 函式只能顯示字串資料，printf 指令則各種資料型別皆可顯示。

字元陣列也可以使用迴圈來逐一顯示其中的字元，若是使用 for 迴圈，必須先取得字串長度做為迴圈的次數，取得字串實際儲存字元長度的函式為 strlen，strlen 函式是定義於 <string.h> 中，在程式開始處需含入該標頭檔。例如：：

```
#include <string.h>
char name[20];
gets(name);    // 輸入「John Chang」
for(int i=0; i<strlen(name); i++)    // 逐一顯示字元
    printf("%c", name[i]);
```

字元陣列 strlen 函式的使用方法將於下一章詳細說明。

如果使用 while 迴圈，則可不需取得字串長度，而以字串結束字元做為顯示的判斷條件：逐一顯示字元，如果字元為「\0」就結束 while 迴圈，例如：

```c
char name[20];
gets(name);   // 輸入「John Chang」
int i=0;
while(name[i] != '\0')   // 如果字元不是結束字元就顯示
{
    printf("%c", name[i]);
    i++;
}
```

sizeof 及 strlen 的區別

sizeof 及 strlen 都是取得長度，它們有何不同呢？對於字元陣列而言，sizeof 是取得陣列的長度，而 strlen 則是得到實際字串的長度 (不包含字串結束字元)。例如：

```c
char name[20] = "I like apple.";
printf("%d\n", strlen(name));   //13
printf("%d\n", sizeof(name));   //20
```

» 範例練習   字串加密

使用者輸入可包含空白字元的字串，顯示加密後的字串，加密的原則是將每個字元的 ACSII 碼加 1。(encode.c)

程式碼：encode.c

```c
1 #include <stdio.h>
2 #include <stdlib.h>
3 #include <string.h>
4 int main()
5 {
6     char password[20];
```

```
7       printf(" 請輸入密碼 ( 可包含空白鍵 ) : ");
8       gets(password);   // 輸入字串
9       printf(" 加密後的密碼 : ");
10      for(int i=0;i<strlen(password);i++)   // 逐一處理字元
11      {
12          password[i]++;   // 將字元碼加 1，即 A 變為 B、B 變為 C、依此類推
13          printf("%c",password[i]);
14      }
15      printf("\n");
16      system("pause");
17      return 0;
18 }
```

程式說明

- **3**　　　　使用 strlen 需含入 **<string.h>**。

- **8**　　　　使用 **gets** 函式取得包含空白鍵的字串。

- **10-14**　　使用迴圈逐一處理字元。

- **12**　　　 將字元碼加 1，即 A 變為 B、B 變為 C、依此類推。

這是一個非常簡易的加密程式，如果要將檔案加密，只要將整個檔案讀入，再對每個字元逐一加密處理後存回檔案即可。雖然加密原則很簡單，但他人並不知道加密原則，所以也不是很容易被破解。

▶立即演練 **字串解密**

請針對前一範例加密 (字元的 ACSII 碼加 1) 後的字串進行解密：輸入加密後的密碼，程式會顯示原始密碼。(decode_p.c)

7.3.3 單一字元輸入

無論使用 scanf 或 gets 取得使用者輸入資料時,都需要使用者按下 **[Enter]** 鍵才能繼續執行程式。getch() 函式則可以取得使用者的單一字元輸入:只要使用者按下任一字元,程式會立刻取得該字元並繼續執行程式。getch() 函式是定義於 <conio.h> 中,在程式開始處需含入該標頭檔:

```
#include <conio.h>
```

getch() 函式的語法為:

```
字元變數 = getch();
```

例如:

```
char ch;        // 宣告字元變數
ch = getch();   // 等待輸入字元
```

當使用者按下字元,該字元就會儲存於 ch 字元變數中,但系統並不會自動顯示該字元,必須設計者自行以 printf 指令顯示。有時使用者不知道按鍵後還要再按 **[Enter]** 鍵,由於 getch() 函式不需按 **[Enter]** 鍵就接受輸入字元,可減少使用者輸入的困擾。例如在遊戲程式最後會詢問使用者是否要再玩一次,程式如下:

```
char ch;
ch = getch();
printf("%c\n", ch);
if(ch=='y' || ch=='Y')
{
    goto Start;
}
return 0;
```

如果使用者按下「y」鍵(不需按 **[Enter]** 鍵)就跳到起始處重新執行程式,按其他鍵就結束程式。

使用 getch() 函式也可以輸入字串,使用迴圈讓使用者不斷輸入字元,直到使用者輸入 **[Enter]** 鍵為止。

≫ 範例練習 以 **getch()** 輸入字串

使用迴圈以getch()函式讓使用者輸入包含空白字元的字串,再顯示該字串。(getch.c)

程式碼:**getch.c**

```
1 #include <stdio.h>
2 #include <stdlib.h>
3 #include <conio.h>
4 int main()
5 {
6     char name[20];
7     int i=0;
8     printf(" 輸入姓名 : ");
9     do
10    {
11        name[i]=getch();    // 以 getch() 輸入字元
12        printf("%c",name[i]);
13        i++;
14    }while(name[i-1] != 13);  // 輸入字元不是 [Enter] 鍵
15    name[i-1]='\0';    // 加入結束字元
16    printf("\n 你的姓名為 %s\n",name);
17    system("pause");
18    return 0;
19 }
```

程式說明

- 9-14   使用迴圈逐一處理取得字元。
- 11   以 getch() 取得一個字元。
- 12   getch() 不會顯示輸入字元,故自行顯示。
- 13   計數器加 1 以便繼續取得下一個字元。
- 14   檢查輸入字元是否為 **[Enter]** 鍵 (ASCII 碼為 13)。
- 15   字元陣列要自行在字串尾部加入字串結束字元。

程式利用後測試迴圈檢查輸入的字元是否為 **[Enter]** 鍵，如果不是就加入字元陣列中，若是 **[Enter]** 鍵就結束輸入。要特別注意字元陣列要自行在字串尾部加入字串結束字元 (15 列程式)，否則會產生不可預期的錯誤。

▶ 立即演練　判斷輸入字元

輸入字元 (不需按 **[Enter]** 鍵) 會立刻顯示輸入字元的種類，接著詢問使用者是否繼續輸入，若輸入「y」鍵就繼續，其他鍵就結束程式。(judge_p.c)

```
■ C:\example\立即演練\ch07\judge_p.exe                    —    □    ×
輸入一個字元：D
輸入的是大寫字母！
是否要再輸入：y
輸入一個字元：6
輸入的是數字！
是否要再輸入：y
輸入一個字元：s
輸入的是小寫字母！
是否要再輸入：y
輸入一個字元：@
輸入不是文數字！
是否要再輸入：n
請按任意鍵繼續 . . .
```

7.3.4 中文字元陣列

中文是以兩個字元 (位元組) 來組成一個中文單字，如果是將中文字串儲存於字元陣列，再完整顯示中文字串，系統會自動將兩個位元組組合為中文顯示，例如：

```c
char s[] = "我學習程式語言";  // 設定中文字串
printf("%s", s);  // 顯示「我學習程式語言」
```

計算陣列長度時，要注意每一個中文字會佔兩個字元，例如上例中含七個中文字的字元陣列，其陣列實際長度為 14 (佔 15 個位元組，加上 1 個字串結束字元)：

```c
char s[] = "我學習程式語言";
printf("%d", strlen(s));  // 顯示「14」
```

如果是以 for 迴圈逐一顯示字元，也可正常顯示中文，例如：

```c
char s[] = "我學習程式語言";
for(int i=0; i<strlen(s); i++)  // 顯示「我學習程式語言」
    printf("%c", s[i]);
```

若只要取出字串中部分內容，要留意一個中文字會佔兩個字元，例如要取出第 2 到 4 個中文字，則需取出第 3 到 8 個字元 (6 個字元為 3 個中文字)：

```
char s[] = " 我學習程式語言 ";
for(int i=2; i<=7; i++)   // 顯示「學習程」
    printf("%c", s[i]);
```

如果嚐試單獨顯示中文字串內的每一個字元，其結果將是亂碼：

```
char s[] = " 我學習程式語言 ";
for(int i=0; i<strlen(s); i++)   // 顯示結果為亂碼
    printf("%c*", s[i]);
```

若要單獨顯示個別中文字，必須一次顯示兩個字元才會呈現中文字：

```
char s[] = " 我學習程式語言 ";
for(int i=0; i<strlen(s); i+=2)   // 顯示「我＊學＊習＊程＊式＊語＊言」
    printf("%c%c*", s[i], s[i+1]);
```

▲ 單獨顯示中文字串字元

▲ 單獨顯示個別中文字

實際應用時，字串常常是中英文混雜，那要如何顯示呢？因為中文與英文的顯示方式不同，所以必須先逐一判斷是何種文字，再使用適當方式顯示。中文是雙字元文字，其第一個字元的 ASCII 碼會大於 127，利用此一特性可判別中文或英文：如果字元 ASCII 碼小於或等於 127，表示為英文字元，就直接顯示；如果字元 ASCII 碼大於 127，表示為中文單字，就一次顯示兩個字元。

» 範例練習　顯示部分中英文字串

使用者輸入要顯示的開始及結束字元數，程式會顯示預設中英文混合字串的指定部分，並在每兩個文字中間插入一個星號。(showpart.cpp)

```
C:\example\ch07\showpart.exe                          —   □   ×
字串：Mary和John每天努力學習Dev-C++
輸入開始顯示字元數：6
輸入結束顯示字元數：15
和*J*o*h*n*每*天*努*
請按任意鍵繼續 . . .
```

程式碼： **showpart.c**

```
1 #include <stdio.h>
2 #include <stdlib.h>
3 int main()
4 {
5     char s[]="Mary 和 John 每天努力學習 Dev-C++";
6     int st, ed;
7     printf(" 字串:%s\n",s);
8     printf(" 輸入開始顯示字元數:");
9     scanf("%d",&st);
10    printf(" 輸入結束顯示字元數:");
11    scanf("%d",&ed);
12    if ((int)s[st-2]<0)   // 如果開始字元是中文單字的第二個位元組
13        st--;                    // 開始字元向前移,包含整個中文單字
14    if ((int)s[ed-1]<0)   // 如果結束字元是中文單字的第一個位元組
15        ed++;                    // 結束字元向後移,包含整個中文單字
16    for(int i=st-1;i<=ed-1;i++)   // 逐一處理每個字元
17    {
18        if ((int)s[i]<0)   // 如果是中文單字
19        {
20            printf("%c%c*",s[i],s[i+1]);    // 一次顯示兩個字元
21            i++;   // 計數器加 1
22        }
23        else   // 英文字元直接顯示
24            printf("%c*",s[i]);
25    }
26    printf("\n");
27    system("pause");
28    return 0;
29 }
```

程式說明

■ 8-11　取得使用者輸入的開始及結束字元數。

■ 12-13　如果開始字元是中文單字的第二個位元組,就將開始字元向前移一個位元組,如此才能包含整個中文單字。

■ 14-15　如果結束字元是中文單字的第一個位元組,就將開始字元向後移一個位元組,如此才能包含整個中文單字。

■ 16-25　逐一處理每個字元。

■ 18　ASCII 碼大於 127 的值會呈現負數,故以小於 0 判斷:如果字元值為負數表示這是一個中文單字。

- **20** 一次顯示兩個字元才能正確顯示中文字。
- **21** 第 16 列計數器是每次增加 1，而顯示中文必須增加 2，所以在此處再增加 1，即相當於回到第 16 列時 i 值增加 2。
- **23-24** 如果是英文字元就直接顯示字元。

顯示時若是由中文字的第二個字元開始顯示，將出現亂碼，所以在 12 列程式檢查開始字元的前一個字元是否為中文，如果是中文就需將前一個字元也納入顯示 (13 列)，才能正確顯示中文單字。同理，若是結束字元是中文字的第一個字元，因為未一起顯示第二個字元，故將出現亂碼，14 列程式檢查結束字元是否為中文，如果是中文就需將後一個字元也納入顯示 (15 列)，才能正確顯示中文單字。

▶ 立即演練　顯示中英文字串

使用者輸入一個可包含空白鍵的中英文混合字串，程式會將每個文字拆解並在兩個文字中間插入一個星號。**(showstr_p.c)**

如果是要顯示整個中英文混合字串，不管是使用 **printf** 指令或 **puts** 函式，都可正確顯示，非常方便；只有要個別顯示字串內的中英文字元時才需要使用本節提供的進階顯示方法。

7.3.5 字串陣列

一維字元陣列相當於字串，所以二維字元陣列即相當於字串陣列。宣告的語法為：

```
char 陣列名稱 [ 陣列長度 ][ 字串長度 ];
```

例如宣告一個含 3 個字串，每個字串長度為 7 個字元 (含結束字元) 的字串陣列：

```
char name[3][7];
```

同樣的，也可在宣告時同時設定字串陣列的初始值，語法為：

```
char 陣列名稱 [ 陣列長度 ][ 字串長度 ] = {" 字串 1", " 字串 1",………, " 字串 n"};
```

例如初始化三個姓名：

```
char name[3][7] = {"David", "Joe", "Mary"};
```

宣告有初始值的字串陣列時，「陣列長度」可省略，由系統根據初始值自行設定，但「字串長度」不可省略，否會產生編譯錯誤。

```
char name[][7] = {"David", "Joe", "Mary"};   // 正確
char name[3][] = {"David", "Joe", "Mary"};   // 錯誤
```

字串中各元素所儲存內容長度可能不同，宣告時要設定為可容納所有字串的長度，因此字串陣列不可避免的會浪費部分記憶體。

▲ 字串陣列記憶體配置

» 範例練習 顯示輸入姓名

讓使用者輸入三個學生姓名，將姓名存於字串陣列中，再逐一顯示陣列中的學生姓名。(strarray.c)

程式碼：strarray.c

```
1 #include <stdio.h>
2 #include <stdlib.h>
3 int main()
4 {
5     char name[3][9];   // 宣告字串陣列
6     for (int i=0;i<3;i++)
7     {
8         printf(" 輸入第 %d 個學生姓名：",i+1);
9         gets(name[i]);
10    }
11    for (int i=0;i<3;i++)
12        printf(" 第 %d 個學生姓名：%s\n",i+1,name[i]);
13    system("pause");
14    return 0;
15 }
```

程式說明

- **5** 中文姓名最多四個字，加上結束字元所以第二個引數設為 9。
- **6-10** 讓使用者輸入三個學生姓名，將姓名存於字串陣列中。
- **11-12** 顯示字串陣列內容。

▶立即演練 顯示學生姓名

建立一個二維字元陣列並初始化，其中儲存三個學生姓名，逐一顯示陣列中的學生姓名。(strarray_p.c)

7.4 本章重點整理

- 陣列是提供儲存資料的記憶體空間，可說是一群性質相同變數的集合，屬於一種循序性的資料結構，陣列中的所有資料在記憶體中佔有連續的記憶體空間。

- 陣列在使用之前需先宣告，陣列宣告可分為單純宣告及設定初值的宣告。單純宣告需包含下列要素：資料型別、陣列名稱及陣列長度。

- 設定初值的陣列宣告，在宣告陣列時同時設定各元素初始值：只要在資料型別後面加上等號，再將各元素的值置於大括號中，元素值彼此以逗號分開即可。

- 泡沫排序是最簡單但最常用的排序方法，其原理為逐一比較兩個資料，如果不符合指定的排序原則，就將兩個資料對調，如此反覆操作，就可完成排序工作。

- 循序搜尋是依序逐一搜尋，程式設計較簡單，但沒有效率。

- 二分搜尋法是先將陣列資料排序好，然後以陣列正中央的陣列元素將陣列分為兩半：較大部分及較小部分，然後以此正中央陣列元素和欲搜尋的資料做比較。

- 使用多維陣列時需特別注意龐大的元素個數將佔用非常多的記憶體，有時甚至導致系統因資源耗盡而當機。

- 每一個字元型別用於儲存一個字元資料，字元陣列就可儲存多個字元，也就是字串。

- 如果要取得包含空白鍵的資料，可以使用 gets 函式。

- getch() 函式則可以取得使用者的單一字元輸入：只要使用者按下任一字元，程式會立刻取得該字元並繼續執行程式。

- 中文是以兩個字元 (位元組) 來組成一個中文單字，如果是將中文字串儲存於字元陣列，再完整顯示中文字串，系統會自動將兩個位元組組合為中文顯示。

- 一維字元陣列相當於字串，所以二維字元陣列即相當於字串陣列。

延 伸 練 習

7.1 一維陣列

1. 「int n[6] = {11,22,33,44}」中，下列陣列元素的值為多少？[易]
   (A)n[1]　　　　　　　(B)n[3]　　　　　　(C)n[5]

2. 一個含 2000 個元素的整數陣列，如果要以循序搜尋法查詢資料，最多需比對資料多少次？[易]

3. 下列宣告佔多少個位元組的記憶體？[中]
   (A)int a[20]　　　　(B)char b[100]　　　　　(C)float c[40];

4. 一個含 2000 個元素的整數陣列，如果要以二分搜尋法查詢資料，最多需比對資料多少次？[中]

5. 建立一個包含三個元素的整數陣列並設定初始值，代表個人的三科成績，再依序顯示各科成績，如下圖。[易]

6 建立一個包含五個元素的整數陣列，讓使用者輸入五位學生的成績，然後計算班級總成績及平均成績，如下圖。[中]

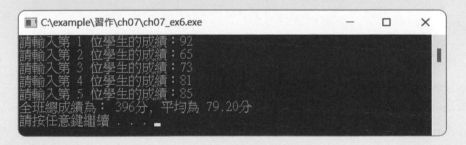

延 伸 練 習

7. 阿英是百貨公司結帳員，請你為她設計一個程式，先輸入客人購買的貨品件數，再依此件數宣告陣列來儲存貨品價格，最後計算全部貨品總價，如下圖。[中]

8. 建立一個整數陣列 num[] = {87,349,25,61,90,15,145}，找出此陣列的最大值及最小值，並計算兩者的差，如下圖。[中]

9. 建立一個整數陣列num[] = {75,45,3,92,57,83,7}，使用泡沫排序法由大到小排列，並顯示排序前及排序後的數值序列，如下圖。[中]

7.2 多維陣列

10. 「int n[100][200]」二維列宣告，其中包含多少個元素？此陣列佔多少個位元組記憶體？[易]

11. 「int sale[3][2] = {{235,120}, {213,241}, {643,378}};」中，下列陣列元素的值為多少？[易]

(A)sale[1][0]   (B)sale[2][1]

延 伸 練 習

12 建立一個 2X3 的二維整數陣列，其元素值為「{128,34,56}, {67,29,92}」，找出此陣列的最大值及最小值，並計算兩者的差，如下圖。[難]

```
■ C:\example\習作\ch07\ch07_ex12.exe        —    □    ×
整數陣列：{128,34,56}, {67,29,92}
最大值：128
最小值：29
最大值與最小值差為 99
請按任意鍵繼續 . . .
```

7.3 字串

13. 哪個指令可讓字元陣列取得包含空白鍵的輸入資料？[易]

14. 下列宣告佔多少個位元組的記憶體？[中]

(A)char a[] = "notebook";   (B)char b[] = " 我喜歡 book";

15. puts() 函式與 printf 指令有何不同？[中]

16. 下列何者正確？[中]

(A)char name[3][7] = {"David", "Joe", "Mary"};

(B)char name[3][] = {"David", "Joe", "Mary"};

(C)char name[][7] = {"David", "Joe", "Mary"};

(D)char name[][] = {"David", "Joe", "Mary"};

17. 下列程式的錯誤為何？應如何修正？[難]

```
char str[] = "string";
str = "char";
```

18. 建立一個字元陣列儲存「星期一」到「星期日」，使用者輸入 1 到 7 的數字會顯示對應的星期日數，如下圖。[易]

```
■ C:\example\習作\ch07\ch07_ex18.exe
輸入星期幾(1-7)：3
星期三
請按任意鍵繼續 . . .
```

```
■ C:\example\習作\ch07\ch07_ex18.exe
輸入星期幾(1-7)：7
星期日
請按任意鍵繼續 . . .
```

19. 字元陣列的實際字串長度可由 **strlen** 函式取得，請自行撰寫程式讓使用者輸入字串，程式會顯示字串長度，如下圖。[易]

20. 建立一個字元陣列，使用迴圈設定陣列值為小寫字母 a 到 z，最後加上字串結束字元，再以列印字串方式顯示，如下圖。[中]

21. 字串加密：讓使用者輸入字串，程式會將整個字串反轉，並將每個字元的 ASCII 碼加 1，如下圖。[難]

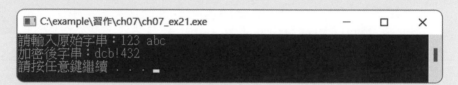

22. 讓使用者輸入字串，程式會計算字串中大寫字母、小寫字母、數字及中文字的個數並顯示，如下圖。[難]

08

函式基本功能

8.1 函式

在程式中，常會有許多重複使用的功能，每使用一次這些功能就撰寫程式碼一次，對設計者是一大負擔，也大幅增加程式的容量。例如下面範例中輸入姓名及成績三次，程式非常冗長。

» 範例練習 輸入成績

輸入三位學生的姓名及成績。(repeat.c)

```
C:\example\ch08\repeat.exe                    □    ×
第 1 位學生國文成績：87
第 1 位學生數學成績：69
第 2 位學生國文成績：92
第 2 位學生數學成績：89
第 3 位學生國文成績：63
第 3 位學生數學成績：72
請按任意鍵繼續 . . .
```

程式碼：repeat.c

```
1  #include <stdio.h>
2  #include <stdlib.h>
3  int main()
4  {
5      int chi[3], mat[3];
6      printf(" 第 1 位學生國文成績:");
7      scanf("%d", &chi[0]);
8      printf(" 第 1 位學生數學成績:");
9      scanf("%d", &mat[0]);
10     printf(" 第 2 位學生國文成績:");
11     scanf("%d", &chi[1]);
12     printf(" 第 2 位學生數學成績:");
13     scanf("%d", &mat[1]);
14     printf(" 第 3 位學生國文成績:");
15     scanf("%d", &chi[2]);
16     printf(" 第 3 位學生數學成績:");
17     scanf("%d", &mat[2]);
18     system("pause");
19     return 0;
20 }
```

其中 6 到 9 列、10 到 13 列及 14 到 17 列都在做相同的事，只是不同學生而已。如果有 50 位學生，則此部分程式就要重複 50 次，太可怕了！現在以函式方式改寫，其執行結果完全相同。

» 範例練習 以函式輸入成績

執行結果與前一範例相同。(function.c)

```
程式碼：function.c
1 #include <stdio.h>
2 #include <stdlib.h>
3 void input(int n, int chinese, int math)   // 定義函式
4 {
5     printf(" 第 %d 位學生國文成績：", n);
6     scanf("%d", &chinese);
7     printf(" 第 %d 位學生數學成績：", n);
8     scanf("%d", &math);
9 }
10
11 int main()
12 {
13     int chi[3], mat[3];
14     input(1, chi[0], mat[0]);   // 使用函式
15     input(2, chi[1], mat[1]);
16     input(3, chi[2], mat[2]);
17     system("pause");
18     return 0;
19 }
```

將重複的部分建立為 3 到 9 列的 input 函式 (函式的建立方式會在下一小節詳細說明)，以後要使用此部分程式碼時只要一列程式即可 (14、15 或 16)。當重複的次數越多，節省的程式碼將越多。

「模組化」程式設計，就是由上而下分析程式的各項功能，將功能設計為模組。函式即可視為一個獨立的模組，當需要某項功能時，只要呼叫已完成的函式來執行，如此可大幅減輕程式設計的工作。

使用函式的程式設計方式具有下列的好處：

■ 將大程式切割後由多人撰寫，有利於團隊分工，可縮短程式開發的時間。

■ 可縮短程式的長度，程式碼也可重複使用，當再開發類似功能的產品時，只需稍為修改即可以套用。

■ 程式可讀性提高。

■ 與常數相同，當程式中要修改特定功能的程式碼時，只要修改函式的程式碼即可，不必一一修改各處使用該功能的程式碼，降低程式維護的成本。

此外 C 語言本身也提供內建的函式，如亂數函式、數學函式等供設計者直接使用。

8.1.1 建立函式

由上面範例可體會函式是一些程式碼的組合，目的是執行特定功能，並且給予一個名稱代表這些程式碼，以便設計者使用此名稱執行這些程式碼。例如 C 語言程式基本架構中就使用了最基本的函式：main() 函式。建立函式的語法為：

```
傳回值資料型別  函式名稱 ([ 參數列 ])
{
    [ 程式碼…]
    [return;|return 傳回值 ;]
}
```

■ **傳回值資料型別**：函式執行完畢後可以傳回一個值給呼叫者做為函式執行結果，傳回值資料型別即為宣告此傳回值的型別，若該函式沒有傳回值則以 void 宣告。

■ **函式名稱**：函式名稱的命名規則與變數命名規則相同，最好為函式取一個有意義的名稱，只要看到名稱就知道其執行產生的特定功能。在相同的模組中，不可以使用相同的函式名稱。

■ **參數列**：參數列是執行函式時由呼叫者傳送過來的值，可以是多個參數，參數之間以逗號「,」分開，也可以沒有任何參數，參數必須包含資料型別及參數名稱。如果沒有任何參數，可以使用 void，也可以省略不使用任何值。

■ **傳回值**：注意傳回值的資料型別要與函式宣告最前面的「傳回值資料型別」設定相同，否則會出現編譯錯誤。return 指令會將其後的傳回值送給呼叫者，並結束函式的執行，所以如果在 return 指令之後仍有程式碼，將不會被執行。如果沒有傳回值,可使用「return;」程式列,也可省略 return 指令,當函式執行到右大括號時,就自動返回呼叫程式。

例如建立一個沒有傳回值也沒有傳送參數,名稱為 hello() 的函式,其功能是顯示歡迎訊息:「歡迎光臨!」。

```c
void hello()
{
    printf(" 歡迎光臨 !\n";
}
```

又如建立一個名稱為 area() 函式,將長與寬做為參數,傳回值資料型別為整數,功能為計算矩形面積:

```c
int area(int width, int height)
{
    return width*height;
}
```

8.1.2 呼叫函式

函式建立後並不會主動執行,必須在主程式中呼叫函式,函式中的程式碼才會被執行。呼叫函式的語法:

```
函式名稱 ([ 參數列 ]);
```

如果函式有傳回值,也可以使用同型別的變數來儲存返回值,語法如下:

```
回傳值資料型別變數 = 函式名稱 ([ 參數列 ]);
```

■ **參數列**:參數列是傳送給函式的值,如果是多個參數,參數之間以逗號「,」分開,也可以沒有任何參數,但小括號不可以省略。此參數列與函式中的參數列命名可以相同,也可以不相同,但參數的資料型態必須一致。

在宣告函式時 (函式中) 的參數列是用來接收由呼叫程式傳送過來的資料,稱為形式參數 (Formal Parameter);呼叫程式 (主程式) 中的參數列是傳送給函式的資料,稱為引數 (argument),又稱實參數 (Actual Parameter)。兩者是不同的變數,其相關性會因傳送方式不同而有差異,後面章節會陸續說明。例如:

```
void input(int n, int chinese, int math)  // 定義函式
{
    ...................
}                       形式參數
int main()
{                       實參數
    ...................
    input(1, chi[0], mat[0]);  // 使用函式
    ...................
}
```

主程式呼叫函式時，系統會將主程式目前的位址存在堆疊中，然後跳到函式中執行，當函式執行完畢後，再由堆疊中取出主程式呼叫函式時的位址繼續執行主程式。

```
資料型別 函式()
{
    ...............
}
int main()
{
    ...............
    函式()
    ...............
}
```

堆疊

堆疊是暫時存放資料的記憶體，其特性是資料會「後進先出」，也就是最後存入堆疊中的資料會最先取出來。

» 範例練習 華氏溫度轉攝氏溫度

建立華氏溫度轉攝氏溫度的函式，輸入華氏溫度就會顯示攝氏溫度。(transF.c)

```
C:\example\ch08\transF.exe                    —    □    ×
請輸入華氏溫度:96
攝氏溫度=35.56
請按任意鍵繼續 . . .
```

```
程式碼：transF.c
 1 #include <stdio.h>
 2 #include <stdlib.h>
 3 float Temperature(float value)
 4 {
 5     return (value -32)*5/9;
 6 }
 7 int main()
 8 {
 9     float value,  result;
10     printf(" 請輸入華氏溫度 :");
11     scanf("%f",&value);
12     result=Temperature(value); // 呼叫函式並傳回值給變數 result
13     printf(" 攝氏溫度 =%.2f\n",result);
14     system("pause");
15     return 0;
16 }
```

程式說明

■ 3-6   建立華氏溫度轉攝氏溫度的函式，傳回值及傳入參數的資料型別皆為 float。

■ 12   呼叫函式並傳入輸入的華氏溫度，再將傳回值指派給變數 result。

C 語言程式是由 main() 函式開始執行，所以剛開始時 3 到 6 列的 Temperature 函式不會執行，直到 12 列呼叫函式時才會執行 3 到 6 列程式。當執行完函式後會將傳回值做為主程式中接收變數 (result) 的值，再繼續行 13 列程式。

```
float Temperature(float value)
{
    return (value -32)*5/9;
}
int main()◄─── 程式由此處開始執行
{
    ................
    scanf("%f",&value);
    result=Temperature(value); // 呼叫函式並傳回值給變數 result
    printf(" 攝氏溫度 =%.2f\n",result); ◄
    ................
}
```

▲ 程式執行流程

01

▶立即演練　攝氏溫度轉華氏溫度

建立攝氏溫度轉華氏溫度的函式，輸入攝氏溫度就會顯示華氏溫度。(transC_p.c)

02

8.1.3　return 指令

03

return 指令會結束函式的執行，如果在 return 指令後面有傳回值，就會將其後的傳回值送給呼叫者。

雖然傳回值型別為 void 時，可以省略 return，但有些特殊情況仍必須使用 return 來強迫返回呼叫程式，例如在無窮迴圈中可利用 return 來跳出迴圈，結束函式。

04

»範例練習　顯示數字

05

自鍵盤輸入一個數字 n，顯示 1 到 n 數字。(shownum.c)

06

程式碼：shownum.c

07

```
1 #include <stdio.h>
2 #include <stdlib.h>
3 void ShowNum(int n) // 不傳回返回值
4 {
5     int i = 1;
6     while (1)
7     {
8         if (i > n)
9             return; // return 不可以省略
10        printf("%d ",i);
11        i++;
12     }
```

08

```
13 }
14 int main()
15 {
16     int n;
17     printf(" 請輸入數字 n:");
18     scanf("%d",&n);
19     ShowNum(n);
20     printf("\n");
21     system("pause");
22     return 0;
23 }
```

程式說明

- 3　　　　建立不傳回值的 shownum 函式。
- 6-12　　無窮 while 迴圈。
- 9　　　　以 return 強迫結束函式，當然也就結束了無窮迴圈。

▶ 立即演練　計算偶數和

使用 for 無窮迴圈及 return 指令，讓使用者輸入一個偶數，計算 2 到輸入偶數間所有偶數的總和。(sumeven_p.c)

8.1.4 函式原型宣告

C 語言編譯器是由上而下解析程式碼，前面的函式範例中，呼叫自訂函式的程式碼置於 main() 函式中，而建立自訂函式是在 main() 函式之前，所以編譯正確無誤。因為 C 語言程式的進入點是 main() 函式，大部分 C 語言程式設計者會將 main() 函式放在程式檔案的最前面，如此可讓觀看程式者清楚見到程式起點，較符合程式邏輯。但如此一來，就必須將自訂函式放在 main() 程式之後，編譯時在主程式呼叫自訂函式時將會產生錯誤。

要避免自訂函式程式碼置於呼叫函式之後產生的錯誤，可在呼叫函式之前加上函式原型的宣告。函式原型宣告的語法為：

```
回傳值資料型別 函式名稱([資料型別1 參數1], [資料型別2 參數2]……);
```

函式原型宣告中，最容易忘記結束的「;」符號，要記得加上！例如上面華氏溫度轉攝氏溫度函式的原型宣告為：

```
float Temperature(float value);
```

函式原型宣告也可以省略參數名稱，例如：

```
float Temperature(float);
```

函式原型宣告可置於 main() 函式的外部，也可置於 main() 函式的內部。通常函式原型宣告會放在檔頭宣告之後，main() 函式之前。例如：

```
#include <stdio.h>
#include <stdlib.h>
float Temperature(float);  ← 函式原型宣告
int main()
{
    ..........................
    result = Temperature(value);  ← 呼叫函式
..........................
}
float Temperature(float value)
{                                  ← 建立自訂函式
    return (value-32)*5/9;
}
```

» 範例練習 計算利息

使用函式原型宣告方式，輸入本金及利率可以計算利息。(interest.c)

```
C:\example\ch08\interest.exe                       —  □  ×
請輸入存款本金:200000
請輸入存款利率:0.03
利息：6000
請按任意鍵繼續 . . .
```

程式碼：**interest.cpp**

```
1 #include <stdio.h>
2 #include <stdlib.h>
3 float calinte(float, float);  // 函式原型宣告
4 int main()
5 {
6    float money, percent, interest;
7    printf(" 請輸入存款本金 :");
8    scanf("%f",&money);
9    printf(" 請輸入存款利率 :");
10   scanf("%f",&percent);
11   interest=calinte(money, percent);
12   printf(" 利息 :%.0f\n",interest);
13   system("pause");
14   return 0;
15 }
16 float calinte(float money, float percent)
17 {
18    return money*percent;
19 }
```

程式說明

■ 3　　　　由於 calinte 函式置於 main() 函式之後，所以要用此列程式做原型宣告。

■ 11　　　呼叫 calinte 函式。

■ 16-19　　建立 calinte 函式。

▶ 立即演練　計算兩數和

使用函式原型宣告方式，輸入兩個整數可以計算兩數之和。(add_p.c)

將 main() 函式放在程式檔案的最前面，較符合程式邏輯及一般 C 語言程式的習慣，建議使用者盡量採用函式原型宣告的方式使用函式。

8.2 參數

函式是藉著參數列來傳遞資料，主要是將主程式中呼叫函式的實參數，傳遞給函式中的形式參數，以便在函式中做各種運作。

C 語言中，可以根據傳遞參數的方法分為傳值呼叫和傳址呼叫。由於傳址呼叫需使用指標及位址，將在第 10 章說明。

8.2.1 傳值呼叫 (call by value)

傳值呼叫是將主程式呼叫函式中的實參數，複製一份傳送給函式中的形式參數，因為實參數與形式參數是使用不同的記憶體，兩者是獨立的變數，更改形式參數的值並不會影響原來的實參數的值。

主程式中呼叫函式的語法為：

```
函式名稱([資料型別1 參數1], [資料型別2 參數2]……);
或
變數 = 函式名稱([資料型別1 參數1], [資料型別2 參數2]……);
```

自訂函式的語法為：

```
傳回值資料型別 函式名稱([資料型別1 參數1], [資料型別2 參數2]……)
```

前面所有範例中的參數都是傳值呼叫。例如：

```
int main()
{
    int a=60;                實參數 a 記憶體，其值不受形式參數影響
    add(a);                        60
    ....................

}
void add(int a)                        形式參數 a 記憶體
{
    ....................
                                   60 → 80
    a += 20;
}
```

>> 範例練習 **傳值呼叫變數值**

執行傳值呼叫函式，觀察參數傳遞前後變數值的變化。(value.c)

```
C:\example\ch08\value.exe                    —    □    ×

請輸入變數 a 的值：50
執行函式前主程式變數 a 的值：50
傳送給函式形式參數 a 的值：50
函式中最後形式參數 a 的值：：70
執行函式後主程式變數 a 的值：50
請按任意鍵繼續 . . . .
```

程式碼：**value.c**

```c
1 #include <stdio.h>
2 #include <stdlib.h>
3 void add20(int);   // 加入函式原型宣告
4 int main()
5 {
6     int a;
7      printf("請輸入變數 a 的值：");
8      scanf("%d",&a);
9      printf("執行函式前主程式變數 a 的值：%d\n",a);
10     add20(a);
11     printf("執行函式後主程式變數 a 的值：%d\n",a);
12     system("pause");
13      return 0;
14 }
15 void add20(int a)   // 參數值加 20
16 {
17     printf("傳送給函式形式參數 a 的值：%d\n",a);
18     a+=20;
19     printf("函式中最後形式參數 a 的值：：%d\n",a);
20 }
```

程式說明

- 7-8 輸入原始變數值。

- 9 顯示原始變數值。

- 10 執行函式，將變數 a 做為實參數傳送給函式。

- 11 顯示執行函式後變數 a 的值，由結果得知其值並未改變。

- 17 顯示傳送過來的參數值，此數值做為形式參數 a 的值。

- 18　　　將形式參數值加 20。
- 19　　　顯示形式參數 a 加 20 後的值。

讀者需特別留意，在傳值呼叫中的實參數和形式參數是兩個不同的變數 (其名稱可以相同，也可以不同)，主程式 add20(a) 中實參數 a 會複製一份給 void add20(int a) 中的形式參數，兩者分別指到不同的記憶體位址，當結束 add20 函式後，形式參數即自動被釋放，因此不會影響原來實參數的值。

8.2.2　以一維陣列為參數

除了常數、變數可做為函式的參數傳遞之外，也可以使用陣列做為參數。如果是使用陣列中的元素當做參數，陣列元素的特性與一般變數無異，可使用一般變數的方法來傳遞。以陣列元素做為參數的函式語法為：

主程式中呼叫函式語法：

```
函式名稱 ([ 陣列元素 1], [ 陣列元素 2]……);
```

自訂函式的語法為：

```
傳回值資料型別  函式名稱 ([ 資料型別 1  參數 1], [ 資料型別 2  參數 2]……)
```

例如：int array[] = {1,2,3} 陣列中，以陣列元素 array[1] 做為參數使用傳值呼叫：

主程式：

```
sub1(array[1]);   // 陣列元素 array[1] 做為實參數
```

自訂函式：

```
void sub1(int a)   // 陣列元素 array[1] 傳遞給形式參數 a
```

如果要將整個陣列當做參數傳遞，則傳遞的是該陣列的記憶體位址，而不是陣列的值。自訂函式中的形式參數則以陣列型態宣告，陣列元素個數可以指定也可不指定。以整個陣列做為參數的函式語法為：

主程式中呼叫函式語法：

```
函式名稱 ( 陣列名稱 );
```

自訂函式的語法為：

```
傳回值資料型別 函式名稱 ( 資料型別 陣列名稱 [ 元素個數 ] )
或
傳回值資料型別 函式名稱 ( 資料型別 陣列名稱 [] )
```

例如：int array[] = {1,2,3} 陣列中，以整個陣列做為參數使用：

主程式：

```
sub1(array);   // 以整個 array 陣列做為參數
```

自訂函式：

```
void sub1(int array[])   // 形式參數可不指定元素個數
```

以整個陣列做為參數時，在自訂函式中無法計算元素個數，如果函式中需要使用元素個數，最好是在主程式先計算元素個數，再以參數方式傳送給函式使用。

» 範例練習　顯示成績 (陣列參數)

以陣列儲存學生成績，再以陣列元素及整個陣列當作參數，使用函式來顯示個人或全部學生成績觀察陣列傳遞變化。(onelayer.c)

```
C:\example\ch08\onelayer.exe
輸入學生座號(1-6,0代表全部)：0
全部學生成績：98 82 76 89 68 91
請按任意鍵繼續 . . .
```

```
C:\example\ch08\onelayer.exe
輸入學生座號(1-6,0代表全部)：2
2 號學生成績：82
請按任意鍵繼續 . . .
```

程式碼：onelayer.c

```
1 #include <stdio.h>
2 #include <stdlib.h>
3 void showall(int a[], int);    // 函數原型宣告
4 void showone(int, int);        // 函數原型宣告
5 int main(void)
6 {
7    int seat;
8    int score[]={98,82,76,89,68,91}; // 宣告陣列並設定初值
9    int size=sizeof(score)/sizeof(score[0]);  // 計算元素個數
10   printf(" 輸入學生座號 (1-6,0 代表全部 ) : ");
11   scanf("%d",&seat);
12   if(seat==0)
```

```
13          showall(score, size);   // 傳送陣列及元素個數
14      else
15          showone(score[seat-1], seat);
16      system("pause");
17      return 0;
18  }
19  void showall(int a[], int n) // 顯示全部學生成績
20  {
21      printf(" 全部學生成績：");
22      for(int i=0;i<n;i++)
23          printf("%d ",a[i]);
24      printf("\n");
25  }
26  void showone(int a, int n)  // 顯示個別成績
27  {
28      printf("%d 號學生成績：%d\n",n,a);
29  }
```

程式說明

- 9 　　　 在主程式中計算元素個數。
- 12-15 　　 若輸入 1 到 6 就顯示該座號成績，若輸入 0 就顯示全部學生成績。
- 13 　　　 傳送整個陣列時，也傳送元素個數。
- 15 　　　 以陣列元素做為參數。
- 19-25 　　 顯示全部學生成績函式。
- 22-23 　　 以迴圈逐一顯示個別學生成績。
- 26-29 　　 顯示個別學生成績函式。

當使用整個陣列做為參數時，因為陣列傳送的是記憶體位址，所以更改函式中陣列的元素值，即會更改原來主程式陣列中的元素值。

» 範例練習　修改成績

以陣列儲存學生成績，在函式內修改成績再於主程式中顯示，以觀察陣列元素值的變化。(modscore.c)

```
C:\example\ch08\modscore.exe                    —    □    ×

輸入要修改成績的座號(1-6)：3
3 號學生原始成績：76
輸入 3 號學生新成績：84
3 號學生新成績：84
請按任意鍵繼續 . . .
```

```
程式碼：modscore.c
 1  #include <stdio.h>
 2  #include <stdlib.h>
 3  void mod(int a[], int);        // 函數原型宣告
 4  int main(void)
 5  {
 6      int seat;
 7      int score[]={98,82,76,89,68,91}; // 宣告陣列並設定初值
 8      printf(" 輸入要修改成績的座號 (1-6)：");
 9      scanf("%d",&seat);
10      printf("%d 號學生原始成績：%d\n",seat,score[seat-1]);
11      mod(score, seat);    // 在函式中修改學生成績
12      // 在主程式中顯示修改後學生成績
13      printf("%d 號學生新成績：%d\n",seat,score[seat-1]);
14      system("pause");
15      return 0;
16  }
17  void mod(int a[], int n) // 修改學生成績
18  {
19      printf(" 輸入 %d 號學生新成績：",n);
20      scanf("%d",&a[n-1]); // 在函式中修改學生成績
21  }
```

程式說明

- **19-20** 在函式內修改成績，即在函式內修改陣列元素值。
- **13** 在主程式中顯示陣列元素值，由結果可知是修改後的值。

▶ 立即演練 成績排序

以陣列「int score[]={98,82,76,89,68,91};」儲存學生成績，撰寫顯示成績及成績排序的函式，將成績由小到大排序後顯示。(arrsort.c)

8.2.3 以多維陣列為參數

多維陣列做為參數傳送給函式的原理與一維陣列相同,只要在參數中增加陣列的維數即可。多維陣列傳送給函式時,函式接收的也是陣列的記憶體位址,在函式中改變的陣列值,在主程式中也會改變。需注意的是,傳送陣列的第一維元素個數可以指定也可不指定,但第二維以後都必須明確指定數值,如此編譯程式才能決定各元素在陣列內的位置。

以二維陣列做為參數的函式語法為:

主程式中呼叫函式語法:

```
函式名稱 ( 陣列名稱 );
```

自訂函式的語法為:

```
傳回值資料型別 函式名稱 ( 資料型別 陣列名稱 [ 列數 ][ 行數 ])
或
傳回值資料型別 函式名稱 ( 資料型別 陣列名稱 [][ 行數 ])
```

例如:int array[2][3] = { {1,2,3}, {4,5,6} } 陣列中,以整個陣列做為參數使用:

主程式:

```
sub1(array);   // 以整個 array 二維陣列做為參數
```

自訂函式:

```
void sub1(int array[][3])   // 第一維可不指定元素個數
```

» 範例練習 顯示多人成績 (二維陣列參數)

以二維陣列儲存三位學生成績,再以整個陣列當作參數,使用函式來顯示全部學生的成績。(twolayer.c)

```
程式碼：twolayer.c
1  #include <stdio.h>
2  #include <stdlib.h>
3  #define subject 6
4  void showall(int a[][subject], int);   // 函數原型宣告
5  int main(void)
6  {
7      int score[][subject]={ {98,82,76,89,68,91},
          {88,54,79,90,85,67}, {94,61,65,73,91,82} };
8      int size=sizeof(score)/sizeof(score[0]);   // 計算元素個數
9      showall(score, size);   // 傳送陣列及元素個數
10     system("pause");
11     return 0;
12 }
13 void showall(int a[][subject], int n) // 顯示全部學生成績
14 {
15     for(int i=0;i<n;i++)
16     {
17         printf("%d 號學生成績：",i+1);
18         for(int j=0;j<subject;j++)
19             printf("%d ",a[i][j]);
20         printf("\n");
21     }
22 }
```

程式說明

- **3**　　定義第二維元素個數 (科目數)。
- **4**　　函數原型宣告中第二維一定要指定元素個數。
- **8**　　在主程式中計算元素個數。
- **9**　　呼叫函式，同時傳送元素個數給函式。
- **13-22**　以巢狀迴圈顯示二維陣列元素值。顯示全部學生成績。

多維陣列第一維元素個數仍可用 sizeof 計算得到：

```
元素個數 = sizeof( 陣列名稱 ) / sizeof( 陣列名稱 [0]);
```

第二維元素個數無法由計算取得，必須在宣告陣列時就要輸入數值，為了避免日後修改程式時會修改眾多程式列，故使用「#define」定義常數取代數字，將來如果學生科目數改變，只要修改常數的數值即可。

▶ 立即演練　顯示最高分數

以 二 維 陣 列 int score[][6] = { {98,82,76,89,68,91}, {88,54,79,90,85,67}, {94,61,65,73,91,82} } 儲存三位學生成績，再以整個陣列當作參數，使用函式尋找全部學生成績中最高分數並顯示。(topscore_p.c)

```
C:\example\立即演練\ch08\topscore_p.exe                    —    □    ×
最高分為：98 分
請按任意鍵繼續 . . .
```

8.3 內建函式

通常需要反覆執行的程式碼就可以寫成函式，當要執行時只需呼叫該函式即可。但每一項功能都由設計者自行撰寫程序，將是一份龐大的工作。C 語言編譯程式附有一個標準函式庫其中建置了相當完整的常用功能函式供設計者使用，例如常用的數學三角函式 sin、cos 等。只要引用該函式的標頭檔就可以使用該函式，例如要使用三角函式就在程式開頭引用 <math.h> 標頭檔即可，設計者等於擁有眾多功能強大的工具，可以輕易的設計出符合需求的應用程式。

8.3.1 數學函式

數學函式需引用 <math.h> 標頭檔，提供了三角函數、指數、對數及一些數學上基本運算的函式，並定義了部分數學常數。常用的數學函式整理如下表：

函式	說明

int abs(int x);	**功能**：取得整數參數的絕對值，即無論參數為正或負，一律取得正數。
	範例：int n=abs(87); //n=87
	int n=abs(-87); //n=87

double acos(double x);	**功能**：取得參數的反餘弦函數值。 **範例**：double n=acos(0.5); //n=π/3=1.047197
double asin(double x);	**功能**：取得參數的反正弦函數值。 **範例**：double n=asin(0.5); //n=π/6=0.523599
double atan(double x);	**功能**：取得參數的反正切函數值。 **範例**：double n=atan(1.0); //n=π/4=0.785398

double ceil(double x);	**功能**：取得大於或等於參數的最小整數值。
	範例：double n=ceil(87.39); //n=88
	double n=ceil(-87.39); //n=-87

double cos(double x);	**功能**：取得參數的餘弦函數值，參數的單位為「弳」。 **範例**：double n=cos(3.1415926/3); //n=0.5
double cosh(double x);	**功能**：取得參數的雙曲線餘弦函數值，參數的單位為「弳」。 **範例**：double n=cosh(3.1415926/3); //n=1.60029
double exp(double x);	**功能**：取得自然對數的參數次方值，即 e 的 x 次方， e=2.718281828⋯。 **範例**：double n=exp(2.0); //n=$(2.718281828)^2$=7.38906

函式	説明

double fabs(double x);	**功能**：取得浮點數參數的絕對值，即無論參數為正或負，一律取得正數。
	範例：double n=fabs(87.2); //n=87.2
	　　　　double n=fabs(-87.2); //n=87.2

double floor(double x);	**功能**：取得小於或等於參數的最大整數值。
	範例：double n=floor(87.39); //n=87
	　　　　double n=floor(-87.39); //n=-88

double log(double x);	**功能**：取得參數的自然對數值， 　　　　即 $\log_e x$，e=2.718281828…。 **範例**：double n=log(2.0); //n=0.693147
double log10(double x);	**功能**：取得以 10 為底的對數值，即 $\log_{10}x$。 **範例**：double n=log10(100); //n=2
double max(double x,double y);	**功能**：取得 x 與 y 中較大的值。 **範例**：double n=max(2.0,5.0); //n=5.0
double min(double x,double y);	**功能**：取得 x 與 y 中較小的值。 **範例**：double n=min(2.0,5.0); //n=2.0
double pow(double x,double y);	**功能**：取得 x^y 的值。 **範例**：double n=pow(2.0,3.0);// $n=2^3=8$
double sin(double x);	**功能**：取得參數的正弦函數值，參數的單位為「弳」。 **範例**：double n=sin(3.1415926/6); //n=0.5
double sinh(double x);	**功能**：取得參數的雙曲線正弦函數值，參數的單位為「弳」。 **範例**：double n=sinh(3.1415926/6); //n=0.547853
double sqrt(double x);	**功能**：取得參數的平方根。 **範例**：double n=sqrt(25.0); //n=5
double tan(double x);	**功能**：取得參數的正切函數值，參數的單位為「弳」。 **範例**：double n=tan(3.1415926/4); //n=1
double tanh(double x);	**功能**：取得參數的雙曲線正切函數值，參數的單位為「弳」。 **範例**：double n =tanh(3.1415926/4); 　　　　//n=0.655794

» 範例練習　計算三角函數值

讓使用者輸入角度，程式會顯示各種三角函數值。(math.c)

C:\example\ch08\math.exe   □ ×
輸入角度（單位為「度」）：30
30.00 度的正弦值為 0.50
30.00 度的餘弦值為 0.87
30.00 度的正切值為 0.58
請按任意鍵繼續 . . .
```

**程式碼：math.c**

```c
1 #include <stdio.h>
2 #include <stdlib.h>
3 #include <math.h>
4 int main()
5 {
6     const float pi = 3.1415927;
7     float angle;
8     printf(" 輸入角度 ( 單位為「度」) : ");
9     scanf("%f",&angle);
10    printf("%.2f 度的正弦值為 %.2f\n",angle,sin(angle/180.0*pi));
11    printf("%.2f 度的餘弦值為 %.2f\n",angle,cos(angle/180.0*pi));
12    printf("%.2f 度的正切值為 %.2f\n",angle,tan(angle/180.0*pi));
13    system("pause");
14    return 0;
15 }
```

程式說明

- **3**　　必須引用 <math.h> 標頭檔。
- **6**　　定義圓周率的常數值。
- **10-12**　使用數學函式計算三角函數值。

因為 π 換算為角度為 180 度，而其數值為 3.1415927，所以角度換算為弧度的公式為「角度值 /180.0*3.1415927」。
```

» 範例練習 四捨五入取整數值

讓使用者輸入一個數值，程式會根據第一位小數做四捨五入取整數值。(approxi.c)

程式碼：**approxi.c**

```
1 #include <stdio.h>
2 #include <stdlib.h>
3 #include <math.h>
4 int approximation(float);
5 int main()
6 {
7     float n;
8     printf(" 輸入一個浮點數（含小數）:");
9     scanf("%f",&n);
10    printf("%.3f 四捨五入的整數值為 %d\n",n,approximation(n));
11    system("pause");
12    return 0;
13 }
14 int approximation(float x)
15 {
16    return floor(x+0.5);
17 }
```

程式說明

- 14-17　四捨五入取整數值的函式。先將原始數值加 0.5，如果第一位小數大於或等於 5 就會進位，小於 5 則維持原來的整數，數學函式 floor 會取整數值，相當於四捨五入。

▶ 立即演練 顯示對數及自然對數

讓使用者輸入一個數值，程式會顯示自然對數及以 10 為底對數值。(log_p.c)

8.3.2 亂數函式

最簡單的亂數函式為 rand()，其語法為：

```
rand();
```

rand() 函式會傳回大於等於 0，小於 32767 的整數。但 rand() 函式又稱為「假亂數」，因為此函式是根據一個固定的亂數公式計算來產生亂數，如果重複執行程式，因為起始點都相同，所以每次產生的亂數順序都相同，根本失去亂數的意義。例如下面的亂數程式：

```
for(int i=0; i<=8; i++)
{
    printf("%d ", rand());
}
printf("\n");
```

執行結果為：

```
E:\tem\tem.exe                                          —    □    ×
41 18467 6334 26500 19169 15724 11478 29358 26962
請按任意鍵繼續 . . .
```

你執行的結果應該也和上圖相同，表示每次執行結果都一樣。

通常 rand() 函式會配合設定亂數起點的 srand() 函式共同使用，以產生不規則的亂數。srand() 函式的語法為：

```
srand(seed);
```

srand() 函式也是傳回大於等於 0，小於 32767 的整數做為亂數的起點。

seed 稱為亂數種子，其資料型別是 unsigned int，不同的亂數種子會產生不同的亂數序列，要如何才能在每次執行程式時都使用不同的亂數種子呢？最簡單的方法就是使用系統時間當亂數種子，每次執行時的系統時間都不一樣，所產生的亂數就不相同了！使用系統時間當亂數種子的語法為：

```
srand((unsigned int)time(NULL));
```

例如將上面的範例配合設定 srand() 函式：

```
#include <time.h>
srand((unsigned int)time(NULL));  // 以系統時間當亂數種子
for(int i=0; i<=8; i++)
{
    printf("%d ", rand());
}
printf("\n");
```

執行結果為：

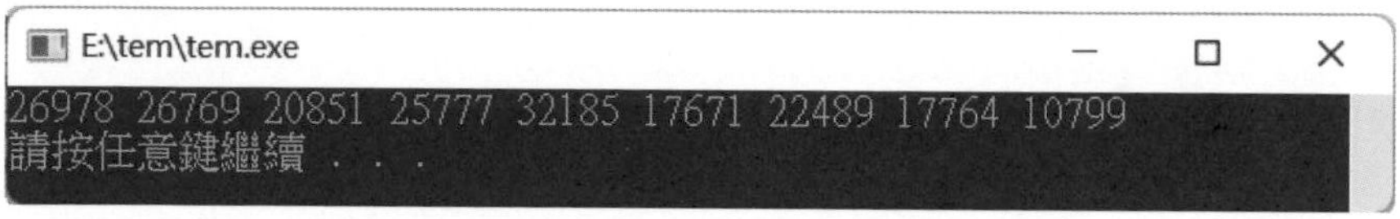

你執行的結果應該和上圖不相同，表示每次執行產生的亂數都不一樣。

在實際應用上，通常是使用在某特定範圍的亂數，此功能可以用餘數運算子「%」來產生。如果要產生 m 和 n 之間的亂數 r (即 m<=r<=n)，公式為：

```
int r = m + rand() % (n-m+1);  // m<=r<=n
```

例如產生九個 10~100 (含 10、100) 間的亂數：

```
for(int i=0; i<=8; i++)
{
    printf("%d ", 10 + rand() % (100-10+1));
}
```

» 範例練習　擲骰子遊戲

以亂數來模擬擲骰子遊戲，使用者按下任意鍵後就會以亂數產生 1 到 6 的點數，若單獨按下 **[Enter]** 鍵則會結束程式。(dice.c)

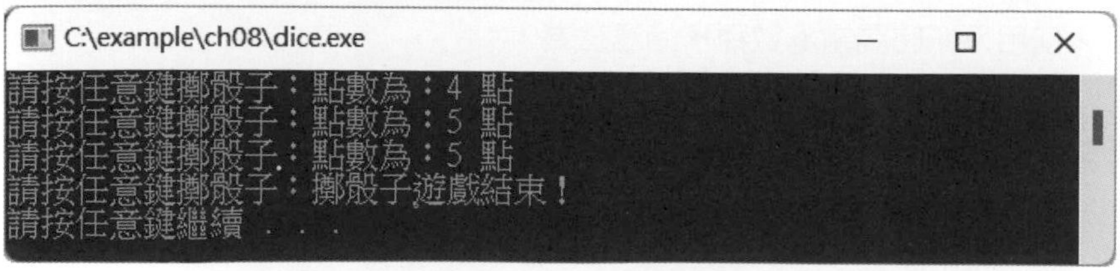

程式碼：**dice.c**

```c
1  #include <stdio.h>
2  #include <stdlib.h>
3  #include <time.h>   // 引用 <time.h> 標頭檔
4  #include <conio.h>   //getch() 引用 <conio.h> 標頭檔
5  int main()
6  {
7      srand((unsigned int)time(NULL)); // 以系統時間當亂數種子
8      int n;
9      while(1) // 無窮迴圈
10     {
11         printf(" 請按任意鍵擲骰子：");
12         char ch=getch();   // 按鍵
13         if (ch == '\r')    // 按 Enter 結束
14         {
15             printf(" 擲骰子遊戲結束！\n");
16             break;
17         }
18         else
19         {
20             n=1+rand()%(6-1+1);   // 亂數 1~6
21             printf(" 點數為：%d 點 \n",n);
22         }
23     }
24     system("pause");
25     return 0;
26 }
```

程式說明

- **3**   srand() 必須引用 <time.h> 標頭檔。

- **4**   getch() 函式必須引用 <conio.h> 標頭檔。

- **7**   以系統時間當亂數種子。

- **9-23**   while(true) 無窮迴圈，要結束執行，可按 **[Enter]** 鍵。

- **12**   getch() 函式僅接受一個字元 (字元不顯示出來)。

- **13-17**   如果是按下 **[Enter]** 鍵，以 break 結束無限迴圈。

- **20**   產生 1~6 間的亂數。

▶ 立即演練　猜數字遊戲

先用產生一個 1 到 10 的亂數做為解答，讓使用者輸入猜測數值，程式會顯示太大或太小的提示，直到猜對為止。(guess_p.c)

8.3.3 字元函式

C 語言中處理字元的函式定義於 <ctype.h> 標頭檔中。常用的字元處理函式整理如下表：

函式	說明
int isalnum(int c);	**功能**：檢查字元是否為英文字母或數字：若是大寫字母傳回 1，若是小寫字母傳回 2，若是數字傳回 4，其他字元傳回 0。 **範例**：int n=isalnum('A');　//n=1 　　　　int n=isalnum('a');　//n=2 　　　　int n=isalnum('1');　//n=4
int isalpha(int c);	**功能**：檢查字元是否為英文字母：若是大寫字母傳回 1，若是小寫字母傳回 2，其他字元傳回 0。 **範例**：int n=isalpha('A');　//n=1 　　　　int n=isalpha('a');　//n=2
int isascii(int c);	**功能**：檢查字元是否為 ASCII 字元：若 ASCII 碼小於 128 就傳回 1，大於 127 則傳回 0。 **範例**：int n=isascii(23);　//n=1 　　　　int n=isascii(231);　//n=0
int iscntrl(int c);	**功能**：檢查字元是否為控制字元：若 ASCII 碼小於 32 就傳回 32，大於 31 則傳回 0。 **範例**：int n=iscntrl(13);　//n=32 　　　　int n=iscntrl(48);　//n=0

函式	說明

int isdigit(int c);	**功能**：檢查字元是否為數字字元：若是數字字元就傳回 4，其他字元傳回 0。
	範例：int n=isdigit('1'); //n=4
	　　　 int n=isdigit('a'); //n=0

int isgraph(int c);	**功能**：檢查字元是否為可列印字元，不包含空白字元：若 ASCII 碼在 33 與 127 之間就傳回 1，其他字元傳回 0。
	範例：int n=isgraph('A'); //n=1
	　　　 int n=isgraph(' '); //n=0

int islower(int c);	**功能**：檢查字元是否為小寫字母：若是小寫字母傳回 2，其他字元傳回 0。
	範例：int n=islower('a'); //n=2
	　　　 int n=islower('A'); //n=0

int isprint(int c);	**功能**：檢查字元是否為可列印字元：若 ASCII 碼在 33 與 127 之間就傳回 1，若 ASCII 碼等於 32(空白字元) 就傳回 64，其他字元傳回 0。
	範例：int n=isprint('A'); //n=1
	　　　 int n=isprint(' '); //n=64

int ispunct(int c);	**功能**：檢查字元是否為符號字元：若是符號字元就傳回 16，其他字元傳回 0。
	範例：int n=ispunct(','); //n=16
	　　　 int n=ispunct('a'); //n=0

int isspace(int c);	**功能**：檢查字元是否為空白字元：若 ASCII 碼等於 32 就傳回 8，其他字元傳回 0。
	範例：int n=isspace(' '); //n=8
	　　　 int n=isspace('a'); //n=0

int isupper(int c);	**功能**：檢查字元是否為大寫字母：若是大寫字母傳回 1，其他字元傳回 0。
	範例：int n=isupper('A'); //n=1
	　　　 int n=isupper('a'); //n=0

int isxdigit(int c);	**功能**：檢查字元是否為十六進位數字字元：若是數字字元或大小寫英文字母 A 到 F 就傳回 128，其他字元傳回 0。
	範例：int n=isxdigit('A'); //n=128
	　　　 int n=isxdigit('G'); //n=0

int toascii(int c);	**功能**：將字元轉換為有效的 ASCII 字元：若 ASCII 碼小於 128 就傳回原字元，大於 127 則傳回 ASCII 碼減 128 的字元。
	範例：int c=toascii(98); //c=98
	　　　 int c=toascii(200); //c=72

函式	說明
int tolower(int c);	**功能**：將字元轉換為小寫。 **範例**：int c=tolower('A'); //c='a'
int toupper(int c);	**功能**：將字元轉換為大寫。 **範例**：int c=toupper('a'); //c='A'

》範例練習 輸入英文姓名

讓使用者輸入英文姓名，以字元函式檢查輸入字元是否為英文字母或空白，否則輸入字元無效。(name.c)

```
C:\example\ch08\name.exe                          —    □    ✕
請輸入英文姓名：Edward John
歡迎光臨！
請按任意鍵繼續 . . .
```

程式碼：name.c

```c
1 #include <stdio.h>
2 #include <stdlib.h>
3 #include <ctype.h>
4 #include <conio.h>   //getch() 引用 <conio.h> 標頭檔
5 #include <stdbool.h>
6 int main()
7 {
8     printf(" 請輸入英文姓名：");
9     while(true)
10    {
11        char ch=getch();   // 輸入字元
12        if(ch == '\r')     // 按 Enter 結束
13        {
14            printf("\n 歡迎光臨！\n");
15            break;
16        }
17        else if(isalpha(ch) || isspace(ch))   // 如果是字母或空白
18            printf("%c",ch);   // 顯示字元
19    }
20    system("pause");
21    return 0;
22 }
```

程式說明

- ■ 9-19 　　以無窮迴圈輸入字元，要結束執行，可按 **[Enter]** 鍵。
- ■ 11 　　　getch() 函式接受一個字元 (字元不顯示出來)。
- ■ 12-16 　　如果是按下 **[Enter]** 鍵，以 break 結束無限迴圈。
- ■ 17-18 　　如果是英文字母或空白鍵，就顯示字元，其他按鍵則不做任何事，即沒有反應。

▶ 立即演練 輸入成績

讓使用者輸入成績，以字元函式檢查輸入字元是否為數字，否則輸入字元無效。(score_p.c)

8.3.4 字元陣列函式

C 語言是以字元陣列表示字串，字元陣列的比較、相加、複製等必須使用字元陣列函式來處理，使用這些函式需引入 <string.h> 標頭檔。以下為常用的字元陣列函式：

函式	說明
char *strcat(char *s1,char *s2);	**功能**：將 s2 字串加在 s1 字串之後，s2 字串不改變。 **範例**：char s1[]="note"; 　　　　char s2[]="paper"; 　　　　strcat(s1,s2); //s1="notepaper"
char *strchr(char *s,char c);	**功能**：搜尋字元 c 在字串 s 中第一次出現的位置，若找到就傳回該字元以後的字串，若找不到就傳回 NULL。 **範例**：char s[]="apple"; 　　　　strchr(s,'p'); //"pple";
int strcmp(char *s1,char *s2);	**功能**：比較字串。若兩字串相等就傳回 0，若 s1>s2 就傳回 1，若 s1<s2 就傳回 -1。 **範例**：char s1[]="apple"; 　　　　char s2[]="book"; 　　　　int n=strcmp(s1,s2); //-1(s1<s2)

函式	說明
01 `char *strcpy(char *s2,char *s1);`	**功能**：將 s1 字串的內容複製給 s2 字串。 **範例**：char s1[]="apple"; 　　　　char s2[6]; 　　　　strcpy(s2,s1); //s2="apple"
02 `int strlen(const char *s);`	**功能**：傳回字串 s 的實際長度，不包含結束字元 ('\0')。 **範例**：char s[]="abcde"; 　　　　int n=strlen(s); //n=5
03 `char *strlwr(char *s);`	**功能**：將字串中大寫字母轉換為小寫字母。 **範例**：char s[]="Apple"; 　　　　strlwr(s); //"apple"
04 `int strncmp(char *s1,char *s2, int n);`	**功能**：比較兩字串前 n 個字元。若相等就傳回 0，若 s1>s2 就傳回正值，若 s1<s2 就傳回負值。 **範例**：char s1[]="notebook"; 　　　　char s2[]="notepaper"; 　　　　int n=strncmp(s1,s2,6); //-1(s1<s2)

05 `char *strncat(char *s1,char *s2, int n);`	**功能**：將 s2 字串前 n 個字元加在 s1 字串之後，s2 字串不改變。
	範例：char s1[]="note";
	　　　　char s2[]="paper;
	　　　　strncat(s1,s2,3); //s1="notepap"

06 `char *strncpy(char *s2,char *s1, int n);`	**功能**：將 s1 字串的前 n 個字元複製給 s2 字串。 **範例**：char s1[]="apple"; 　　　　char s2[4]; 　　　　strncpy(s2,s1,3); //s2="app"
07 `char *strnset(char *s,char c, int n);`	**功能**：將字串中的前 n 個字元轉換為字元 c。 **範例**：char s[]="apple"; 　　　　strset(s,'a',3); //"aaale"
08 `char *strrchr(char *s,char c);`	**功能**：搜尋字元 c 在字串 s 中最後一次出現的位置，若找到就傳回該字元以後的字串，若找不到就傳回 NULL。 **範例**：char s[]="apple"; 　　　　strrchr(s,'p'); //"ple"
`char *strrev(char *s);`	**功能**：將字串中的字元前後順序顛倒排列。 **範例**：char s[]="apple"; 　　　　strrev(s); //"elppa"

函式	説明
char *strset(char *s,char c);	**功能**：將字串中所有字元都轉換為字元 c。 **範例**：char s[]="apple"; 　　　　strset(s,'a');　//"aaaaa"
char *strstr(char *s1,char *s2);	**功能**：搜尋字串 s2 在字串 s1 中第一次出現的位置， 　　　　若找到就傳回該字元以後的字串，若找不到 　　　　就傳回 NULL。 **範例**：char s1[]="I love notebook."; 　　　　char s2[]="note"; 　　　　strstr(s1,s2);　//"notebook."
char *strupr(char *s);	**功能**：將字串中小寫字母轉換為大寫字母。 **範例**：char s[]="Apple"; 　　　　strupr(s);　//"APPLE"

密碼通常不能包含空白字元，且使用者常會因未留意輸入字母的大小寫導致驗證錯誤。下面範例密碼可包含空白字元，且無論輸入的字母大小寫都視為正確。

» 範例練習　包含空白字元的密碼

讓使用者輸入可包含空白字元的密碼，正確密碼為「love me」，輸入的大小寫字母視為相同。(pw.c)

```
C:\example\ch08\pw.exe
輸入密碼：Love Me
密碼正確！
請按任意鍵繼續 . . .
```

```
C:\example\ch08\pw.exe
輸入密碼：LOVE ME
密碼正確！
請按任意鍵繼續 . . .
```

程式碼：pw.c

```
1 #include <stdio.h>
2 #include <stdlib.h>
3 #include <string.h>
4 int main()
5 {
6     char pw[30];
7     char ans[]="love me";
8     printf(" 輸入密碼：");
9     gets(pw);        // 可輸入空白字元
10    strlwr(pw);            // 轉換為小寫字母
11    if(strcmp(pw,ans)==0)   // 如果密碼正確
```

```
12          printf(" 密碼正確！\n");
13      else
14          printf(" 密碼錯誤！\n");
15      system("pause");
16      return 0;
17 }
```

程式說明

- 3　　　引入 <string.h> 標頭檔。
- 7　　　將解答都設定為小寫字母。
- 9　　　gets 可取得包含空白字元的字串輸入。
- 10　　　使用 strlwr 將輸入字串轉換為小寫字母。
- 11-14　使用 strcmp 比對字串是否相等。

》範例練習 字串泡沫排序

將指定的四個字串使用泡沫排序法由小到大按字母排列。(strsort.c)

程式碼：strsort.c

```
1 #include <stdio.h>
2 #include <stdlib.h>
3 #include <string.h>
4 int main()
5 {
6     char fruit[][10]={"banana","pineapple","orange","apple"};
7     char tem[10];
8     int n=sizeof(fruit)/sizeof(fruit[0]);
9     printf(" 排序前字串：\n");
10    for (int i=0;i<n;i++)
11        printf("%s ",fruit[i]);
12    for (int i=0;i<n-1;i++)   // 泡沫排序
13        for (int j=0;j<n-i-1;j++)
14            if (strcmp(fruit[j],fruit[j+1])>0)   // 比較大小
```

```
15           {
16               strcpy(tem,fruit[j]);   // 交換
17               strcpy(fruit[j],fruit[j+1]);
18               strcpy(fruit[j+1],tem);
19           }
20     printf("\n 由小到大排序後：\n");
21     for (int i=0;i<n;i++)
22         printf("%s ",fruit[i]);
23     printf("\n");
24     system("pause");
25     return 0;
26 }
```

▶ 立即演練　輸入全名

讓使用者輸入 FirstName 及 LastName，以字元陣列函式將兩字串合併，中間以空白字元分開。(append_p.c)

8.3.5 日期時間函式

C 語言在 <time.h> 標頭檔中提供日期及時間相關的函式，使用時需引入 <time.h> 標頭檔。使用 tm 結構可取得日期和時間，tm 結構的定義如下：(結構將在第 12 章詳細說明)

```
#ifndef _TM_DEFINED struct tm
{
    int tm_sec;    // 秒 – 取值區間為 [0,59]
    int tm_min;    // 分 – 取值區間為 [0,59]
    int tm_hour;   // 時 – 取值區間為 [0,23]
    int tm_mday;   // 一個月中的日期 – 取值區間為 [1,31]
    int tm_mon;    // 月份 ( 從一月開始，0 代表一月 ) – 取值區間為 [0,11]
    int tm_year;   // 年份，其值等於實際年份減去 1900
    int tm_wday;   // 星期 – 取值區間為 [0,6]，其中 0 代表星期天，1 代表星期一
```

```
     int tm_yday;   // 從每年的 1 月 1 日開始的天數，值在 0 到 365 之間，
        其中 0 代表 1 月 1 日，1 代表 1 月 2 日，以此類推
  }
```

以下為常用的日期時間函式：

函式	說明

char asctime(struct tm *time_ptr);	**功能**：將 tm 結構轉成日期字串。
	範例：struct tm *local;
	　　　　time_t t=time(NULL);
	　　　　local=localtime(&t);
	　　　　printf("%s\n", asctime(local));
	　　　　//Wed May 12 10:23:56 2010

clock_t clock(void);	**功能**：取得程式開始執行到此函式的時脈 　　　　數。clock_t 是長整數，每秒的時脈 　　　　數在 CLK_TCK 常數中，故此函式傳 　　　　回值除以 CLK_TCK 即為執行秒數。 **範例**：long x=clock(); 　　　　float sec=(float)x/CLK_TCK;

char * ctime(const time_t *timer);	**功能**：將 time_t 長整數轉成日期字串。
	範例：time_t t=time(NULL);
	　　　　printf("%s\n", ctime(&t));
	　　　　//Wed May 12 10:23:56 2010

double difftime(time_t t2,time_t t1);	**功能**：計算兩時間長整數時間的差 (sec)。
	範例：time_t t1=time(NULL);
	　　　　time_t t2=time(NULL);
	　　　　long x=difftime(t1,t2);

struct tm * gmtime(const time_t *timer);	**功能**：將日曆時間轉化為世界標準時間 (即
	　　　　格林尼治時間)。
	範例：struct tm *gm;
	　　　　time_t t=time(NULL);
	　　　　gm=gmtime(&t);

struct tm *localtime(const time_t *timer);	**功能**：localtime() 函數是將日曆時間轉化
	　　　　為本地時間。
	範例：struct tm *local;
	　　　　time_t t=time(NULL);
	　　　　local=localtime(&t);

time_t time(time_t *time_ptr) 或 time_t time(NULL)	**功能**：傳回從 1970 年 1 月 1 日 ,00:00:00 　　　　到現在的整數秒數。 **範例**：long x=time(NULL); //x=1273630601

» 範例練習　取得現在日期時間

取得現在系統日期及時間，並分別顯示年、月、日等資料。(now.c)

```
C:\example\ch08\now.exe                    —    □    ×
現在時間年份：2023
現在時間月份：2
現在時間日數：19
現在時間時數：16
現在時間分鐘：37
現在時間秒數：23
現在時間(本地時間)：Sun Feb 19 16:37:23 2023
請按任意鍵繼續 . . .
```

程式碼：now.c

```c
1  #include <stdio.h>
2  #include <stdlib.h>
3  #include <time.h>
4  int main()
5  {
6      time_t now=time(NULL);   // 取得現在時間
7      struct tm *local;
8      local=localtime(&now);
9      printf("現在時間年份：%d\n",local->tm_year+1900);
10     printf("現在時間月份：%d\n",local->tm_mon+1);
11     printf("現在時間日數：%d\n",local->tm_mday);
12     printf("現在時間時數：%d\n",local->tm_hour);
13     printf("現在時間分鐘：%d\n",local->tm_min);
14     printf("現在時間秒數：%d\n",local->tm_sec);
15     printf("現在時間（本地時間）：%s",asctime(localtime(&now)));
16     system("pause");
17     return 0;
18 }
```

程式說明

- 6　　　取得目前系統日期及時間。
- 7　　　宣告 tm 結構變數 local。
- 8　　　將現在時間轉換為本地時間。
- 9　　　年份需加上 1990 才是西元年份。
- 10　　月份由 0 開始，所以需加 1 才是真正的月份。
- 15　　將本地時間轉換為日期字串。

8.3.6 型別轉換函式

C 語言在 <stdlib.h> 標頭檔中提供字串及數值轉換的函式。常用的型別轉換函式整理如下表：

函式	說明
int atoi(char *s);	**功能**：將字串 s 轉換為整數。 **範例**：char s[]="123"; 　　　　int n=atoi(s); //n=123
double atof(char *s);	**功能**：將字串 s 轉換為浮點數。 **範例**：char s[]="12.34"; 　　　　float n=atof(s); //n=12.34
long atol(char *s);	**功能**：將字串 s 轉換為長整數。 **範例**：char s[]="1234567"; 　　　　long n=atol(s); //n=1234567

char itoa(int n,char *s,int length);	**功能**：將整數 n 轉換為字串，儲存於長度為 length 的字串陣列中。
	範例：char buffer[10];
	　　　　int n=123;
	　　　　itoa(n,buffer,sizeof(buffer));
	　　　　//buffer="123"

char ltoa(int n,char *s,int length);	**功能**：將長整數 n 轉換為字串，儲存於長度為 length 的字串陣列中。
	範例：char buffer[10];
	　　　　long n=1234567;
	　　　　ltoa(n,buffer,sizeof(buffer));
	　　　　//buffer="1234567"

使用字串轉為數值的函式時，如果字串的第一個字元就是非數字字元，結果將轉換為「0」；如果字串前面是數字字元，其後有非數字字元，結果是只轉換前面的數字字元，非數字字元及其後的字元都會被忽略。例如：

```
int n1=atoi("a123");  //n1=0
int n2=atoi("12a3");  //n2=12
```

> » 範例練習 字串相加及數值相加

讓使用者輸入數值字串 a 和數值字串 b 後，分別進行字串及數值運算並顯示結果。

(strnum.c)

```
C:\example\ch08\strnum.exe                              —    □    ✕
請輸入數值字串 a：123
請輸入數值字串 b：456
字串 a+b = 123456
數值 a+b = 579
請按任意鍵繼續 . . . .
```

程式碼：**strnum.c**

```c
1  #include <stdio.h>
2  #include <stdlib.h>
3  #include <string.h>
4  int main()
5  {
6      char a[8], b[8], c[16];
7      char buffer[10];
8      int na, nb, nc;
9      printf(" 請輸入數值字串 a：");
10     scanf("%s", a);
11     printf(" 請輸入數值字串 b：");
12     scanf("%s", b);
13     strcpy(c,a);   // 字串相加
14     strcat(c,b);
15     printf(" 字串 a+b = %s\n", c);
16     na=atoi(a);    // 轉換字串為數值
17     nb=atoi(b);
18     nc=na+nb;      // 兩數和
19     printf(" 數值 a+b = %d\n", nc);
20     system("pause");
21     return 0;
22 }
```

程式說明

- 13-14   字串相加：為保留原字串，先用 strcpy(c,a) 將字串 a 複製給字串 c，再用 strcat(c,b) 將字串 b 加在 c 後面，相當於 c=a+b。

- 16-17   使用 atoi() 函式將字串 a、b 轉為數值。

8.4 本章重點整理

- 使用函式的程式設計方式具有下列的好處：

  - ◆ 將大程式切割後由多人撰寫，有利於團隊分工，可縮短程式開發的時間。

  - ◆ 可縮短程式的長度，程式碼也可重複使用只需稍為修改即可以套用。

  - ◆ 程式可讀性提高。

  - ◆ 當程式中要修改特定功能的程式碼時，只要修改函式的程式碼即可。

- 函式是一些程式碼的組合，目的是執行特定功能，並且給予一個名稱代表這些程式碼，以便設計者可用此名稱使用這些程式碼。

- 函式建立後並不會主動執行，必須在主程式中呼叫函式，函式中的程式碼才會被執行。

- return 指令會結束函式的執行，如果在 return 指令後面有傳回值，就會將其後的傳回值送給呼叫者。

- 要避免自訂函式程式碼置於呼叫函式之後產生的錯誤，可在呼叫函式之前加上函式原型的宣告。

- 函式是藉著參數列來傳遞資料，主要是將主程式中呼叫函式的實參數，傳遞給函式中的形式參數。

- 傳值呼叫是將主程式呼叫函式中的實參數，複製一份傳送給函式中的形式參數，更改形式參數的值並不會影響原來實參數的值。

- 如果要將整個陣列當做參數傳遞，則傳遞的是該陣列的記憶體位址，而不是陣列的值。

- C 語言編譯程式附有一個標準函式庫其中建置了相當完整的常用功能函式供設計者使用。

- 數學函式提供了三角函數、指數、對數及一些數學上基本運算的函式，並定義了部分數學常數。

- 字元陣列的比較、相加、複製等必須使用字元陣列函式來處理，這些函式位於 <string.h> 標頭檔中。

- C 語言在 <time.h> 標頭檔中提供日期及時間相關的函式，使用 tm 結構可取得日期和時間。

8.1 函式

1. 下列程式片斷顯示的數值為多少？[難]

```c
void ShowNum(int n)
{
    int i=1, sum=0;
    while (true)
    {
        if (i > n)
        {
            printf("%d ", sum);
            return;
        }
        sum += i;
        i++;
    }
}
int main()
{
    ShowNum(5);
}
```

2. 建立一個函式，呼叫該函式就會顯示歡迎訊息，如下圖。[易]

3. 建立計算立方值的函式，在主程式中輸入一個整數，將該數做為參數傳送給函式計算立方值並顯示，如下圖。[易]

4. 建立以星號繪製正方形的函式,在主程式中輸入正方形邊長,將此數做為參數傳送給函式繪製正方形,如下圖。[中]

```
C:\example\習作\ch08\ch08_ex4.exe                    —    □    ✕
請輸入正方形邊長:4
****
****
****
****
請按任意鍵繼續 . . . .
```

8.2 參數

5. 下列程式片斷顯示的數值為多少?[中]

```c
void add(int a)
{
    a += 5;
}
int main()
{
    int a=32;
    add(a);
    printf("%d\n", a);
}
```

6. 下列程式片斷顯示的數值為多少?[中]

```c
void mod(int a[])
{
    a[1]=85;
}
int main(void)
{
    int score[] = {98,82,76,89,68,91};
    mod(score);
    printf("%d\n", score[1]);
}
```

延 伸 練 習

7. 建立顯示重複字元的函式，在主程式中輸入一個字元及顯示次數，將此二數做為
   參數傳送給函式將字元依指定次數顯示，如下圖。[中]

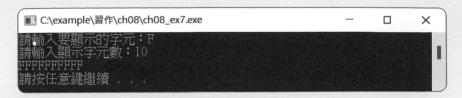

8. 建立計算指數的函式，在主程式中輸入一個整數及指數，將此二數做為參數傳送
   給函式計算指數值，如下圖。[中]

9. 建立判斷質數的函式，在主程式中利用此函式顯示小於 50 的質數，如下圖。[難]

8.3 內建函式

10. 下列數學函式的傳回值為多少？[中]

    (A)log10(1000)　　　　(B)abs(-97)　　　　　(C)sqrt(64)

    (D)ceil(45.52)　　　　　(E)floor(34.71)　　　　(F)pow(2,3)

    (G)max(67,41)　　　　 (H)min(98,12)

11. 下列字元函式的傳回值為何？[中]

    (A)isalpha('2')　　　　 (B)isalnum('a')　　　　(C)isdigit('a')

    (D)islower('S')　　　　 (E)isupper('W')　　　　(F)ispunct('5')

    (G)isxdigit('a')　　　　 (H)tolower('R')

延 伸 練 習

12. 由下列程式碼所產生的亂數，何者不合理？[中]

(A)79　　　　　　(B)12　　　　　　(C)90
(D)80　　　　　　(E)34　　　　　　(F)63

```
20 + rand() % 60;
```

13. char str1[]="good"，str2="bad"，則 [中]

(A) strcpy(str1,str2)，str1 的內容為何？
(B) strcat(str1,str2)，str1 的內容為何？
(C) strrev(str1)，str1 的內容為何？

14. 讓使用者輸入兩個字串，顯示結合字串、結合字串長度、第一個字串轉大寫及第二個字串反轉，如下圖。[中]

15. 讓使用者輸入一個字元，程式會顯示其為大寫字母、小寫字母、數字或符號，按 **[Enter]** 鍵可以結束程式，如下圖。[中]

16. 讓使用者輸入兩個字串，比較這兩個字串的大小後顯示結果，如下圖。[中]

C:\example\習作\ch08\ch08_ex16.exe
請輸入第一個字串：NOTE
請輸入第二個字串：PAPER
兩字串比較結果：
NOTE < PAPER
請按任意鍵繼續 . . .

C:\example\習作\ch08\ch08_ex16.exe
請輸入第一個字串：BEAR
請輸入第二個字串：APPLE
兩字串比較結果：
BEAR > APPLE
請按任意鍵繼續 . . .

17. 使用巢狀迴圈計算一億次「sum=5.6*5.6」，利用 clock() 函式計算程式使用的時間，要顯示小數位數，如下圖。[難]

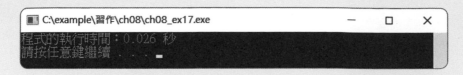

memo

09

函式進階功能

〈/〉 9.1 變數種類

C 語言變數依其在程式中宣告的位置，會有多種不同的存取範圍及生命期。存取範圍是指在程式中可以存取到該變數的程式區塊，生命期則是當變數宣告時，系統會配置一塊記憶體給該變數，當系統釋放變數所佔的記憶體時，就是該變數生命期的結束。

C 語言變數依宣告位置不同可分為全域變數 (Global Variable)、區域變數 (Local Variable) 和區塊變數 (Block Variable)。其中區塊變數在第 6 章中提及，是在 if、switch、for、while、do…while 等程式區塊內宣告的變數，其存取範圍僅在宣告的區塊內使用，當區塊結束時就釋放區塊變數所佔的記憶體，所以在區塊外無法存取區塊變數。

例如：在 while 區塊宣告的變數 a=10，離開迴圈後變數 a 就被釋放，如果在 while 區塊外要存取變數 a 會產生編譯錯誤：

```
int i=1;
while(i==1)
{
    int a=10;   // 宣告區塊變數 a=10
}
printf("%d", a);   // 編譯錯誤
```

9.1.1 全域變數

全域變數是在函式及程式區塊外部宣告的變數，又稱為「總體變數」。全域變數的存取範圍是從其宣告以下所有的函式及程式區塊都可以存取該變數，生命期則是由宣告開始，直到結束程式為止。

全域變數對初學者來說是最方便的變數型態，如果在 main() 函式之前就宣告，則整個程式中所有函式都可以存取，完全不必考慮變數存取範圍及生命期的問題。其實這是一個非常危險的方式，因為在較大的應用程式中，可能會有數量龐大的函式，可能在某個函式中不小心改變了全域變數的值而設計者並未察覺，將會影響其他函式的執行結果，導致最後執行結果未如預期，而此種錯誤的除錯是非常困難的。

> » **範例練習** 加分 (全域變數)

使用全域變數執行加分功能。(addscore.c)

```
C:\example\ch09\addscore.exe                    —    □    ×
輸入原始分數：67
加 10 分後： 77
再加 20 分後： 97
請按任意鍵繼續 . . .
```

程式碼：addscore.c

```c
1 #include <stdio.h>
2 #include <stdlib.h>
3 void add10();
4 void add20();
5 int score;   // 宣告全域變數
6 int main()
7 {
8 printf("輸入原始分數：");
9     scanf("%d",&score);
10    add10();
11    printf("加 10 分後：%d\n",score);
12    add20();
13    printf("再加 20 分後：%d\n",score);
14    system("pause");
15    return 0;
16 }
17 void add10()
18 {
19    score += 10;
20 }
21 void add20()
22 {
23    score += 20;
24 }
```

第 5 列程式宣告 score 為全域變數，第 6 列以後程式皆可存取 score 變數，所以 add10() 及 add20() 函式都可直接改變 score 變數的值，主程式也可直接顯示 score 變數的值。

9.1.2 區域變數

區域變數是在函式或程式區塊內宣告的變數,其存取範圍僅限於此函式或程式區塊中,在函式或程式區塊之外無法存取該變數。區域變數的生命期是從宣告開始,直到該函式或程式區塊執行結束為止。

下面例子中,若在 sub2() 函式中使用 sub1() 的區域變數 a,將產生編譯錯誤:

```c
void sub1()
{
    int a = 1;   // 宣告區域變數 a
    printf("a=%d\n", a);   //a=1
}
void sub2()
{
    printf("a=%d\n", a);   // 編譯錯誤
}
```

各種存取範圍的變數各自獨立,變數名稱可以相同,系統會根據該變數出現的位置使用正確的變數,這使得程式中多處需要相同功能變數時,不必為變數設定不同名稱而煩惱。例如:程式中可能有多個函式會使用 for 迴圈,則每一個函式中都可使用區域變數「i」做為計數器而不會互相干擾,因為每一個計數器區域變數會在函式結束後自動消失。

如果全域變數與區域變數使用相同名稱,因為在函式中全域變數與區域變數都可以存取,會產生錯誤嗎?編譯程式會自動分辨該變數名稱出現的位置採用適當值,不會出現錯誤:在函式內區域變數的優先權大於全域變數,會使用區域變數值;一旦函式結束執行後,就會採用全域變數值。

全域變數與區域變數的名稱相同,雖不會產生編譯錯誤,但常會讓設計者混淆,甚至產生錯誤執行結果。建議除了在迴圈或判斷式這種短暫執行的區段中使用重複名稱的變數外,盡量不要讓變數名稱重複。

名稱相同的全域變數與區域變數所佔記憶體範例如下:

```
int score;
int main()          全域變數 score 記憶體，其值不受區域變數的影響
{
        score=90;        →    90
        local();
        printf("%d", score);←
}                              區域變數 score 記憶體
void local()
{                          →    80
        int score=80;
        printf("%d", score);←
}
```

» 範例練習 **區域變數與全域變數值**

設定相同名稱的全域變數與區域變數，觀察其變數值的變化。(local.c)

```
C:\example\ch09\local.exe                    —   □   ×
全域變數 score 值：90
區域變數 score 值：80
全域變數 score 值：90
請按任意鍵繼續 . . .
```

程式碼：local.c

```
 1 #include <stdio.h>
 2 #include <stdlib.h>
 3 void local();
 4 int score;   // 宣告全域變數
 5 int main()
 6 {
 7     score=90;
 8     printf(" 全域變數 score 值：%d\n",score);
 9     local();
10     printf(" 全域變數 score 值：%d\n",score);
11     system("pause");
12     return 0;
13 }
14 void local()
15 {
16     int score=80;   // 宣告區域變數
17     printf(" 區域變數 score 值：%d\n",score);
18 }
```

01　　　第 8 列顯示全域變數 score 的值為 90，接著執行 local 函式，其中的區域變數 score 的值為 80，當執行完 local 函式回到主程式後，全域變數 score 的值仍為 90，因為全域變數和區域變數佔用不同記憶體，雖然名稱相同，但全域變數的值不受區域變數影響。

02

03

04

05

06

07

08

9.2 變數等級

C 語言變數的存取範圍及生命期，除依其在程式中宣告的位置不同會有所不同外，也可使用「型態修飾詞」來改變存取範圍。C 語言提供 auto、static、extern 及 register 型態修飾詞，宣告變數時，可以將型態修飾詞與變數一起宣告，語法為：

```
型態修飾詞  資料型別  變數名稱  [＝初始值]；
```

9.2.1 自動變數 (auto)

自動變數是加上型態修飾詞 auto 的變數，此種變數只能在函式中宣告，也就是前一節中的「區域變數」。auto 修飾詞在宣告時可以省略，即在函式中宣告未加任何型態修飾詞的變數，就是自動變數，前面範例在函式中宣告的變數都屬於此種類型。如果在函式外部宣告加上 auto 修飾詞的變數，會產生編譯錯誤。

自動變數宣告的語法為：

```
[auto]  資料型別  變數名稱  [＝初始值]；
```

例如：

```
auto int score1;      // 錯誤，不能在函式外部宣告
int main()
{
    auto int score2;  // 宣告自動變數
    int score3;       // 宣告自動變數，省略 auto
}
```

自動變數 (即區域變數) 於函式中宣告時產生，當函式執行完畢後其所佔的記憶體就被釋放。要注意在函式內未加任何型態修飾詞的變數宣告才是自動變數，若在函式外宣告未加任何型態修飾詞的變數則為「全域變數」，設計者務必了解兩者的區別，例如：

```
int score1;        // 宣告全域變數
int main()
{
    int score2;    // 宣告自動變數
}
```

各函式中的自動變數會各自佔有記憶體，即使不同函式內的自動變數名稱相同，也不會互相干擾。因為當一個函式執行完畢後，其自動變數就消失，所佔的記憶體空間被釋放，與其他函式無關。

» 範例練習 觀察自動變數值

在不同函式中建立相同名稱的自動變數，觀察其變數值的變化。(auto.c)

```
C:\example\ch09\auto.exe                              —    □    ×
main()中自動變數 score 值：100
auto1()中自動變數 score 值：75
main()中自動變數 score 值：100
請按任意鍵繼續 . . .
```

程式碼：auto.c

```c
1  #include <stdio.h>
2  #include <stdlib.h>
3  void auto1();
4  int main()
5  {
6      int score=100;   // 宣告自動變數
7      printf("main() 中自動變數 score 值：%d\n",score);
8      auto1();
9      printf("main() 中自動變數 score 值：%d\n",score);
10     system("pause");
11     return 0;
12 }
13 void auto1()
14 {
15     int score=75;   // 宣告自動變數
16     printf("auto1() 中自動變數 score 值：%d\n",score);
17 }
```

第 6 列及 15 列分別在 main 函式及 auto1 函式中建立自動變數，首先顯示 main 函式自動變數 score 的值為 100，接著執行 auto1 函式，其中的自動變數 score 的值為 75，當執行完 auto1 函式回到 main 函式後，其中的自動變數 score 的值仍為 100，不受其他函式中自動變數影響。

9.2.2 靜態變數 (static)

靜態變數是加上型態修飾詞 static 的變數，此種變數在離開宣告的函式範圍後，仍能保留變數值。靜態變數宣告的語法為：

```
static 資料型別 變數名稱 [= 初始值];
```

相對於靜態變數，自動變數是屬於「動態變數」。動態變數是函式在執行階段才配置記憶體供其使用，並沒有固定的記憶體空間，當函式結束時就釋放該記憶體，所以函式結束後動態變數所儲存的值就消失了！靜態變數則是在編譯階段就已配置固定記憶體空間，當函式結束時並不會釋放該記憶體，所以此變數值會被保留下來，若下次再呼叫該函式時，會將靜態變數存放在記憶體的值取出來使用。

靜態變數若在函式內宣告，則此靜態變數的存取範圍只能在函式內使用，函式外無法存取該變數；但其記憶體生命期，是從編譯時開始，即使結束函式執行仍佔有該記憶體，直到程式結束為止。

靜態變數與自動變數另一個不同點是變數初始值。自動變數在未設定初始值時，是一個不確定的值，而靜態變數則是在宣告時就會依資料型別自動為變數填入預設值，例如 int 資料型別的預設值為 0。下面例子中，自動變數 s1 所顯示的是亂數值，而靜態變數 s2 顯示 0。

```
int s1;
printf("%d\n", s1);   // 顯示 2004081415（讀者可能不同）
static int s2;
printf("%d\n", s2);   // 顯示 0
```

》範例練習 偶數和 (靜態變數)

計算偶數和，觀察靜態變數及自動變數的差異。(evensum.c)

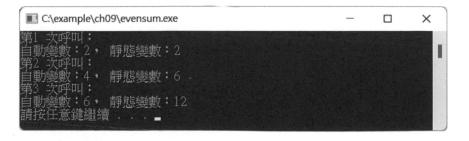

```
程式碼：evensum.c
 1 #include <stdio.h>
 2 #include <stdlib.h>
 3 int sumauto(int);   // 函數原型宣告
 4 int sumstatic(int);
 5 int main()
 6 {
 7     for(int i=1;i<=3;i++)
 8     {
 9         printf(" 第 %d 次呼叫：\n",i);
10         printf(" 自動變數：%d，",sumauto(i*2) );
11         printf(" 靜態變數：%d\n",sumstatic(i*2));
12     }
13     system("pause");
14     return 0;
15 }
16 int sumauto(int n)   // 自動變數函數
17 {
18     int sum=0;   // 自動變數初始值設定為 0
19     sum+=n;
20     return sum;
21 }
22 int sumstatic(int n)   // 靜態變數函數
23 {
24     static int sum;   // 宣告靜態變數 sum
25     sum+=n;
26     return sum;
27 }
```

16-21 列函式中為自動變數，18 列在宣告時必須設定初始值，否則執行結果不可預期。因為自動變數在函式結束時會清除變數值，因此每次執行函式時的初始值皆為 0，第 10 列顯示的是 2、4、6，並未執行加總。

22-27 列函式中為靜態變數，24 列在宣告時不必設定初始值，系統會自動設定初始值為 0。靜態變數在函式結束時會保留變數值，每次執行函式時會以前次的總和再加上傳入的偶數計算新的總和，所以第 10 列顯示的是 2、6、12 的歷次偶數總和。

9.2.3 外部變數 (extern)

外部變數是加上型態修飾詞 **extern** 的變數，如果在函式外部宣告，就是「全域變數」，從其宣告以後所有的函式都可以存取該變數，直到結束程式為止。型態修飾詞 **extern** 可以省略。外部變數宣告的語法為：

```
[extern] 資料型別 變數名稱 [= 初始值];
```

例如：

```
extern int score1;    // 宣告外部變數，整個程式所有函式皆可存取
int score2;           // 宣告外部變數，省略 extern，整個程式所有函式皆可存取
int main()
{
    ..................................
}
```

全域變數 (外部變數) 是從其宣告以後所有函式都可以存取該變數，但若是想在全域變數宣告之前就使用該全域變數，可以在函式內部加上型態修飾詞 **extern** 來宣告變數即可。例如：

```
int main()
{
    extern int score;      // 函式內宣告外部變數
    printf("%d", score);   // 顯示 80
    ..................................
}
void global()
{
    printf("%d", score);       // 宣告外部變數前使用產生編譯錯誤
}
int score = 80;    // 函式外宣告外部變數
void local()
{
    ..................................
}
```

score 外部變數存取範圍

》 範例練習 公分及英呎換算 (外部變數)

使用 extern 修飾詞，讓使用者以公分為單位輸入身高，將其換算為英呎。(meter2feet. c)

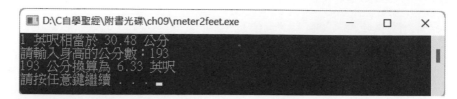

程式碼：**meter2feet.c**

```c
1 #include <stdio.h>
2 #include <stdlib.h>
3 void changeunit(float);
4 int main()
5 {
6     float meter;
7     extern float ratio;   // 使用 extern 修飾詞
8     printf("1 英呎相當於 %.2f 公分 \n",ratio);
9     printf(" 請輸入身高的公分數 : ");
10     scanf("%f",&meter);
11     changeunit(meter);
12     system("pause");
13     return 0;
14 }
15 float ratio=30.48;   // 宣告在函式外的外部變數
16 void changeunit(float meter)
17 {
18     printf("%.0f 公分換算為 %.2f 英呎 \n",meter,meter/ratio);
19 }
```

因為外部變數 ratio 在 15 列宣告，所以 18 列程式可直接使用 ratio 變數；而第 8 列使用 ratio 變數時，ratio 變數尚未宣告，故需在第 7 列用 extern 修飾詞，如此第 8 列使用 ratio 變數才不會產生錯誤。

外部變數不但可以在函式間共同使用，還可以在不同檔案間互通。實際設計應用程式時，常會將函式部分獨立儲存為檔案，如同函式庫功能，這樣一來就可供不同程式使用；要使用的程式只需引用函式庫檔案即可使用其中的函式。下面範例是將前一範例的函式部分獨立儲存為檔案，說明如何在不同檔案間共用外部變數：

» 範例練習　公分及英吋換算 (多檔)

使用 extern 修飾詞在 <metermulti_f.c> 檔中宣告，使用另一個外部檔案 <metermulti.c> 中的變數 ratio，使用方式及執行結果與前一範例完全相同。(metermulti.c)

```
程式碼：metermulti.c
1 #include <stdio.h>
2 #include <stdlib.h>
3 #include "metermulti_f.c"  // 含入另一個程式檔
4 float ratio=30.48;  // 宣告在函數外的外部變數
5 int main()
6 {
7     float meter;
8     printf("1 英吋相當於 %.2f 公分 \n",ratio);
9     printf(" 請輸入身高的公分數：");
10    scanf("%f",&meter);
11    changeunit(meter);
12    system("pause");
13    return 0;
14 }
```

第 3 列引用另一個程式檔 <metermulti_f.c>，含入檔案的使用方法將在 9.5 節詳細說明。第 4 列宣告的 ratio 外部變數將在 11 列的 changeunit 函式中使用，而 changeunit 則定義在 <metermulti_f.c> 檔案中。

<metermulti_f.c> 的程式碼為：

```
程式碼：metermulti_f.c
1 #include <stdio.h>
2 #include <stdlib.h>
3 extern float ratio;  // 使用其他檔案的外部變數
4 void changeunit(float meter)
5 {
6     printf("%.0f 公分換算為 %.2f 英吋 \n",meter,meter/ratio);
7 }
```

第 3 列使用 extern 宣告其他檔案的外部變數後，就可在本檔案中使用，故第 6 列可以用 ratio 變數進行單位換算。

9.2.4 靜態外部變數 (static)

靜態變數也可以在函式外宣告，稱為「靜態外部變數」。靜態外部變數與全域變數類似，其存取範圍是宣告後的所有函式，其佔有的記憶體在程式執行結束後才會釋放。例如：下面 score 靜態變數在程式一開始就宣告，則整個程式中所有函式皆可存取。

```
static int score;   // 編譯正確，整個程式所有函式皆可存取
int main()
{
        .................................
}
```

靜態外部變數與全域變數不同處，在於靜態外部變數只限於同一個檔案中使用，無法跨越不同的程式檔案，而全域變數可以跨檔案使用。

> » 範例練習　加減法運算 (靜態外部變數)

使用靜態外部變數執行加減法功能。(op.c)

```
C:\example\ch09\op.exe                            □  ×
輸入第一個整數：67
輸入第二個整數：45
兩數和： 112
兩數差： 22
請按任意鍵繼續 . . .
```

程式碼：op.c

```
1 #include <stdio.h>
2 #include <stdlib.h>
3 void plus1();
4 void minus1();
5 static int n1, n2, result;   // 宣告靜態外部變數
6 int main()
7 {
8     printf(" 輸入第一個整數：");
9     scanf("%d",&n1);
10    printf(" 輸入第二個整數：");
11    scanf("%d",&n2);
12    plus1();
13    printf(" 兩數和： %d\n",result);
14    minus1();
```

```
15      printf(" 兩數差: %d\n",result);
16      system("pause");
17      return 0;
18 }
19 void plus1()
20 {
21      result=n1+n2;
22 }
23 void minus1()
24 {
25      result=n1-n2;
26 }
```

第 5 列程式宣告 n1、n2 及 result 為靜態外部變數，第 6 列以後程式皆可存取這三個變數，所以 plus1() 及 minus1() 函式都可直接改變這三個變數的值，主程式也可直接顯示 result 變數的值。

9.2.5 暫存器變數 (register)

暫存器變數是加上型態修飾詞 register 的變數，此種變數是使用 CPU 的暫存器來儲存變數值，因為暫存器的速度比較快，所以可提高變數存取效率。但是暫存器的數量有限，當系統忙錄需要使用暫存器時，會優先將暫存器交還給 CPU 使用，而把暫存器變數當做一般區域變數處理。暫存器變數宣告的語法為：

```
register 資料型別 變數名稱 [= 初始值];
```

暫存器變數通常只用在存取非常頻繁的變數，且生命期很短，以避免長時間佔用暫存器。暫存器變數的生命期為宣告開始，到其宣告的函式或程式區塊執行完畢為止。

下面範例執行一個數量龐大的巢狀迴圈來觀察暫存器變數的執行效果：

» 範例練習 計算程式執行時間 (暫存器變數)

計算數量龐大巢狀迴圈的執行時間，說明暫存器變數較高的執行效率。(register.c)

```
C:\example\ch09\register.exe                    —    □    ×
迴圈的執行時間：4.000秒
請按任意鍵繼續 . . .
```

程式碼：**register.c**

```
1  #include <stdio.h>
2  #include <stdlib.h>
3  #include <time.h>    // 引用時間函數的表頭檔
4  int main()
5  {
6      register int i,j;   // 宣告暫存器變數
7      float sum;
8      time_t start, end;  // 宣告時間資料型態
9      start=time(NULL);   // 記錄開始時間
10     for(i=1; i<=40000;i++)
11         for(j=1;j<40000;j++)
12             sum=sum+j;   // 迴圈計算過程
13     end=time(NULL);   // 記錄結束時間
14     printf(" 迴圈的執行時間：%.3f 秒 \n",difftime(end,start));
           //difftime 為時間差函數
15     system("pause");
16     return 0;
17 }
```

程式說明

- **6**　　　宣告暫存器變數。
- **9**　　　記錄開始時間。
- **10-12**　執行巢狀圈計算總和，共執行 16 億次 (40000*40000)。
- **13**　　　記錄結束時間。
- **14**　　　計算執行時間並顯示。

9.3 特殊函式功能

函式不只是可以被其他函式呼叫執行，也可以被函式本身呼叫，只是使用時要特別留意函式結束機制，以免造成無法返回主程式的錯誤。函式可以使用「嵌入」程式碼的方式來提高效率，這些函式的特殊功能，都將在本節詳細介紹。

9.3.1 行內函式 (inline)

函式的執行程序為：主程式呼叫式後，系統會先將主程式的執行點位址存入堆疊記憶體中，再將程式的主控權交給函式以執行函式內的程式碼，當函式執行完畢後，會由堆疊中取出原先主程式的執行位址，跳到此位址繼續執行。如果呼叫函式的次數頻繁，程式將在主程式與函式之間跳來跳去，降低程式執行的效率。

行內函式則是採取「嵌入」程式碼的方式來提高效率：當主程式呼叫函式時，編譯時就將函式的程式碼加入主程式中，這樣主程式就可依序執行即可，避免程式的跳躍，增加執行效率。

行內函式定義的語法是在函式宣告中加入 **static inline** 關鍵字：

```
static inline 傳回值資料型別 函式名稱([ 參數列 ])
{
    [程式碼…]
    [return;|return 傳回值 ;]
}
```

行內函式雖然可以提高執行效率，但會大量增加記憶體的使用量：因為每次呼叫函式，就將函式內的程式碼複製一次，如此相當於重複多次函式程式碼，例如呼叫函式十次，程式碼就重複十次 (一般函式的程式碼只需建立一次)，所以記憶體的使用量增加。例如：

```
static inline void input(int n, int chinese, int math)   // 定義行內函式
{
    printf(" 第 %d 位學生國文成績：", n);
    scanf("%d", &chinese);
    printf(" 第 %d 位學生數學成績：", n);
    scanf("%d", &math);
}
```

```
int main()
{
    int chi[3], mat[3];
    input(1, chi[0], mat[0]);  ←❶
    input(2, chi[1], mat[1]);  ←❷
    input(3, chi[2], mat[2]);  ←❸
}
```

main() 函式在編譯器中實際內容為：

```
int main()
{
    int chi[3], mat[3];
    printf(" 第 1 位學生國文成績：");
    scanf("%d", &chi[0]);                    ⎫
    printf(" 第 1 位學生數學成績：");          ⎬ ←❶
    scanf("%d", &mat[0]);                    ⎭
    printf(" 第 2 位學生國文成績：");
    scanf("%d", &chi[1]);                    ⎫
    printf(" 第 2 位學生數學成績：");          ⎬ ←❷
    scanf("%d", &mat[1]);                    ⎭
    printf(" 第 3 位學生國文成績：");
    scanf("%d", &chi[2]);                    ⎫
    printf(" 第 3 位學生數學成績：");          ⎬ ←❸
    scanf("%d", &mat[2]);                    ⎭
}
```

程式碼是否增加很多呢？那設計程式時是否要用行內函式呢？行內函式通常是函式內容很短，且評估嵌入程式碼的執行效率較程式跳躍為高的情況才使用。

系統會為了程式執行順暢，即使設計者函式定義為行內函式，C 語言的編譯器仍有權決定是否使用行內函式模式。通常，編譯器在下列的情況會將行內函式視為一般函式執行：

- 行內函式的內容太大時。

- 遞迴函式。(遞迴函式將在下一小節說明)

- 編譯器不支援行內函式。

» 範例練習　計算累計平方和

自鍵盤輸入一個整數 n，計算 $1^2+2^2+\cdots+n^2$ 之值。(square.c)

```
C:\example\ch09\square.exe                          —    □    ×
輸入整數：5
平方和為：55
請按任意鍵繼續 . . . .
```

程式碼：**square.c**

```c
1  #include <stdio.h>
2  #include <stdlib.h>
3  static inline int square(int n)   // 行內函式
4  {
5      int sum=0;
6      for(int i=1;i<=n;i++)
7          sum += i*i;
8      return sum;
9  }
10 int main()
11 {
12     int n;
13     printf(" 輸入整數：");
14     scanf("%d",&n);
15     printf(" 平方和為：%d\n",square(n)); // 呼叫行內函式
16     system("pause");
17     return 0;
18 }
```

程式說明

- 3-9　　定義行內函式。
- 5　　　未加總前的初值為 0。
- 6-7　　計算由 1 開始到輸入值的平方和。
- 15　　呼叫行內函式的方法與一般函式相同。

▶ 立即演練 英哩換算為公里

讓使用輸入以英哩為單位的時速，使用行內函式將其換算為公里。(kmmile_p.c)

```
■ C:\example\立即演練\ch09\kmmile_p.exe          —    □    ✕
輸入時速英哩數：80
換算為公里：128.16
請按任意鍵繼續 . . .
```

9.3.2 遞迴函式 (recursive)

當函式本身又呼叫自己的函式稱為遞迴函式，撰寫遞迴函式必須注意函式中一定要有結束點，否則程式會形成無窮迴圈，造成記憶體不足而中止。

使用遞迴函式計算自然數階層是最容易理解的範例。自然數階層的計算公式為：

```
n! = 1*2*3*4*5.....*n
// 例如，5!=1*2*3*4*5=120
// 規定 0!=1
```

» 範例練習 計算階層值

自鍵盤輸入一個數字 n，利用遞迴函式來計算 n 階層。(factorial.c)

```
■ C:\example\ch09\factorial.exe          —    □    ✕
請輸入數字 n：5
5! = 120
請按任意鍵繼續 . . .
```

程式碼：**factorial.c**

```
1 #include <stdio.h>
2 #include <stdlib.h>
3 int factorial(int);
4 int main()
5 {
6     int n;
7     printf("請輸入數字 n:");
8     scanf("%d",&n);
9     printf("%d! = %d\n",n,factorial(n));
```

```
10      system("pause");
11      return 0;
12  }
13  int factorial(int n)   // 計算階層
14  {
15      if (n == 0) // 當 n=0，傳回值 1，並結束遞迴呼叫
16          return 1;
17      else
18          return n * factorial(n - 1); // 遞迴呼叫
19  }
```

程式說明

- ■ 3   函式原型宣告。

- ■ 13-19   計算階層的遞迴函式。

- ■ 15-16   當 n=0 時，傳回 1 並結束遞迴呼叫。

- ■ 17-18   當 n>0 時，遞迴呼叫 n*factorial(n-1)：若 n=5 即為 5*factorial(4)；當
               n=4 即為 4*factorial(3)；依此類推，所以 5!=5*4*3*2*1。

為了詳細說明，我們以這個範例的實際值來進行模擬。剛開始 Factorial(5) 時其
計算階層的程式為：5*factorial(4)。因為 factorial(4) 的值未定，所以先計算階層
值 Factorial(4)，其程式為：4*factorial(3)。使用相同的方式，一直到 1*factorial(0)
時，因為可以馬上取得 factorial(0)=1，即可知道 factorial(1)=1*1，再將值往上傳
factorial(2)=2*1、factorial(3)=3*2、factorial(4)=4*6、factorial(5)=5*24，最後回傳值
則為 120。

整理上述執行過程如下表：

步驟	n 值	factorial(n) 值	傳回值
❶	5	factorial(5)，未定	5*factorial(4)
❷	4	factorial(4)，未定	4*factorial(3)
❸	3	factorial(3)，未定	3*factorial(2)
❹	2	factorial(2)，未定	2*factorial(1)
❺	1	factorial(1)，未定	1*factorial(0)
❻	0	factorial(0)=1	1
❼	1	factorial(1)=1	1 (1*factorial(0)=1*1=1)

步驟	n 值	factorial(n) 值	傳回值
❽	2	factorial(2)=2	2 (2*factorial(1)=2*1=2)
❾	3	factorial(3)=6	6 (3*factorial(2)=3*2=6)
Ⓐ	4	factorial(4)=24	24 (4*factorial(3)=4*6=24)
Ⓑ	5	factorial(5)=120	120 (5*factorial(4)=5*24=120)

繪製成流程圖更易理解：

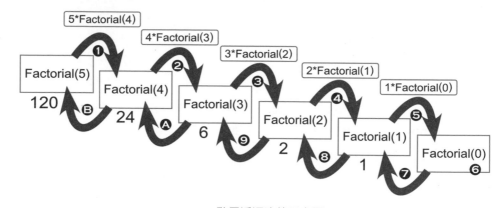

▲ 階層遞迴演算示意圖

遞迴函式的應用不僅縮短了程式碼，並且具有較好的邏輯性與彈性。

其實遞迴函式可視為一種迴圈，其程式碼遠比迴圈精簡，但初學者不易了解其邏輯運作過程。大部分遞迴函式是可以使用迴圈來取代遞迴函式，例如本節中計算 n 階層的範例，遞迴函式部分可用迴圈改寫為：

```c
int factorial(int n)
{
    int t=1;
    for(int i=1; i<=n; i++)
        t=t*i;
    return t;
}
```

►立即演練 計算連續整數總和

讓使用者輸入一個數字 n，利用遞迴函式來計算 1+2+…+n 的值。(sum_p.c)

</> 9.4 前置處理器

通常程式碼會被編譯器編譯成機器碼，CPU 會執行機器碼完成任務。一般在程式檔最前面常有一些以「#」開頭的程式碼，這種程式碼稱為「前置處理器」。在編譯過程中，前置處理器並不會被編譯成機器碼，而是在進行編譯之前給編譯器一些編譯時的特殊指示，所以才被稱為前置處理器。

9.4.1 #define 前置處理器

在第 2 章中，曾經以 #define 前置處理器來建立常數，#define 也可以用來定義一些簡單的函式，稱為「巨集」。巨集的原理與常數相同，常數是在編譯時以定義的數值或字串替換程式中的常數名稱，巨集是在編譯時以定義的程式區段替換程式中的巨集名稱。

定義巨集的語法為：

```
#define 巨集名稱 巨集內容
```

通常巨集名稱會使用大寫字母，方便在程式中辨識巨集。例如定義巨集名稱 ADD 的內容為「a+b」：

```
#define ADD a+b
```

執行編譯時，編譯器會先使用巨集內容取代巨集名稱再進行編譯，例如：

```
#define ADD a+b   // 定義巨集
int main()
{
    int a=5, b=7;
    printf("%d\n", ADD);   // 使用巨集，顯示「12」
}
```

實際編譯內容的 ADD 會替換為 a+b：

```
int main()
{
    int a=5, b=7;
    printf("%d\n", a+b);   // 顯示「12」
}
```

巨集與行內函式類似，都是以實際的程式碼來取代巨集名稱或呼叫函式，其優缺點也相同。巨集不必在函式與主程式之間頻繁往返，可以提高執行效率，但因為每次呼叫函式一次，就將巨集內的程式碼替換一次，會大量增加記憶體的使用量。

參數是函式功能非常重要的關鍵，如果不能傳遞參數值給函式做運算，函式的功能將大打折扣。巨集是否可以傳遞參數呢？答案當然是肯定的。下面的巨集定義了兩個參數，並且傳送參數值給巨集做運算：

```
#define ADD(a,b) a*2+b   // 定義有參數的巨集
int main()
{
    printf("%d\n", ADD(6,8));   // 使用巨集，顯示「20」
}
```

編譯器會以「6」替換 a、「8」替換 b，將「ADD(6,8)」替換為「6*2+8」，所以顯示 20。

您是否注意到此處有個使用巨集比使用函式更為方便的地方？巨集的參數並沒有定義資料型別，也就是使用巨集的參數時，不必理會傳入值的型別都可以正常執行，這是因為巨集單純使用文字替換的方式進行，只要替換後的文字程式碼沒有問題，編譯器就能正常編譯。

使用具有參數的巨集時，有一個最容易犯的邏輯錯誤是「括號」的問題，例如：

```
#define ADD(a,b) a*2+b   // 定義巨集
int main()
{
    int a=6, b=8;
    printf("%d\n", ADD(a+2,b));   // 顯示「18」
}
```

由於邏輯錯誤在編譯過程並不會顯示錯誤，只是執行結果不正確，這是程式設計最難除錯的模式，初學者務必注意。由於「a+2」為 8，上面程式執行結果「8*2+8」應為 24，實際顯示值卻為 18，為什麼？因為巨集是以文字替換方式進行，編譯器以第一個參數替換巨集內容的 a、第二個參數替換巨集內容的 b，替換後結果為「a+2*2+b」，再以「a=6,b=8」代入運算，四則運算為先乘除後加減，「6+2*2+8」的結果為 18。

那要如何修正才能得到正確的結果呢？解答是在巨集內容中的每個參數都要以「括號」包起來，如此可以確保傳入的參數會先運算才代入巨集內容內。例如上例修正為：

```c
#define ADD(a,b) (a)*2+(b)   // 定義巨集
int main()
{
    int a=6, b=8;
    printf("%d\n", ADD(a+2,b));   // 顯示「24」
}
```

顯示正確結果了！巨集替換的結果為「(a+2)*2+(b)」，數值代入後為「(6+2)*2+(8)」。

» 範例練習　用巨集尋找大數

定義一個尋找較大數的巨集，讓使用者輸入兩個整數後顯示較大的數。(macmax.c)

程式碼：**macmax.c**

```c
1 #include <stdio.h>
2 #include <stdlib.h>
3 #define MAX(x,y) ((x)>(y) ? (x) : (y))   // 定義巨集
4 int main()
5 {
6     int x, y;
7     printf(" 輸入第一個整數：");
8     scanf("%d",&x);
9     printf(" 輸入第二個整數：");
10    scanf("%d",&y);
11    printf(" 你輸入的大數為：%d\n",MAX(x,y));
12    system("pause");
13    return 0;
14 }
```

程式說明

- 3　　　定義尋找大數的巨集：若 x>y 就傳回 x，否則就傳回 y。
- 11　　使用 MAX 巨集尋找大數。

▶ 立即演練　計算平方值

定義一個計算平方的巨集，讓使用者輸入一個整數後顯示其平方值。(macsquare_p.c)

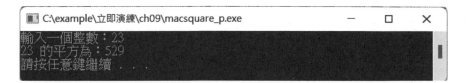

9.4.2 #include 前置處理器

使用 **#define** 定義巨集雖然方便，但是巨集只能定義非常簡單的函式功能，如果需要較多程式碼的功能就不適合使用巨集。巨集只能在單一程式檔中使用，跨檔案時必須把這些巨集一一複製到各檔案中才能使用，即巨集無法跨檔案共享。

#include 前置處理器可以將指定的檔案引入目前程式碼，引入後，該檔案的內容就成為程式檔的一部分。如果將常用的函式定義存成一個獨立的檔案，當要使用其中的函式時，以 **#include** 前置處理器引入該檔案，等於程式檔有了該檔案全部內容，當然就能使用其中的所有函式。

#include 前置處理器的語法為：

```
#include < 檔案名稱 >
或
#include " 檔案路徑 "
```

使用「**#include < 檔案名稱 >**」時，編譯器會到系統預設的標頭檔資料夾尋找指定標頭檔，所以不必輸入檔案路徑。以 **Dev-C++** 為例，系統預設資料夾為 <C:\Program Files (x86)\Dev-Cpp\MinGW64\x86_64-w64-mingw32\include>。此種方式通常用於系統內建的標頭檔，例如 <stdio.h>、<stdlib.h> 等：

```
#include <stdio.h>
```

若是使用「**#include " 檔案路徑 "**」方式，編譯器會先到指定的檔案路徑尋找標頭檔，如果找不到，才到系統預設的標頭檔資料夾中尋找。此種方式通常用於設計者自行建立的標頭檔，例如：

```
#include "c:\header.h"
```

在較大型的應用程式中通常會包含多個程式檔，為避免在每個程式檔中重複輸入函式的程式碼，會將常用到的函式集中建立為附加檔名為「.h」的標頭檔，然後在各程式檔中以 #include 前置處理器引入標頭檔，就可使用所有函式，非常方便。(引用時，必須避免重複引用及巢狀引用，在第 15 章「大型程式的發展」有詳盡的介紹。)

» 範例練習 計算面積及周長

建立一個標頭檔，內含計算正方形面積、圓面積及圓周長的函式。讓使用者輸入一個數值，以此數值計算正方形面積、圓面積及圓周長。(include.c 及 include.h)

標頭檔 <include.h>

```
程式碼：include.h
1 float cube(float x)   // 計算正方形面積
2 {
3     return x*x;
4 }
5 float cirarea(float x)   // 計算圓面積
6 {
7     return x*x*3.1416;
8 }
9 float cirlength(float x)   // 計算圓周長
10 {
11     return x*2*3.1416;
12 }
```

標頭檔中沒有 main() 函式，只有函式定義的程式碼，因為標頭檔不能單獨編譯執行，只是在程式檔中將標頭檔內程式碼複製到程式檔中。

程式檔 <include.c>

```
程式碼：include.c
1  #include <stdio.h>
2  #include <stdlib.h>
3  #include "include.h"   // 引用自訂標頭檔
4  int main()
5  {
6      float a;
7      printf(" 輸入一個長度：");
8      scanf("%f",&a);
9      // 呼叫標頭檔中的函式
10     printf(" 以此長度為邊長的正方形面積為：%.2f\n",cube(a));
11     printf(" 以此長度為半徑的圓面積為：%.2f\n",cirarea(a));
12     printf(" 以此長度為半徑的圓周長為：:%.2f\n",cirlength(a));
13     system("pause");
14     return 0;
15 }
```

程式說明

- 3　　　　引用自訂標頭檔，編譯器會將標頭檔內容複製到本程式檔中。此處未指定資料夾，表示標頭檔與程式檔在相同資料夾中。

- 10-12　執行標頭檔中的函式。

因為標頭檔是在程式檔開始處，即位於 main() 函式的前面，所以使用標頭檔中的函式時，不需要原型宣告。

▶ 立即演練　顯示最大值及最小值

建立一個標頭檔，內含尋找最大值及最小值的函式。讓使用者輸入兩個整數值，顯示輸入的最大值及最小值。(maxmin_p.c 及 maxmin_p.h)

</> 9.5 本章重點整理

■ 全域變數是在函式及程式區塊外部宣告的變數，又稱為「總體變數」。全域變數的存取範圍是從其宣告以下所有的函式及程式區塊都可以存取該變數。

■ 區域變數是在函式或程式區塊內宣告的變數，其存取範圍僅限於此函式或程式區塊中。

■ 自動變數是加上型態修飾詞 auto 的變數，此種變數只能在函式中宣告，也就是前一節中的「區域變數」。

■ 靜態變數是加上型態修飾詞 static 的變數，此種變數在離開宣告的函式範圍後，仍能保留變數值。

■ 外部變數是加上型態修飾詞 extern 的變數，如果在函式外部宣告，就是「全域變數」，從其宣告以後所有的函式都可以存取該變數。

■ 靜態變數也可以在函式外宣告，稱為「靜態外部變數」。靜態外部變數與全域變數類似，其存取範圍是宣告後的所有函式。

■ 暫存器變數是加上型態修飾詞 register 的變數，此種變數是使用 CPU 的暫存器來儲存變數值，因為暫存器的速度比較快，所以可提高變數存取效率。

■ 行內函式則是採取「嵌入」程式碼的方式來提高效率。

■ 當函式本身又呼叫自己的函式稱為遞迴函式，撰寫遞迴函式必須注意函式中一定要有結束點，否則程式會形成無窮迴圈，造成記憶體不足而中止。

■ 一般在程式檔最前面常有一些以「#」開頭的程式碼，這種程式碼稱為「前置處理器」。在編譯過程中，前置處理器並不會被編譯成機器碼，而是在進行編譯之前給編譯器一些編譯時的特殊指示。

■ #define 可以用來定義一些簡單的函式，稱為「巨集」。

■ #include 前置處理器可以將指定的檔案引入目前程式碼，引入後，該檔案的內容就成為程式檔的一部分。

延伸練習

9.1 變數種類

1. 下面程式片斷的執行結果：在 local() 及 main() 中的顯示數值分別是多少？[易]

```c
int n;
void local()
{
    int n=60;
    printf("%d",n);
}
int main()
{
    int n=100;
    local();
    printf("%d",n);
}
```

2. 何謂變數存取範圍？何謂變數生命期？[易]

9.2 變數等級

3. 何謂動態變數？何謂靜態變數？[易]

4. 1 元美金可兌換台幣 32.54 元，使用 extern 修飾詞設計匯率換算程式，使用者輸入台幣金額，將其換算為美金，如下圖。[中]

```
■ C:\example\習作\ch09\ch09_ex4.exe                    —    □    ×
請輸入台幣金額：10000
10000 元台幣換算為 307.31 元美金
請按任意鍵繼續 . . .
```

5. 讓使用者輸入整數 n，使用靜態變數計算 1 到 n 的平方和，如下圖。[中]

```
■ C:\example\習作\ch09\ch09_ex5.exe                    —    □    ×
輸入一個整數：5
1 到 5 的平方和為：55
請按任意鍵繼續 . . .
```

9.3 特殊函式功能

6. 行內函式的優缺點為何？ [易]

7. 何謂遞迴函式？使用遞迴函式需注意的事項為何？ [易]

8. 讓使用者輸入兩個整數，使用遞迴函式計算兩數的最大公因數，如下圖。 [難]

```
■ C:\example\習作\ch09\ch09_ex8.exe          —   □   ×
輸入第一個整數：60
輸入第二個整數：36
60 及 36 的最大公因數：12
請按任意鍵繼續 . . .
```

9.4 前置處理器

9. 下列程式片斷的顯示內容為何？ [中]

```
#define SQUARE(a)  a*a   // 定義巨集
int main()
{
    int a=6;
    printf("%d\n", SQUARE(a+1));
}
```

10. 以 **#define** 定義一個計算立方值的巨集，讓使用者輸入一個整數，計算此數加 1 的立方值，例如輸入 5 就計算 6 的立方，如下圖。 [中]

```
■ C:\example\習作\ch09\ch09_ex10.exe         —   □   ×
輸入一個整數：5
6 的立方為：216
請按任意鍵繼續 . . .
```

10

指標與位址

⟨/⟩ 10.1 位址

執行程式時，無論是程式或資料，都要儲存於記憶體中。系統如何知道這些程式及資料是在哪一個記憶體內，在需要時可以正確無誤的取得呢？系統會為每一個記憶體設定一個編號，此編號就稱為「位址」。

指標是 C 語言語言最重要的特色之一，也是一項強而有力的工具。指標是記錄位址的工具，可以依據指標指定的位址直接存取記憶體的內容，而不必透過變數，非常方便；但也因其存取記憶體內容的功能過於強大，使用時要非常小心，否則造成某些憶體內容的改變，可能產生不可預期的結果，甚至當機。

10.1.1 認識位址

想想在一條街上有許多不同的建物，有的建物比較大，可容納較多的成員，而有的建物比較小，可容納的成員也比較少，並且每個建物都有一個地址。

| 內湖路 1 號 | 內湖路 3 號 | 內湖路 5 號 | 內湖路 7 號 | 內湖路 9 號 | 內湖路 11 號 |

變數就像每個建物，是用來存放資料的，不同資料型別的變數佔用不同大小的記憶體。每個記憶體有一個編號，稱為記憶體位址。如果變數佔用多個記憶體，變數的位址就是佔用的第一個記憶體位址，可以想成是每個建物的地址：

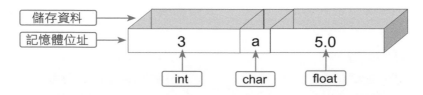

例如宣告一個變數「int n=5」，則系統會分配某 4 個位元組的記憶體位址儲存 n=5 的資料：

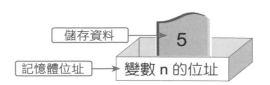

變數 n 的位址是由系統自動指定的記憶體,通常會以十六進位數值表示,例如:**fd45a3**。要記住如此複雜的位址數字,對於程式設計者是不可能的任務,所以指標就應運而生了!指標也是一種變數型態,其內容就是用來儲存記憶體位址,這樣我們即可不必理會位址數字,使用指標來代替位址數字就可以了!

10.1.2 取址運算子

因為指標的內容就是記憶體位址,而變數的記憶體位址是由系統指定,要如何取得記憶體位址來做為指標的內容呢? C 語言提供取址運算子來取得變數的儲存位址,其符號為「**&**」,取址的語法如下:

```
& 變數名稱;
```

可用 printf 指令顯示變數的儲存位址,例如:

```
int n=5;
printf(" 變數 n 的位址 =%x", &n);   //6ffe0c,你顯示的位址可能與此不同
```

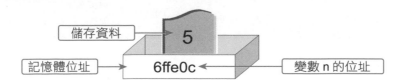

如此就能顯示變數 n 的位址,因為位址是由作業系統自動分配,每次執行後分配的位址可能並不一定相同。在實務應用上,我們只要知道每個變數都有一個位址和如何透過位址取得其儲存的值,而不必在意變數位址的編號是多少。

» 範例練習　顯示整數變數值和位址

宣告兩個整數變數,顯示這兩個變數值和位址。(address.c)

```
程式碼：address.c
 1 #include <stdio.h>
 2 #include <stdlib.h>
 3 int main()
 4 {
 5     int x=10, y=20;
 6     printf(" 變數 x 值 =%d，位址 =%x\n",x,&x);
 7     printf(" 變數 y 值 =%d，位址 =%x\n",y,&y);
 8     system("pause");
 9 return 0;
10 }
```

程式說明

- 5　　　　宣告 int 變數 x 及 y。
- 6　　　　顯示 x 的值及位址。
- 7　　　　顯示 y 的值及位址。

▶ 立即演練　顯示字串變數值和位址

宣告兩個字串變數，顯示這兩個變數值和位址。(address_p.c)

```
■ C:\example\立即演練\ch10\address_p.exe        —    □    ×
字串 s1：值=第一個字串，  位址=62fe10
字串 s2：值=第二個字串，  位址=62fe00
請按任意鍵繼續 . . .
```

10.1.3　何謂指標？

C 語言中，指標是一種特殊的變數，它所儲存的內容是變數在記憶體中的位址，記憶體位址相當於建物的地址，指標變數就是存放記憶體位址的變數，當然指標本身也具有記憶體空間：在 32 位元作業系統中，每個指標變數佔 4 個位元組；而在 64 位元作業系統中，每個指標變數佔 8 個位元組。

例如有個指標變數 p 指向一個整數變數 n，變數 n 的記憶體位址為 001234，n 的值為 5，指標變數 p 的記憶體位址為 001326，則指標變數 p 與整數變數 n 的關係為：

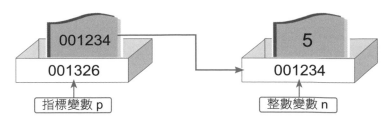

其中指標變數 p 所佔的位址是 001326 到 001329，整數變數 n 所佔的位址是 001234 到 001237；指標變數 p 的內容為 001234，而整數變數 n 的內容為 5。

指標變數與一般變數相同，具有名稱，也具有型別，指標的型別和指標所指向位址中儲存值的型別相同，請注意：指標變數的內容是記憶體位址。

10.1.4 宣告指標變數

指標變數要經過宣告才能使用，在變數名稱加上「*」即可將變數宣告為指標變數，宣告指標變數的語法如下：

```
資料型別 * 指標變數 ;
```

宣告中的資料型別，是代表指標變數指向的變數的資料型別。例如：

```
int *p;   // 宣告整數指標變數 p
```

因為指標變數通常指向一個變數的儲存位址，可以利用一個資料型別相同的指標來儲存其他變數的位址，語法如下：

```
資料型別  變數名稱 = 值 ;
資料型別 * 指標變數 =& 變數名稱 ;
```

例如利用指標變數 p 儲存變數 n 的位址：

```
int n=10;
int *p=&n;   // 宣告指標變數 p 儲存變數 n 的位址
```

請注意，指標變數 p 的型別必須和其儲存內容 n 的型別相同 (本例都是 int)，否則會出現編譯錯誤。

上面的範例是在宣告指標變數時同時初始化，也可以先宣告指標變數 p 後再將指標指向變數 n 的位址，例如：

```
int n=10;
int *p;    // 宣告指標變數 p
p=&n;      //p 儲存變數 n 的位址
```

指標的內容是位址，絕對不可以將指標以指定運算子設定指標為數值，這樣會產生編譯錯誤。例如下面兩種設定都是錯誤的：

```
int *p=10;  // 編譯錯誤
```

或先宣告指標變數，然後再設定其值：

```
int *p;
p=10;  // 編譯錯誤
```

» 範例練習　指標與變數位址

以指標顯示變數 n 的位址和內容，再顯示指標的位址和內容。(pointer.c)

程式碼：**pointer.c**

```
1 #include <stdio.h>
2 #include <stdlib.h>
3 int main()
4 {
5     int n=5;
6     int *p=&n;
7     printf(" 變數 n 的值 =%d\n",n);
8     printf(" 變數 n 的位址 =%x\n",&n);
9     printf(" 指標 p 的值 =%x\n",p);
10    printf(" 指標 p 的位址 =%x\n",&p);
11    system("pause");
12    return 0;
13 }
```

程式說明

- 6　　宣告指標變數 *p 指向變數 n 的位址。
- 7　　顯示變數 n 的值，結果是 5。
- 8　　顯示變數 n 的位址，結果是變數 n 的位址。
- 9　　顯示指標 p 的值，指標 p 的值即為變數 n 的位址。
- 10　　顯示變數 p 的位址，結果是變數 p 的位址。

指標變數指向某個變數後，依然可以重新設定指向另一個變數，此時指標變數的內容變成新變數的位址。

» 範例練習 改變指標變數內容

以指標指向變數後，再改變指標內容指向另一個變數。(pointer2.c)

程式碼：pointer2.c

```
1 #include <stdio.h>
2 #include <stdlib.h>
3 int main()
4 {
5     int n=5, m=8;
6     printf(" 指標指向變數 n 的位址：\n");
7     int *p=&n;
8     printf(" 變數 n 的位址 =%x\n",&n);
9     printf(" 指標 p 的值 =%x\n",p);
10    printf(" 指標指向變數 m 的位址：\n");
11    p=&m;
12    printf(" 變數 m 的位址 =%x\n",&m);
13    printf(" 指標 p 的值 =%x\n",p);
14    system("pause");
15    return 0;
16 }
```

程式說明

- 11　　　指標指向變數 m 的位址。
- 12　　　顯示變數 m 的位址。
- 13　　　顯示指標 p 的值，指標 p 的值改為變數 m 的位址。

範例中，當指標變數 p 指向整數變數 n 時，指標變數 p 的內容為 62fe14；將指標變數 p 改為指向整數變數 m 時，指標變數 p 的內容為 62fe10。

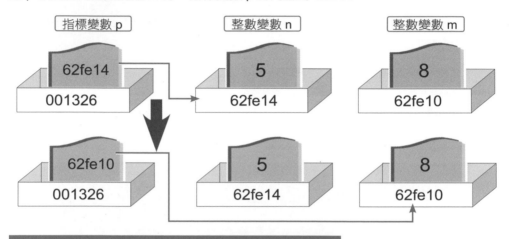

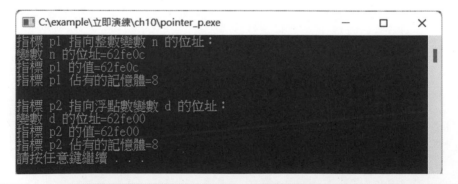

▶ 立即演練　顯示指標內容及記憶體大小

宣告兩個指標變數分別指向整數及浮點數變數，分別顯示兩個指標內容及記憶體大小。(pointer_p.c)

```
指標 p1 指向整數變數 n 的位址：
變數 n 的位址=62fe0c
指標 p1 的值=62fe0c
指標 p1 佔有的記憶體=8

指標 p2 指向浮點數變數 d 的位址：
變數 d 的位址=62fe00
指標 p2 的值=62fe00
指標 p2 佔有的記憶體=8
請按任意鍵繼續 . . .
```

指標變數記憶體大小

無論指標變數的資料型別所佔的記憶體大小是多少 (例如 int 佔 4 個位元組，double 佔 8 個位元組)，指標變數的內容為記憶體位址，所以指標變數在 64 位元作業系統中都是佔 8 個位元組。

10.2 指標的存取

指標的內容雖然是記憶體位址，但指標最重要的用途是存取變數內容。指標也可以進行運算，只是其意義與一般算術運算不同。

10.2.1 讀取記憶體內容

如果要取得記憶體的內容，可使用取值運算子，符號為「*」，語法為：

```
* 記憶體位址;
```

例如「*&n」可取得變數 n 位址內的記憶體內容，也就是取得 n 的值：

```
int n=5;
printf(" 變數 n 的位址 =%x\n", &n);   // 顯示 62fe0c
printf(" 變數 n 的位址內的記憶體內容 =%d\n", *&n);   // 顯示 5
```

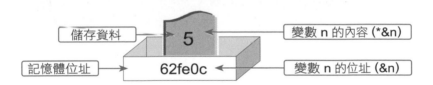

若將指標指向一個變數的記憶體位址，則指標變數會儲存該變數的記憶體位址，使用「* 指標變數」則可以取得該記憶體的內容。例如：

```
int n=5;
int *p;        // 宣告指標變數 p
p=&n;          //p 指向 n 的位址
printf("%d\n", *p);   // 取得變數 n 的位址內的記憶體內容：顯示 5
```

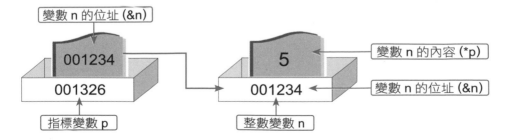

使用者要特別留意,「*」符號有兩個不同的用途,可以宣告指標變數,也可以當作取值運算子,雖然語法相同,意義卻不一樣:

- **宣告指標變數**:「int *p」代表 p 是整數指標變數,所以 p 是另一個變數的位址。
- **取值運算子**:「* 記憶體位址」代表取得記憶體位址所儲存的內容,所以「*p」表示取得位址 p 所儲存的值。

» 範例練習 顯示記憶體內容

宣告整數變數 n=5,指標 p 指向 n 的位址,以指標 p 讀取記憶體的內容。(memory.c)

程式碼:memory.c

```
1 #include <stdio.h>
2 #include <stdlib.h>
3 int main()
4 {
5     int n=5;
6     int *p=&n;        // 宣告指標 p
7     printf(" 變數 n 的值 =%d\n",n); //5
8     printf(" 變數 n 的位址 (&n)=%x\n\n",&n); //62fe14
9     printf(" 指標 p 指向 變數 n:\n");
10    printf(" 指標 p 的值 =%x\n",p);            //62fe14
11    printf(" 指標 p 位址的內容 (*p)=%d\n",*p);  //5
12    printf("*&n=%d\n",*&n);        //5 (*&n=*p)
13    system("pause");
14    return 0;
15 }
```

程式說明

- 7-8　　　顯示整數變數 n 的值及位址。
- 10　　　指標 p 指向變數 n 的位址。
- 11　　　指標 p 的內容為變數 n 的的位址。
- 12-13　　*p 代表取出 p 位址的內容，因此 *p 即表示取得 &n 位址的內容，也就是 n=5。

10.2.2 改變指標變數的值

指標係指向變數的位址，改變指標變數指向的記憶體內容，就等於改變該變數的內容。改變指標變數指向的記憶體內容語法為：

```
* 指標變數 = 設定值;
```

例如

```
int n=5;
int *p=&n;    // 宣告指標變數 p 指向 n 的位址
*p=8;         // 改變指標變數 p 指向的記憶體內容為 8
printf("%d\n", n);   // 顯示 8
```

》範例練習　改變指標的記憶體內容

宣告整數變數 n=5，指標 p 指向 n 的位址，讓使用者輸入指標 p 指向的記憶體內容，再顯示整數變數 n 的值以觀察其變化。(changepoint.c)

```
D:\C++自學聖經\附書光碟\ch09\changepoint.exe                —    □    ×
變數 n 的值=5
指標 p 指向的記憶體內容=5
輸入指標 p 指向的記憶體內容：20
改變後變數 n 的值=20
請按任意鍵繼續 . . .
```

程式碼：changepoint.c

```
1 #include <stdio.h>
2 #include <stdlib.h>
3 int main()
4 {
```

```
5      int n=5;
6      int *p=&n;
7      printf(" 變數 n 的值 =%d\n",n);    //5
8      printf(" 指標 p 指向的記憶體內容 =%d\n",*p);    //5
9      printf(" 輸入指標 p 指向的記憶體內容 : ");
10     scanf("%d",p);
11     printf(" 改變後變數 n 的值 =%d\n",n);    // 輸入值
12     system("pause");
13     return 0;
14 }
```

程式說明

- 6   指標變數 p 指向 n 的位址。
- 8   指標 p 指向的記憶體內容就是 n 的值。
- 9-10   輸入的值存入指標 p 指向的記憶體內容 (*p)。
- 11   因為 n 和 *p 的值相同,所以顯示輸入值。

► 立即演練   改變變數內容

宣告整數變數 n=5,指標 p 指向 n 的位址,改變指標 p 指向的記憶體內容為 8,顯示整數變數 n 的值。(changepoint_p.c)

設定指標變數內容

一個指標變數 p 的內容 (p) 與指向記憶體內容 (*p) 完全不同，設計者務必分辨清楚。指標變數的內容 (p) 是變數的記憶體位址，要以取址運算子設定，例如：

```
p=&n;
```

如果直接以數值設定，會造成編譯錯誤，例如：

```
p=5;   // 編譯錯誤
```

若是要設定變數的值，需以指標變數指向記憶體內容 (*p) 來設定，例如：

```
*p=5;   // 設定變數 n 的值為 5
```

但需留意宣告指標變數並設定初始值時，雖然有「*」符號，卻不是做為「取值運算子」，而是宣告指標變數，其初值必須是位址，例如：

```
int *p=&n;
```

下面的程式都是錯誤的：

```
int *p=5;   // 編譯錯誤
*p=&n;       // 編譯錯誤，整數變數值不能是位址
```

</> 10.3 指標與函式

第 8 章提及傳遞參數給函式的方法分為傳值呼叫和傳址呼叫，傳值呼叫已在第 8 章說明，此處說明傳址呼叫。

10.3.1 傳址呼叫 (call by address)

使用傳址呼叫傳遞參數給函式時，不是將實參數複製一份傳遞給函式中的形式參數，而是將實參數的位址直接傳遞給形式參數，也就是實參數和形式參數共用相同的記憶體位址，所以改變函式中形式參數的值就等於改變實參數中的值。

傳址呼叫函式是建立函式時在形式參數前加「*」關鍵字，語法為：

```
傳回值資料型別 函式名稱 ([ 資料型別 1 * 參數 1], [ 資料型別 2 * 參數 2],………);
```

例如建立傳回值為整數，具有兩個參數 a 及 b 的 add 函式，其傳址呼叫語法為：

```
int add(int *a, int *b);
```

函式原型宣告則可省略參數名稱，但必須保留「*」：

```
傳回值資料型別 函式名稱 ([ 資料型別 1 *], [ 資料型別 2 *],………);
```

例如上例的原型宣告為：

```
int add(int *, int *);
```

在主程式中呼叫函式的實參數前要加「&」關鍵字，語法為：

```
函式名稱 ([ 資料型別 1 & 參數 1], [ 資料型別 2 & 參數 2],………);
```

例如呼叫上例 add 函式為：

```
add(int &x, int &y);
```

上例中實參數 (x 及 y) 與形式參數的名稱不同 (a 及 b)。實參數與形式參數的名稱可以相同，也可以不同。

下面範例改寫第 8 章的傳值呼叫範例為傳址呼叫，你可以比較兩者執行結果的不同。

» 範例練習　傳址呼叫變數值

執行傳址呼叫函式，觀察參數傳遞前後變數值的變化。(valueaddr.c)

```
C:\example\ch10\valueaddr.exe                      —    □    ×
請輸入變數 a 的值：50
執行函式前主程式變數 a 的值：50
傳送給函式形式參數 a 的值：50
函式中最後形式參數 a 的值：70
執行函式後主程式變數 a 的值：70
請按任意鍵繼續 . . .
```

程式碼：valueaddr.c

```c
 1 #include <stdio.h>
 2 #include <stdlib.h>
 3 void add20(int *);   // 加入函式原型宣告
 4 int main()
 5 {
 6     int a;
 7     printf(" 請輸入變數 a 的值：");
 8     scanf("%d",&a);
 9     printf(" 執行函式前主程式變數 a 的值：%d\n",a);
10     add20(&a);
11     printf(" 執行函式後主程式變數 a 的值：%d\n",a);
12     system("pause");
13     return 0;
14 }
15 void add20(int *a)   // 參數值加 20
16 {
17     printf(" 傳送給函式形式參數 a 的值：%d\n",*a);
18     *a += 20;
19     printf(" 函式中最後形式參數 a 的值：%d\n",*a);
20 }
```

程式說明

■　3　　　函式原型宣告 void add20(int *) 要加上星號。

■　9　　　顯示原始變數值。

■　10　　呼叫函式的參數中加上「&」代表傳遞變數 a 的位址，即傳址呼叫。

■　11　　傳址呼叫執行函式後，變數 a 的值已改變。

■　15　　傳址呼叫函式中的參數要加上「*」號。

■ 18　　　將傳送過來的參數值內容加 20。

傳值呼叫與傳址呼叫最大的不同在於傳值呼叫於函式中改變形式參數的值與主程式中的實參數無關，而傳址呼叫於函式中改變形式參數的值，主程式中的實參數也同步改變。傳址呼叫的示意圖如下：

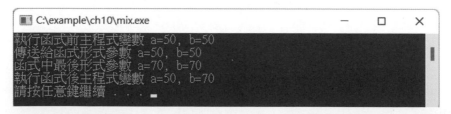

其實函式的傳值呼叫與傳址呼叫並不是以函式來區分，而是以參數的傳遞型態做區別：如果傳送的是數值，就是傳值呼叫；如果傳送的是位址，就是傳址呼叫。甚至可以在同一個函式中，部分參數是傳值，另一部分為傳址，下面範例就是傳值及傳址呼叫同時存在的例子：

》範例練習　混合呼叫變數值

執行傳值呼叫及傳址呼叫的函式，觀察參數傳遞前後變數值的變化。(mix.c)

```
■ C:\example\ch10\mix.exe                    —    □    ×
執行函式前主程式變數  a=50, b=50
傳送給函式形式參數  a=50, b=50
函式中最後形式參數  a=70, b=70
執行函式後主程式變數  a=50, b=70
請按任意鍵繼續 . . .
```

程式碼：mix.c
```
1 #include <stdio.h>
2 #include <stdlib.h>
3 void add20(int, int *);   // 加入函式原型宣告
4 int main()
5 {
6     int a=50, b=50;
```

```
7     printf(" 執行函式前主程式變數 a=%d, b=%d\n",a,b);
8     add20(a, &b);  //a 為傳值呼叫，b 為傳址呼叫
9     printf(" 執行函式後主程式變數 a=%d, b=%d\n",a,b);
10    system("pause");
11    return 0;
12 }
13 void add20(int a, int *b)  // 參數值加 20
14 {
15    printf(" 傳送給函式形式參數 a=%d, b=%d\n",a,*b);
16    a += 20;
17    *b += 20;
18    printf(" 函式中最後形式參數 a=%d, b=%d\n",a,*b);
19 }
```

程式說明

- ■ 3　　　　函式原型宣告 void add20(int, int *)，傳址呼叫部分要加上星號。

- ■ 8　　　　參數 a 為傳值呼叫，傳址呼叫的參數中要加上「&」代表傳遞變數 b 的位址。

- ■ 9　　　　執行函式後，傳值呼叫變數 a 的值未改變，傳址呼叫變數 b 的值已改變。

- ■ 13　　　參數 a 為傳值呼叫，傳址呼叫的參數 b 要加上「*」號。

- ■ 16-17　　將傳送過來的兩個參數值內容都加 20。

▶立即演練　交換變數值

讓使用者輸入兩個變數值，建立傳址呼叫的函式來交換兩個變數值。(swap_p.cpp)

10.3.2 回傳指標的函式

除了函式的參數可使用指標外，回傳值也可以使用指標，只要建立函式時在名稱前加一個「*」符號就可以了。建立回傳值使用指標的函式語法為：

> 傳回值資料型別 * 函式名稱 ([資料型別 1 * 參數 1], [資料型別 2 * 參數 2], ………);

例如建立傳回值為指標，具有兩個參數 a 及 b 的 add 函式，語法為：

> int *add(int *a, int *b);

傳回值為指標的函式原型宣告為：

> 傳回值資料型別 * 函式名稱 ([資料型別 1 *], [資料型別 2 *], ………);

例如上例的原型宣告為：

> int *add(int *, int *);

》範例練習 回傳指標變數值

使用回傳指標函式將傳入的參數值加 20 後傳回。(addreturn.c)

```
C:\example\ch10\addreturn.exe                        —    □    ×
請輸入變數 a 的值：50
執行函式後變數 a 的值：70
請按任意鍵繼續 . . .
```

程式碼：**addreturn.c**

```c
1 #include <stdio.h>
2 #include <stdlib.h>
3 int *add20(int *);   // 加入函式原型宣告
4 int main()
5 {
6     int a, *p;
7     printf(" 請輸入變數 a 的值：");
8     scanf("%d",&a);
9     p=add20(&a);
10    printf(" 執行函式後變數 a 的值：%d\n",*p);
11    system("pause");
12    return 0;
13 }
```

```
14 int *add20(int *a)   // 參數值加 20
15 {
16     *a += 20;
17     return a;
18 }
```

程式說明

- 3　　　函式原型宣告在函式名稱 add20 前要加上星號成 *add20。
- 6　　　宣告指標 *p 來接收函式傳回值。
- 9　　　以傳址呼叫方式執行函式，並以 p 指標來接收函式傳回值。
- 10　　顯示函式傳回位址 a 的記憶體內容。
- 14　　回傳指標函式中函式名稱 add20 前要加上星號成 *add20。
- 17　　傳回指標。

10.4 指標與一維陣列

指標係指向變數的位址,使用指標變數可以存取的記憶體內容,就等於存取該變數的內容。陣列本身就是一個參考型別,陣列型別的變數即是陣列開始的位址,當然可以將指標變數指向陣列開始的位址,如此就可存取陣列元素。

10.4.1 指標運算

一般數值變數可以使用加 (+) 及減 (-) 來做算術運算,計算結果為數值的增減。指標變數也可以做加減的運算,但因指標變數的內容是記憶體位址,所以其結果不是數值的增減,而是記憶體位址的移動,並且每次移動量,會隨指標變數的資料型別而異。

指標變數的記憶體位址移動單位是指標變數資料型別所佔記憶體的位元組數,例如 int 型別的指標變數,每增加一個單位就向後移動 4 個位元組,而 double 型別的指標變數,每增加一個單位就向後移動 8 個位元組。首先觀察 int 型別的例子:

```
int n=5;
int *p=&n;    //p 位址為 62fe0c
p += 2;       //p 位址為 62fe14 ( 增加 8 個位元組 )
```

指標 p 的資料型別為 int,加 1 就增加 4 個位元組,所以加 2 就增加 8 個位元組。

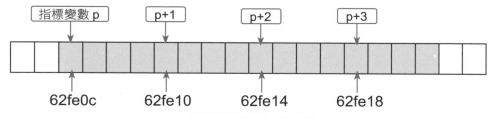

▲ int 指標變數運算的記憶體移動

再觀察 double 型別的例子:

```
double d=5.4;
double *p=&d;  //p 位址為 62fe0c
p += 2;        //p 位址為 62fe1c ( 增加 16 個位元組 )
```

指標 p 的資料型別為 double,加 1 就增加 8 個位元組,所以加 2 就增加 16 個位元組。

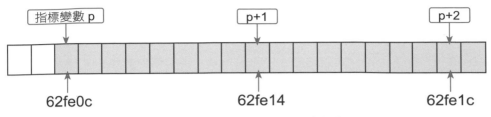

▲ double 指標變數運算的記憶體移動

» 範例練習　顯示指標變數運算值

將 int 及 double 指標變數做加減運算，觀察指標變數的記憶體變化。(calpoint.c)

```
C:\example\ch10\calpoint.exe                           —    □    ×
int 型別指標 p1 位址：62fe0c
++p1 位址：62fe10
--p1 位址：62fe0c
p1+=3 位址：62fe18
double 型別指標 p2 位址：：62fe00
++p2 位址：62fe08
--p2 位址：62fe00
p2+=3 位址：62fe18
請按任意鍵繼續 . . .
```

程式碼：calpoint.c

```c
 1  #include <stdio.h>
 2  #include <stdlib.h>
 3  int main()
 4  {
 5      int n=5;
 6      double d=5.4;
 7      int *p1=&n;
 8      printf("int 型別指標 p1 位址：%x\n",p1);
 9      printf("++p1 位址：%x\n", (++p1));    // 指標變數加 1，右移 4Bytes
10      printf("--p1 位址：%x\n", (--p1));    // 指標變數減 1，左移 4Bytes
11      printf("p1+=3 位址：%x\n", (p1+=3)); // 指標變數加 3，右移 12Bytes
12      double *p2=&d;
13      printf("double 型別指標 p2 位址：：%x\n",p2);
14      printf("++p2 位址：%x\n", (++p2));    // 指標變數加 1，右移 8Bytes
15      printf("--p2 位址：%x\n", (--p2));    // 指標變數減 1，左移 8Bytes
16      printf("p2+=3 位址：%x\n", (p2+=3));  // 指標變數加 3，右移 24Bytes
17      system("pause");
18      return 0;
19  }
```

程式說明

- 7　　　宣告 int 型別指標變數。
- 9-10　　加 1 則指標變數增加 4 位元組，減 1 則指標變數減少 4 位元組，回復原狀。
- 11　　　加 3 則指標變數增加 12 位元組。
- 12　　　宣告 double 型別指標變數。
- 14-15　加 1 則指標變數增加 8 位元組，減 1 則指標變數減少 8 位元組，回復原狀。
- 16　　　加 3 則指標變數增加 24 位元組。

10.4.2　一維陣列位址

指標的運算主要是用在陣列元素的存取上，因為陣列中的元素是以連續記憶體存放，相鄰的陣列元素其記憶體相差的數目就是陣列資料型別佔的記憶體數目，與指標的運算完全一致。陣列名稱本身是一個存放位址的指標常數，指向該陣列的起始位址，所以使用陣列名稱取得位址時，不必加上取址運算子「**&**」。例如下面例子的整數陣列 n，n 的位址為 **62fe10**：

```
int n[3] = {99,88,77};
printf(" 陣列 n 的位址 =%x\n", n);  //62fe10
```

陣列的第一個元素當然是位於陣列的起始位址，所以陣列名稱與陣列的第一個元素指向相同位址 (陣列起始位址)。陣列的第二個元素位於陣列起始位址加上陣列元素所佔記憶體數目的位址，其餘元素依此類推。例如整數陣列 n，n 及 &n[0] 就是陣列的起始位址，由於 int 型別每個陣列元素大小為 4 位元組，所以 &n[1] 的位址是 &n[0] 位址加 4 位元組、&n[2] 的位址是 &n[1] 位址加 4 位元組、依此類推。

》範例練習 顯示陣列的位址

宣告一個整數陣列，顯示陣列元素的位址。(arraddr.c)

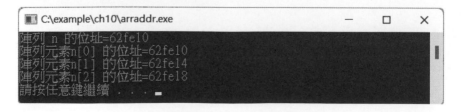

```
程式碼：arraddr.c
1 #include <stdio.h>
2 #include <stdlib.h>
3 int main()
4 {
5     int n[3]={99,88,77};
6     printf(" 陣列 n 的位址 =%x\n",n);                    // 陣列起始位址
7     printf(" 陣列元素 n[0] 的位址 =%x\n",&n[0]);   // 陣列起始位址
8     printf(" 陣列元素 n[1] 的位址 =%x\n",&n[1]);   // 陣列起始位址 +4
9     printf(" 陣列元素 n[2] 的位址 =%x\n",&n[2]); // 陣列起始位址 +8
10    system("pause");
11    return 0;
12 }
```

程式說明

- 6-7　　　顯示 n 及 &n[0] 都顯示陣列 n 的起始位址。
- 8-9　　　&n[1]、&n[2] 分別顯示陣列元素 n[1]、n[2] 的位址，依次增加 4 位元組。

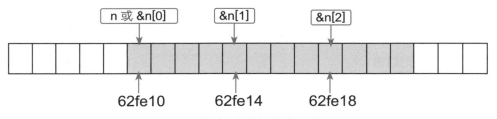

▲ int 陣列元素的記憶體移動

10.4.3 一維陣列與指標的存取

陣列名稱就是指標常數，而且陣列元素索引增加的記憶體數目與指標運算移動一致，所以陣列的元素和位址除了可用陣列的語法存取外，也可以使用指標的語法存取，而且使用指標的存取的效能比較好。

存取陣列元素使用陣列方式的語法為：

```
陣列名稱 [ 索引 ];
```

使用指標的方式為：

```
*( 陣列名稱 + 索引 );
```

例如下面整數陣列中讀取第三個元素：

```
int n={99,88,77};
printf("%d\n", n[2]);     //77
printf("%d\n", *(n+2));   //77
```

指標方式存取 *(array+2) 中的「+2」，代表的是增加兩個陣列元素的記憶體長度而不是兩個位元組。整數陣列，+1 是增加 4 個位元組，+2 是增加 8 個位元組。

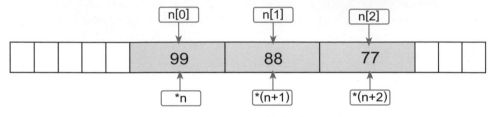

▲ 存取陣列元素的方式

要存取陣列元素位址也有兩種語法，使用陣列方式的語法：

```
& 陣列名稱 [ 索引 ];
```

使用指標方式的語法：

```
陣列名稱 + 索引 ;
```

例如下面整數陣列中讀取第三個元素的位址為：

```
int n = {99,88,77};
printf("%x\n", &n[2]);   // 陣列語法
printf("%x\n", n+2);     // 指標方式存取
```

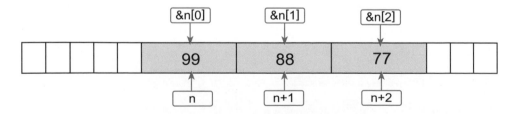

▲ 存取陣列元素位址的方式

» 範例練習　使用指標計算成績

定義三個元素的整數一維陣列,讓使用者輸入三位學生的成績存於陣列中,以指標取得陣列元素值並計算總分。(sumscore.c)

```
C:\example\ch10\sumscore.exe                    —    □    ✕
輸入第1位學生成績:85
輸入第2位學生成績:82
輸入第3位學生成績:97
班級總成績:264
請按任意鍵繼續 . . .
```

程式碼:**sumscore.c**

```c
1 #include <stdio.h>
2 #include <stdlib.h>
3 int main()
4 {
5     int score[3];
6     int i,sum=0;
7     for(i=0;i<3;i++)
8     {
9         printf(" 輸入第 %d 位學生成績:",i+1);
10        scanf("%d",(score+i));
11    }
12    for(i=0;i<3;i++)
13        sum+=*(score+i);          // 加總陣列元素的總和
14    printf(" 班級總成績:%d\n",sum);
15    system("pause");
16    return 0;
17 }
```

程式說明

■　7-11　　以迴圈輸入三位學生的成績。

■　10　　　以指標 *(score+i) 表示陣列元素儲存使用者輸入值。

■　13　　　以指標 *(score+i) 加總陣列元素內容。

▶ 立即演練　顯示一維陣列值與位址

定義整數一維陣列 n[3]={1,2,3}，以陣列方式及指標方式顯示陣列位址和陣列元素內容。(arrpoint_p.c)

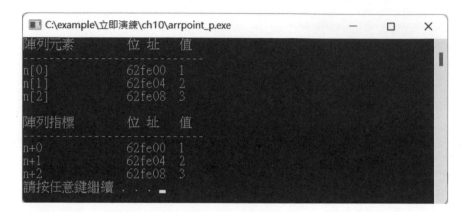

10.4.4 指標常數與指標變數

陣列名稱會指向陣列的起始位址，所以陣列名稱相當於指標，但要特別留意，陣列名稱是指標常數而不是指標變數。兩者有何區別呢？指標變數的內容可以更改，也就是可以指向不同的記憶體，而陣列的起始位址是由系統自動配置，一旦配置後就不能再更改了，故稱為「指標常數」，任何嘗試改變陣列名稱內容的程式都會產生錯誤，例如對陣列名稱做加減運算：

```
int n[3]={99,88,77};
printf("%d\n", *(++n));　// 編譯錯誤
```

如果想在陣列中移動指標，可以宣告一個指標變數來代替陣列名稱的指標常數，再對指標變數做運算即可。例如前面例子可改為：

```
int n[3]={99,88,77};
int *p=n;　　　// 使用指標變數 p 代替陣列名稱
printf("%d\n", *(++p));　//88
```

使用指標變數 p 代替陣列名稱後，p 也是指向陣列起始位址，「++p」傳回 p+1 的值，相當於指向陣列下一個元素，所以顯示「88」。

由於指標變數不一定指向陣列起始位址，當使用指標變數運算來顯示陣列元素值時，需注意指標變數的位址，例如下面程式片斷將顯示何值？

```
int n []={99,88,77,66,55,44,33,22};
int *p=n;            // 使用指標變數 p 代替陣列名稱
p += 3;              //p 指向第 4 個元素
printf("%d\n", *(p+1));   // ？
```

指標變數 p 宣告時指向第 1 個元素，「p+=3」將指標向後移 3 個元素而指向第 4 個元素，所以「*(p+1)」為第 5 個元素的值 55(但 p 的內容未變，仍指向第 4 個元素)。

下面範例是將前一小節的範例以指標變數計算總成績。

》範例練習 使用指標變數計算成績

定義三個元素的整數一維陣列，讓使用者輸入三位學生的成績存於陣列中，以指標變數取得陣列元素值以計算總分。(sumpoint.c)

程式碼：**sumpoint.c**

```
1 #include <stdio.h>
2 #include <stdlib.h>
3 int main()
4 {
5     int score[3];
6     int i,sum=0;
7     int *p=score;
8     for(i=0;i<3;i++)
9     {
10        printf(" 輸入第 %d 位學生成績：",i+1);
11        scanf("%d",(p+i));
12     }
13     for(i=0;i<3;i++)
14        sum+=*(p+i);          // 加總陣列元素的總和
15     printf(" 班級總成績：%d\n",sum);
```

```
16      system("pause");
17      return 0;
18 }
```

程式說明

- **7** 以指標變數代替陣列。
- **11** 以指標變數運算 (p+i) 表示陣列元素儲存使用者輸入值。
- **14** 以指標變數運算 *(p+i) 加總陣列元素內容。

10.4.5 陣列參數以指標傳遞

第 7 章曾說明以陣列做為參數傳送給函式，其傳遞的是陣列的起始位址，所以在函式中更改陣列元素值，主程式中的陣列元素值也會改變。因為陣列名稱是指標，所以將陣列做為參數傳送給函式時，當然也可用指標的方式傳送，使用指標建立自訂函式的語法為：

```
傳回值資料型別 函式名稱 ( 資料型別 * 陣列名稱 )
```

例如建立一個沒有傳回值、參數為 array 陣列的 sub1 自訂函式：

```
void sub1(int *array)
```

其原型宣告語法為：

```
傳回值資料型別 函式名稱 ( 資料型別 * )
```

例如上面 sub1 函式的原型宣告：：

```
void sub1(int *)
```

主程式中呼叫函式的語法為：

```
函式名稱 ( 陣列名稱 );
```

例如在主程式中呼叫上面的 sub1 函式：

```
sub1(array);   // 以整個 array 陣列做為參數
```

以整個陣列做為參數時，在自訂函式中無法計算元素個數，如果函式中需要使用元素個數，最好是在主程式先計算元素個數，再以參數方式傳送給函式使用。

» 範例練習　成績替換

教師輸入完成績後，才發現誤將 80 輸入為 82，以陣列當作參數，將成績陣列中所有 82 都替換為 80。(replace.c)

程式碼：replace.c

```
1 #include <stdio.h>
2 #include <stdlib.h>
3 void showall(int *, int);
4 void replacen(int *, int, int, int);
5 int main(void)
6 {
7     int sourcenum, modnum;
8     int score[]={98,82,76,89,82,91,82,75};   // 宣告陣列並設定初值
9     int size=sizeof(score)/sizeof(score[0]); // 計算元素個數
10    printf(" 被更換的成績：");
11    scanf("%d",&sourcenum);
12    printf(" 被更換後的成績：");
13    scanf("%d",&modnum);
14    printf(" 置換前全體成績：");
15    showall(score, size);   // 傳送陣列及元素個數
16    replacen(score, sourcenum, modnum, size);
17    printf(" 置換後全體成績：");
18    showall(score, size);
19    system("pause");
20    return 0;
21 }
22 void showall(int *a, int n) // 顯示全部學生成績
23 {
24    for(int i=0;i<n;i++)
25        printf("%d ",*(a+i));
26    printf("\n");
27 }
```

```
28 void replacen(int *a, int s, int m, int n)   // 替換成績
29 {
30     for(int i=0;i<n;i++)
31         if(*(a+i)==s)
32             *(a+i)=m;
33 }
```

程式說明

- **3-4** 原型宣告在陣列指標參數要使用星號「*」。

- **9** 計算元素個數以便傳送給函式使用。

- **15-16** 呼叫含陣列指標參數時，只要使用陣列名稱即可，同時要傳送陣列大小給函式中的迴圈使用。

- **22-27** 使用迴圈顯示全部學生成績，。

- **24** 使用傳送過來的陣列大小做為迴圈次數。

- **25** 「*(a+i)」是以指標型態取得陣列元素值。

- **28-33** 將陣列中值為 s 的元素替換為 m。

10.5 本章重點整理

■ 變數就像每個建物，是用來存放資料的，不同資料型別的變數佔用不同大小的記憶體。每個記憶體有一個編號，稱為記憶體位址。

■ C 語言提供取址運算子來取得變數的儲存位址，其符號為「&」。

■ 指標是一種特殊的變數，它所儲存的內容是變數在記憶體中的位址，指標本身也具有記憶體空間，在 32 位元作業系統每個指標變數佔 4 個位元組，在 64 位元作業系統每個指標變數佔 8 個位元組。

■ 指標變數要經過宣告才能使用，在變數名稱加上「*」即可將變數宣告為指標變數。

■ 將指標指向一個變數的記憶體位址，則指標變數會儲存該變數的記憶體位址，使用「*指標變數」可以取得該記憶體的內容。

■ 使用傳址呼叫傳遞參數給函式時，是將實參數的位址直接傳遞給形式參數，所以改變函式中的形式參數的值就等於改變實參數的值。

■ 函式的回傳值也可以使用指標，只要建立函式時在名稱前加一個「*」符號就可以了。

■ 指標變數的記憶體位址移動單位是指標變數資料型別所佔記憶體的位元數。

■ 陣列的元素和位址除了可用陣列的語法存取外，也可以使用指標的語法存取，而且使用指標的存取的效能比較好。

■ 陣列的起始位址是由系統自動配置，一旦配置後就不能再更改了，故稱為「指標常數」。

■ 想在陣列中移動指標，可以宣告一個指標變數來代替陣列名稱的指標常數，再對指標變數做運算即可。

10.1 位址

1. 何謂指標？[易]

2. 下面程式片斷，p 所佔的記憶體為多少位元組？[中]

```
int n=10;
int *p=&n;
```

3. 宣告三種資料型別變數：int 型別值為 80、float 型別值為 5.6、double 型別值為 67.2，顯示三變數的資料型別、變數值、記憶體大小及位址，如下圖。[中]

10.2 指標的存取

4. 輸入兩整數變數 x、y 的值，以兩個指標變數分別指向兩整數變數後將兩數相加，並顯示兩數相加的結果，如下圖。[中]

10.3 指標與函式

5. 兩種傳遞參數的方式 (傳值呼叫、傳址呼叫)，何者在函式中更改形式參數值，主程式中的實參數值也會改變？[易]

延 伸 練 習

6. 以公斤為單位讓使用者輸入體重，撰寫將公斤算為英磅的函式，將體重以指標變數方式傳送給函式，並顯示換算後的結果，如下圖。[中]

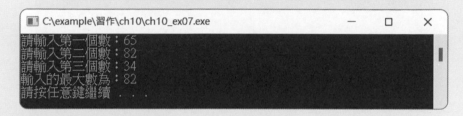

7. 讓使用者輸入三個整數，撰寫尋找最大數的傳址呼叫的函式，將三個整數以傳址呼叫方式傳送給函式，並以傳址方式傳回其中最大值，如下圖。[難]

10.4 指標與一維陣列

8. 下面程式片斷，n 的位址為 **22ff40**，則最後 p 的值為何？[中]

```
int n=5;
int *p=&n;
p += 3;
```

9. 下面程式片斷，d 的位址為 **22ff40**，則最後 p 的值為何？[中]

```
double d=5.4;
double *p=&d;
p += 3;
```

10. 下面程式片斷執行結果顯示 **22ff30**，則陣列的起始位址為何？[中]

```
int n[3] = {99,88,77};
printf("%x", &n[1]);  //22ff30
```

11. 寫出要顯示下列第二個陣列元素值的兩種程式碼 (即顯示「88」)。[中]

```
int n[3] = {99,88,77};
```

延伸練習

12. 下面程式片斷執行結果會顯示何數值？[中]

```
int n[] = {11,22,33,44,55,66,77};
int *p=n;
p += 2;
printf("%d", *(p+1));
```

13. 宣告陣列 double d[3]={9.3,2.4,5.1}，以迴圈顯示每一個元素的位址及記憶體大
    小，如下圖。[易]

```
C:\example\習作\ch10\ch10_ex13.exe                    —    □    ×
陣列元素 d[0] 的位址=62fe00，記憶體大小=8
陣列元素 d[1] 的位址=62fe08，記憶體大小=8
陣列元素 d[2] 的位址=62fe10，記憶體大小=8
請按任意鍵繼續 . . .
```

14. 定義五個元素的整數一維陣列，讓使用者輸入五位學生的成績存於陣列中，以指
    標變數取得陣列元素值並計算不及格人數，如下圖。[中]

```
C:\example\習作\ch10\ch10_ex14.exe                    —    □    ×
輸入第 1 位學生成績：76
輸入第 2 位學生成績：38
輸入第 3 位學生成績：47
輸入第 4 位學生成績：95
輸入第 5 位學生成績：56
不及格人數：3
請按任意鍵繼續 . . .
```

15. 班級成績為 int score[]={65,73,45,92,79,52}，請以指標方式將成績由小到大排序
    並顯示結果，如下圖。[難]

```
C:\example\習作\ch10\ch10_ex15.exe                    —    □    ×
排序前成績：65 73 45 92 79 52
排序後成績：45 52 65 73 79 92
請按任意鍵繼續 . . .
```

11

指標進階功能

11.1 指標與字串

在 C 語言中，字串事實上是由字元陣列組成，上一章中指出陣列可由指標取代，而且執行效率更高。字串也可以用指標表示，使用的彈性更大。

11.1.1 字元陣列的存取

字元陣列與一般數值陣列有很大不同，設計者使用字元陣列時務必小心，否則極易產生錯誤結果。一般數值陣列「顯示陣列名稱」或「顯示陣列元素位址」時會顯示陣列起始位址或陣列元素位址，例如：

```
int n[]={99,88,77};
printf("%x\n", n);        // 陣列起始位址：62fe10
printf("%x\n", &n[0]);    // 第一個元素位址：62fe10
printf("%x\n", &n[1]);    // 第二個元素位址：62fe14
```

相同的語法，字元陣列則是顯示由指定位址開始的字串內容，直到字串結束，例如：

```
char s[]="abcd";
printf("%s\n", s);        // 顯示：abcd
printf("%s\n", &s[0]);    // 顯示：abcd
printf("%s\n", &s[1]);    // 顯示：bcd
```

「printf("%s\n", 字元陣列位址);」，顯示並不是陣列的位址，而是由指標所指字元開始至結束字元間的所有字元，相當於顯示字串。

字元陣列和整數陣列的存取方式相同，可以用陣列方式 n[i] 來存取字元陣列元素，也可以用指標方式 *(n+i) 存取字元。例如：char s[]="abc"，存取方式為：

指標方式	陣列方式	陣列元素值
*s	s[0]	'a'
*(s+1)	s[1]	'b'
*(s+2)	s[2]	'c'
*(s+3)	s[3]	'\0'

讀取字元陣列字元值

定義一維字元陣列，分別以陣列與指標方式取得陣列元素內容。(charstr.c)

```
C:\example\ch11\charstr.exe                    —    □    ×

以陣列方式顯示 s 字串：
s[0]=J
s[1]=o
s[2]=e
以指標方式顯示 s 字串：
*(s+0)=J
*(s+1)=o
*(s+2)=e
請按任意鍵繼續 . . .
```

程式碼：charstr.c

```c
 1 #include <stdio.h>
 2 #include <stdlib.h>
 3 int main()
 4 {
 5     char s[]="Joe";
 6     printf(" 以陣列方式顯示 s 字串：\n");
 7     for (int i=0;i<3;i++)   // Joe
 8         printf("s[%d]=%c\n",i,s[i]);
 9     printf(" 以指標方式顯示 s 字串：\n");
10     for (int i=0;i<3;i++)   // Joe
11         printf("*(s+%d)=%c\n",i,*(s+i));
12     system("pause");
13     return 0;
14 }
```

程式說明

- 7-8 以陣列方式 s[i] 逐一顯示第 i 個元素內容。
- 10-11 以指標方式 *(s+i) 顯示第 i 個元素內容。

11.1.2 字元指標

字元陣列儲存的字串也可以儲存於指標中，稱為「字元指標」。字元陣列雖然也是指標，但其為指標常數，宣告後就無法改變其位址，例如：

```c
char s[]="abcd";
printf("%s\n", ++s);   // 編譯錯誤，指標常數無法更改
```

字元指標最大的優點是其為指標變數，可以任意改變其指向的記憶體位址，例如：

```
char *s="abcd";
printf("%s\n", ++s);  // 顯示：bcd
```

字元指標加 1 就指向第二個字元位址，所以顯示「bcd」。

另外，宣告字元陣列後，系統就依字元陣列初始值配置記憶體，字元陣列的值就不能再以指定運算子改變其值，否則會產生錯誤，例如：

```
char s[]="note";
printf("%x\n", (int *)s);  //62fe10：陣列起始位址
s = "notebook";     // 編譯錯誤
```

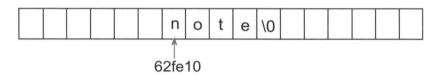

62fe10

對於整數陣列使用「printf("%x\n", 陣列名稱);」即可顯示陣列起始位址，但對於字元陣列卻會顯示陣列內容，就是顯示「note」。如果要取得陣列起始位址，需用「(int *) 陣列名稱;」才能取得，所以「printf("%x\n", (int *)s);」會顯示 s 陣列起始位址。

如果要改變字元陣列的設定值需使用 strcpy 函式，但因陣列的位址無法改變，當新值的內容變大後，非常可能覆蓋記憶體中有用的內容，造成不可預期的錯誤。下面範例中，s2 字串內容增加後會覆蓋 s1 字串的內容。

» 範例練習　覆蓋字元陣列

當字元陣列內容增加後會覆蓋另一字元陣列的內容，分別顯示兩字元陣列覆蓋前及覆蓋後的位址與內容。(coverstr.c)

```
C:\example\ch11\coverstr.exe
字串原始內容：
s1：儲存位址=62fe10，內容=note
s2：儲存位址=62fe00，內容=book
s2 字串內容改變後：
s1：儲存位址=62fe10，內容=qrstu
s2：儲存位址=62fe00，內容=abcdefghijklmnopqrstu
請按任意鍵繼續 . . .
```

程式碼：**coverstr.c**

```
1  #include <stdio.h>
2  #include <stdlib.h>
3  #include <string.h>
4  int main()
5  {
6      char s1[]="note";
7      char s2[]="book";
8      printf(" 字串原始內容：\n");
9      printf("s1：儲存位址 =%x，內容 =%s\n",(int *)s1,s1);
10     printf("s2：儲存位址 =%x，內容 =%s\n",(int *)s2,s2);
11     printf("s2 字串內容改變後：\n");
12     strcpy(s2,"abcdefghijklmnopqrstu");
13     printf("s1：儲存位址 =%x，內容 =%s\n",(int *)s1,s1);
14     printf("s2：儲存位址 =%x，內容 =%s\n",(int *)s2,s2);
15     system("pause");
16     return 0;
17 }
```

程式說明

- 9-10 　顯示 s1 及 s2 的內容及位址，注意 s2 在 s1 前 16 個位元組處。
- 12 　　更改 s2 字串內容為 21 個字元。
- 13 　　s1 字串內容被 s2 新內容覆蓋，成為 s2 第 17 個字元開始的內容。

下為圖示說明：

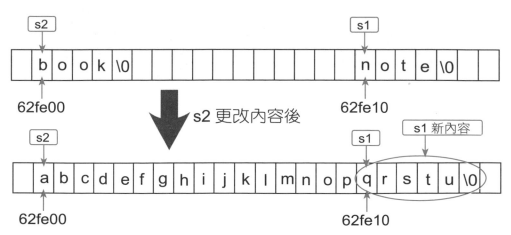

因為 s2 字串位址在 s1 字串前面 16 個位元組處，當 s2 字串內容大於 16 個字元時就會將 s1 字串內容覆蓋。這種邏輯錯誤很難被設計者發現，甚至產生錯誤的結果都不知道。

以上兩個字元陣列的重大缺失，可使用字元指標改善。字元指標建立的字串，可以任意用指定運算子改變字串內容，例如：

```
char *s="note";    //s 字串內容為「note」
s="notebook";      //s 字串內容為「notebook」
```

當字元指標字串的內容增加時，並不會覆蓋其他記憶體的內容，它是如何做到的呢？由於字元指標可以改變指向記憶體的位址，當字元指標字串改變內容時，系統會保留原有的記憶體中內容，另外配置一塊新的記憶體來存放新內容，並將字元指標指向新內容的起始位址，如此就沒有記憶體覆蓋的問題。

》範例練習 字元指標改變陣列內容

使用字元指標建立字串，然後改變字串內容，分別顯示改變前及改變後字元指標的位址與內容。(charpoint.c)

```
程式碼: charpoint.c
1 #include <stdio.h>
2 #include <stdlib.h>
3 int main()
4 {
5     char *s="note";
6     printf("s：儲存位址 =%x，內容 =%s\n\n",(int *)s,s);
7     printf(" 重新設定 s 內容，但內容未變：\n");
8     s="note";
9     printf("s：儲存位址 =%x，內容 =%s\n\n",(int *)s,s);
10     printf(" 重新設定 s 內容，且內容已改變：\n");
11     s="notebook";
12     printf("s：儲存位址 =%x，內容 =%s\n",(int *)s,s);
13     system("pause");
14     return 0;
15 }
```

程式說明

- **5-6**　　建立字元指標字串，顯示字元指標的位址與內容。
- **8-9**　　重新設定字串內容，但內容未變，顯示字元指標的位址與內容。
- **11-12**　　改變字串內容，顯示字元指標的位址與內容。

仔細觀察 **11-12** 列的執行結果，當字串內容改變時，儲存字串的位址由 **404000** 改變為 **404060**，系統會自動尋找一塊未使用的記憶體存放新內容，絕不會覆蓋其他有用的資料。

8-9 列程式是說明系統為了增加記憶體使用效率，雖然重新設定字串內容但內容實際未改變時，系統會使用原有記憶體，以免配置新記憶體造成浪費。

11.1.3 指標陣列

指標也與一般變數相同，可以宣告為陣列形態，稱為「指標陣列」。指標陣列的宣告方式，是在陣列名稱前加上星號「*」即可，其餘與一般陣列相同，陣列中每一個元素都是指標。指標陣列的宣告語法為：

```
資料型別 * 陣列名稱 [ 元素個數 ];
```

例如宣告包含三個元素、資料型別為 char、名稱為 p 的指標陣列:

```
char *p[3];
```

指標陣列最重要的應用是用於字串陣列。通常字串陣列是用二維字元陣列儲存,例如宣告可儲存 3 個字串、每個字串可容納 11 個字元的二維字元陣列:

```
char fruit[3][11] = {"apple", "watermelon", "banana"};
```

如果改用指標陣列,其宣告為:

```
char *fruit[3] = {"apple", "watermelon", "banana"};
```

二維字元陣列使用時與一維字元陣列相同,有許多限制與不便,如需用函式處理字串相關功能、記憶體覆蓋等,另外還有浪費記憶體的缺失。使用二維字元陣列儲存字串時,必須事先規劃好要儲存字串的最大長度,在宣告時就要設定,否則會有陣列元素內容被覆蓋的疑慮。例如上例中 3 個字串最多 10 個字元,就要宣告第二個引數為 11(包含結束字元)。如此一來,即使其餘字串的內容少於 10 個字元,仍然要佔用 11 個位元組。二維字元陣列使用的記憶體配置如下:

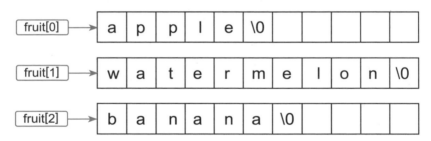

由圖中可知有許多記憶體被閒置沒有使用。

如果使用指標陣列,編譯器會自動根據每一個元素的長度配置剛好可容納該字串大小的記憶體空間,使記憶體做最佳運用,如下圖:

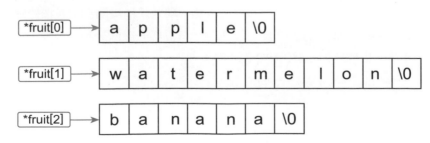

» 範例練習 字串陣列及指標陣列記憶體長度

分別使用二維字元陣列及指標陣列建立字串陣列並初始化，顯示兩者的字串內容及的位址，以便觀察使用的記憶體狀況。(memlen.c)

```
■ C:\example\ch11\memlen.exe                          □    ×

二維字元陣列：
第 1 個元素：apple，所佔位址：62fdf0
第 2 個元素：watermelon，所佔位址：62fdfb
第 3 個元素：banana，所佔位址：62fe06

指標陣列：
第 1 個元素：apple，所佔位址：404000
第 2 個元素：watermelon，所佔位址：404006
第 3 個元素：banana，所佔位址：404011
請按任意鍵繼續 . . .
```

程式碼：**memlen.c**

```c
1  #include <stdio.h>
2  #include <stdlib.h>
3  int main()
4  {
5      char fruit1[3][11]={"apple", "watermelon", "banana"}; // 二維字元陣列
6      char *fruit2[3]={"apple", "watermelon", "banana"};    // 指標陣列
7      printf(" 二維字元陣列：\n");
8      for(int i=0;i<3;i++)
9      {
10         printf(" 第 %d 個元素：%s",i+1,fruit1[i]);
11         printf("，所佔位址：%x\n",(int *)fruit1[i]);
12     }
13     printf("\n 指標陣列：\n");
14     for(int i=0;i<3;i++)
15     {
16         printf(" 第 %d 個元素：%s",i+1,fruit2[i]);
17         printf("，所佔位址：%x\n",(int *)fruit2[i]);
18     }
19     system("pause");
20     return 0;
21 }
```

程式說明

- ■ 5 　　　　使用二維字元陣列建立字串陣列並初始化。
- ■ 6 　　　　使用指標陣列建立字串陣列並初始化。
- ■ 8-12 　　使用迴圈逐一顯示二維字元陣列元素的內容及位址。
- ■ 14-18 　　使用迴圈逐一顯示指標陣列元素的內容及位址。

在二維字元陣列中，元素長度分別為 5、10、6 個字元，應佔 6、11、7 個位元組，由執行結果得知都佔 11 個位元組 (62fdf0-62fdfa 及 62fdfb-62fe06)。而在指標陣列中，第一個元素長度為 5 個字元，由執行結果得知實際佔 6 個位元組 (404000-404005)，同理，第二個元素長度為 10 個字元，由執行結果得知實際佔 11 個位元組 (404006-404010)。

指標陣列分配各元素的記憶體時會尋找最適合需求大小的記憶體，因此可能不會連續，所以你的執行結果位址可能上面不同。

指標陣列儲存字串時較二維字元陣列節省記憶體，上面範例中共節省 9 個位元組，有必要如此斤斤計較嗎？試想若是有上萬甚至上千萬筆資料，會節省多少記憶體！

11.2 雙重指標與二維陣列

在二維陣列裡，由於有兩個索引數，如果要使用指標的方式以兩個引數來存取各元素的位址及設定值，必須使用雙重指標才能達成。

11.2.1 雙重指標

指標變數的內容是變數的位址，但指標變數本身也佔據記憶體空間，也擁有記憶體位址，如果另一個指標變數的內容就是該指標變數的位址，即另一個指標變數指向該指標變數，相當於「指標的指標」，稱為「雙重指標」。雙重指標簡單的說，就是「指向指標變數的指標變數」。依相同方式，可以產生三重、四重等多重指標，此處僅討論雙重指標。

雙重指標的宣告方式是在變數名稱前面加上兩個星號「**」，語法為：

```
資料型別 ** 變數名稱;
```

也可以在兩個星號之間加上括號：

```
資料型別 *(* 變數名稱);
```

例如指標變數 p 指向整數變數 n，宣告雙重指標 pp 指向指標變數 p：

```
int n=5;        // 宣告整數變數
int *p=&n;      // 宣告指標變數
int **pp=&p;    // 宣告雙重指標
```

或在兩個括號之間加上括號：

```
int *(*pp)=&p;   // 宣告雙重指標
```

如果要取得雙重指標最後指向變數的值，也是使用兩個星號「**」加變數名稱，例如：

```
printf("%d\n", **pp);   // 顯示「5」
```

» 範例練習 顯示雙重指標位址及內容

建立整數雙重指標，顯示整數變數、指標變數及雙重指標的位址及內容。(doublep.c)

```
C:\example\ch11\doublep.exe                    —    □    ×

數變數 n：位址(&n)=62fe1c，內容(n)=5

指標變數 p：位址(&p)=62fe10，內容(p)=62fe1c
            指向變數值(*p)=5

雙重指標 pp：位址(&pp)=62fe08，內容(pp)=62fe10
            指向指標變數值(*pp)=62fe1c，指向變數值(**pp)=5
請按任意鍵繼續 . . .
```

程式碼：doublep.c

```c
1  #include <stdio.h>
2  #include <stdlib.h>
3  int main()
4  {
5      int n = 5;
6      int *p = &n;      // 指標變數
7      int **pp = &p;    // 雙重指標
8      printf(" 數變數 n：位址 (&n)=%x，內容 (n)=%d\n\n",&n,n);
9      printf(" 指標變數 p：位址 (&p)=%x，內容 (p)=%x\n",&p,p);
10     printf("           指向變數值 (*p)=%d\n\n",*p);
11     printf(" 雙重指標 pp：位址 (&pp)=%x，內容 (pp)=%x\n",&pp,pp);
12     printf("               指向指標變數值 (*pp)=%x 指向變數值 (**pp)=%d\n",
               *pp,**pp);
13     system("pause");
14     return 0;
15 }
```

程式說明

- 5-6　　宣告整數變數及指標變數。
- 7　　　宣告雙重指標。
- 8　　　顯示整數變數的內容及位址。
- 9-10　　顯示指標變數的內容及位址。
- 11-12　顯示雙重指標的內容及位址。

上面範例雙重指標的示意圖：

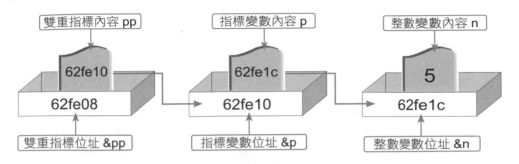

11.2.2　二維陣列與指標

在一維陣列中，使用陣列名稱與指標變數存取陣列元素，並沒有多大的差別，例如 int n[10] 的整數陣列，可用陣列方式 n[i] 或陣列指標 *(n+i) 存取一維陣列元素。但在二維陣列裡，要使用指標方式存取陣列元素必須使用雙重指標。

下面以一個「int n[2][3]={ {11,12,13},{21,22,23} }」的 2X3 二維整數陣列，來說明如何以雙重指標存取二維整數陣列的方式。2X3 的二維整數陣列可以想成是 2 個一維陣列構成 (n[0] 及 n[1])，而每個一維陣列有 3 個元素。陣列名稱 n 儲存整個陣列的起始位址，即 n[0] 的起始位址，相當於雙重指標；n[0] 及 n[1] 儲存兩個一維陣列的起始位址，如下圖：

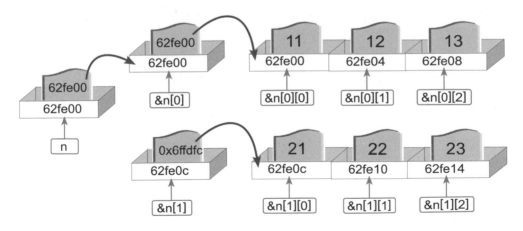

由圖中可看出陣列名稱 n 儲存第一個一維陣列 n[0] 的起始位址，所以 n 是雙重指標，而 n[0] 及 n[1] 是指標陣列。

» 範例練習 顯示二維陣列元素位址及內容

建立二維整數陣列，顯示陣列名稱 (雙重指標)、指標變數及陣列元素的位址及內容。
(twolayer.c)

```
C:\example\ch11\twolayer.exe                    —    □    ×
n： 位址=62fe00，內容=62fe00
n[0]： 位址==62fe00，內容=62fe00
n[1]： 位址==62fe0c，內容=62fe0c
n[0][0]： 位址==62fe00，內容=11
n[0][1]： 位址=62fe04，內容=12
n[0][2]： 位址=62fe08，內容=13
n[1][0]： 位址=62fe0c，內容=21
n[1][1]： 位址=62fe10，內容=22
n[1][2]： 位址=62fe14，內容=23
請按任意鍵繼續 . . .
```

程式碼：twolayer.c

```c
1 #include <stdio.h>
2 #include <stdlib.h>
3 int main()
4 {
5     int n[2][3]={ {11,12,13}, {21,22,23} };
6     printf("n： 位址 =%x，內容 =%x\n",n,(int *)n);
7     printf("n[0]： 位址 ==%x，內容 =%x\n",&n[0],(int *)n[0]);
8     printf("n[1]： 位址 ==%x，內容 =%x\n",&n[1],(int *)n[1]);
9     printf("n[0][0]： 位址 ==%x，內容 =%d\n",&n[0][0], n[0][0]);
10    printf("n[0][1]： 位址 =%x，內容 =%d\n",&n[0][1], n[0][1]);
11    printf("n[0][2]： 位址 =%x，內容 =%d\n",&n[0][2], n[0][2]);
12    printf("n[1][0]： 位址 =%x，內容 =%d\n",&n[1][0], n[1][0]);
13    printf("n[1][1]： 位址 =%x，內容 =%d\n",&n[1][1], n[1][1]);
14    printf("n[1][2]： 位址 =%x，內容 =%d\n",&n[1][2], n[1][2]);
15    system("pause");
16    return 0;
17 }
```

請自行對照執行結果與上面的二維陣列示意圖。

11.2.3 以指標存取二維陣列

第 10 章「指標運算」提及,將指標增加 1 就是將指標移動一個資料型別單位,用於陣列即為指向下一個元素。例如前一小節中的整數二維陣列 n (即 n+0),開始時指向 n[0],其位址為 62fe00,則 n+1 會指向 n[1],因為 n[0] 陣列有 3 個整數元素佔 12 個位元組,所以 n+1 的位址為 62fe0c (加 12 位元組)。若以二維陣列看,開始時指向 n[0][0](即 *(n+0)+0),其位址為 62fe00,則 *(n+0)+1 會指向 n[0][1],其位址增加 4 個位元組為 62fe04。如果要取得陣列元素的設定值,再加上取值運算子「*」即可:

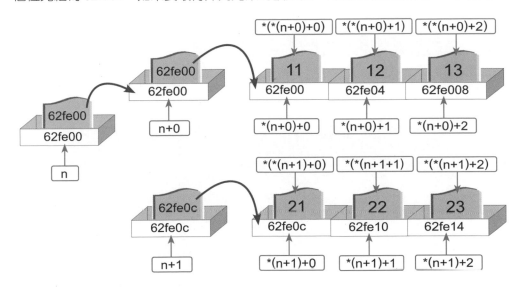

綜合上述結論,使用指標方式存取二維陣列「陣列名稱 [索引 1][索引 2]」中元素值的語法為:

```
*(*( 陣列名稱 + 索引 1)+ 索引 2);
```

例如讀取 n[2][3] 中第 1 列第 3 行的元素值:

```
*(*(n+0)+2);   // 相當於 n[0][2]
```

整理指標方式與陣列方式存取二維整數陣列元素值如下表:

指標方式	陣列方式	陣列元素值	記憶體大小
((n+0)+0)	n[0][0]	11	4 位元組
((n+0)+1)	n[0][1]	12	4 位元組
((n+0)+2)	n[0][2]	13	4 位元組
((n+1)+0)	n[1][0]	21	4 位元組
((n+1)+1)	n[1][1]	22	4 位元組
*(*n+1)+2)	n[1][2]	23	4 位元組

» 範例練習　以指標存取二維整數陣列

與前一例相同，改用指標方式存取二維整數陣列。(twopoint.c)

```
C:\example\ch11\twopoint.exe                     —  □  ×
n： 位址=62fe00，內容=62fe00
n+0： 位址=62fe00，內容=62fe00
n+1： 位址=62fe0c，內容=62fe0c
*(n+0)+0： 位址=62fe00，內容=11
*(n+0)+1： 位址=62fe04，內容=12
*(n+0)+2： 位址=62fe08，內容=13
*(n+1)+0： 位址=62fe0c，內容=21
*(n+1)+1： 位址=62fe10，內容=22
*(n+1)+2： 位址=62fe14，內容=23
請按任意鍵繼續 . . . ▬
```

程式碼：_twopoint.c_

```c
1 #include <stdio.h>
2 #include <stdlib.h>
3 int main()
4 {
5     int n[2][3]={ {11,12,13}, {21,22,23} };
6     printf("n： 位址 =%x，內容 =%x\n",n,(int *)n);
7     printf("n+0： 位址 =%x，內容 =%x\n",(n+0),(int *)(n+0));
8     printf("n+1： 位址 =%x，內容 =%x\n",(n+1),(int *)(n+1));
9     printf("*(n+0)+0： 位址 =%x，內容 =%d\n",*(n+0)+0, *(*(n+0)+0));
10    printf("*(n+0)+1： 位址 =%x，內容 =%d\n",*(n+0)+1, *(*(n+0)+1));
11    printf("*(n+0)+2： 位址 =%x，內容 =%d\n",*(n+0)+2, *(*(n+0)+2));
12    printf("*(n+1)+0： 位址 =%x，內容 =%d\n",*(n+1)+0, *(*(n+1)+0));
13    printf("*(n+1)+1： 位址 =%x，內容 =%d\n",*(n+1)+1, *(*(n+1)+1));
14    printf("*(n+1)+2： 位址 =%x，內容 =%d\n",*(n+1)+2, *(*(n+1)+2));
15    system("pause");
```

```
16      return 0;
17 }
```

接著示範一個以指標存取二維整數陣列的實際應用：

» 範例練習 尋找二維整數陣列最大值與最小值

以指標方式存取二維整數陣列，尋找陣列元素中的最大值及最小值。(diff.c)

```
C:\example\ch11\diff.exe                              —  □  ✕
陣列中最大值：23
陣列中最小值：11
請按任意鍵繼續 . . .
```

程式碼：diff.c
```c
1 #include <stdio.h>
2 #include <stdlib.h>
3 int main()
4 {
5      int n[2][3]={ {11,12,13}, {21,22,23} };
6      int max, min;
7      for(int i=0;i<2;i++)   // 使用巢狀？圈逐一處理陣列元素
8          for(int j=0;j<3;j++)
9              if(i==0 && j==0)   // 若是第一個元素
10             {
11                 max=n[0][0];   // 設定最大值及最小值皆為第一個元素
12                 min=n[0][0];
13             }
14             else
15             {
16                 if(*(*(n+i)+j)>max)   // 若比最大值大，設定此恰為最大值
17                     max=*(*(n+i)+j);
18                 if(*(*(n+i)+j)<min)   // 若比最小值小，設定此恰為最小值
19                     min=*(*(n+i)+j);
20             }
21     printf(" 陣列中最大值:%d\n",max);
22     printf(" 陣列中最小值:%d\n",min);
23     system("pause");
24     return 0;
25 }
```

程式說明

- ■ **7-20** 　用巢狀迴圈逐一處理陣列元素尋找最大值及最小值。

- ■ **9-13** 　如果是第一個元素，就設定最大值及最小值的初始值皆為第一個元素值。

- ■ **16-17** 　「*(*(n+i)+j)」代表陣列元素，若其值比最大值大，設定此值為最大值。

- ■ **18-19** 　若陣列元素值比最小值小，設定此值為最小值。

▶ 立即演練 計算二維整數陣列元素值總和

宣告二維整數陣列 int n[2][3]={ {11,12,13},{21,22,23} }，利用指標方式計算二維陣列元素的總和。(sumtwo_p.c)

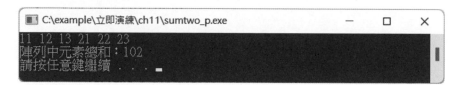

11.3 動態配置記憶體

C 語言對於記憶體配置方式分為靜態配置及動態配置,而動態配置記憶體對於記憶體使用更具彈性,在需大量使用記憶體空間時更顯重要。

11.3.1 靜態配置記憶體

程式中宣告的各種變數、陣列、指標等都會佔用大小不等的記憶體,這些記憶體是在編譯時就由系統配置,如此程式執行時就可使用,這種在編譯時期就配置記憶體的方式,稱為「靜態配置記憶體」。到目前為止,所撰寫的程式都是使用靜態配置記憶體方式。

靜態配置記憶體使用上較為方便,系統會自動配置所需的記憶體,當程式結束後會自動收回記憶體,也就是程式設計者完全不必操心記憶體分配及回收問題,全部由系統處理。但靜態配置記憶體最大問題是造成記憶體的浪費,例如在程式中宣告的各種變數,由於編譯時就為其預留了固定的記憶體,即使執行程式時並未使用到這些記憶體空間,它們也不能被其他程式使用。又如宣告陣列時,常為設定陣列大小傷透腦筋,如果宣告長度較大,使用上較不會出現問題,但會浪費很多記憶體;若宣告長度較小,又怕執行過程會有資料超過陣列大小而產生不可預期的錯誤。

靜態配置記憶體的另一個問題是指標的宣告,因為指標的內容是實體變數的記憶體位址,若指標宣告後未明確指向實體變數的記憶體位址,不可以將一個值放進未取得實體變數位址的指標中。例如下面程式中,指標變數 p 並未分配實體變數位址,因此無法將數值 5 存入 p 中:

```
int *p;   // 指標變數 p 尚未取得實體變數位址
*p=5;     //*p 的內容未知
```

必須先設定指標取得實體變數的位址,才可以將指定值放進指標的位址中:

```
int n;        // 宣告變數 n
int *p=&n;    // 指標變數 p 指向變數 n 的位址
*p=5;         // 變數 n 及 *p 的內容為 5
```

動態配置記憶體方式可以解決上述靜態配置記憶體的問題,但動態配置記憶體的使用方式較為複雜,而且必須自行釋放所取得的動態配置記憶體。

11.3.2 動態配置變數

在程式中不確定的記憶體使用空間,或並非從頭到尾都要使用的記憶體,在程式執行時再依實際需求配置適當的記憶體,當該記憶體不再使用時就予以釋放,此種方式稱為「動態配置記憶體」。對於電腦記憶體容量不足或執行需大量記憶體的應用程式時,動態配置記憶體方式可發揮很大效果。

使用動態配置記憶體最大的問題是,在結束程式之前,程式設計者必須記得手動釋放取得的動態配置記憶體,否則即使程式結束,該塊記憶體仍會被佔用,其他程式將無法使用該塊記憶體,導致記憶體不足。未被釋放的動態配置記憶體將一直被佔用,直到關閉電腦為止。

要使用動態配置記憶體方式手動取得及刪除記憶體,只要利用 malloc 及 free 函式就能完成。取得動態配置記憶體是使用 malloc 函式,為指標變數建立動態配置記憶體的語法為:

```
資料型別 * 指標變數 = ( 資料型別 * ) malloc( 記憶體數量 );
```

由於不同系統資料型別所佔記憶體可能不同,因此「記憶體數量」最好以 sizeof 取得,上述語法可修改為:

```
資料型別 * 指標變數 = ( 資料型別 * ) malloc(sizeof( 資料型別 ));
```

例如為整數指標變數 p 取得動態配置記憶體:

```
int *p = (int *) malloc(sizeof(int));   // 宣告指標變數並取得動態配置記憶體
```

系統會建立一個 sizeof(int) 位元組的空間,並將該空間的位址做為指標變數 p 的內容,所以此時可以將數值存入指標變數 p 中,也就解決前一小節提及的指標宣告後未明確指向實體變數記憶體位址的問題:

```
int *p=(int *) malloc(sizeof(int));   // 指標變數 p 已分配位址
*p=5;
printf("%d\n", *p);   // 顯示「5」
```

前面提及,當使用 malloc 函式取得動態配置記憶體後,即使程式結束該塊記憶體仍會被佔用,所以務必記得釋放動態配置記憶體。使用 free 函式可釋放動態配置記憶體,語法為:

```
free( 指標變數 );
```

例如要釋放指標變數 p 的動態配置記憶體：

```
free(p);
```

當指標變數 p 的動態配置記憶體被釋放後，指標變數 p 的內容為 NULL。

當程式需要使用指標變數時，就用 malloc 動態配置一塊記憶體給它使用；當該指標變數使用完畢後，立刻以 free 釋放記憶體，則該塊記憶體又可被其他程式使用，如此可發揮記憶體最大使用效益。

» 範例練習 動態配置記憶體方式計算乘積

以動態配置記憶體方式輸入兩個整數，計算其乘積後顯示結果，並釋放指標變數配置的記憶體空間。(dynamic.c)

程式碼：dynamic.c

```
1  #include <stdio.h>
2  #include <stdlib.h>
3  int main()
4  {
5      int *p1=(int *) malloc(sizeof(int)); // 動態配置 *p1 指標
6      int *p2=(int *) malloc(sizeof(int)); // 動態配置 *p2 指標
7      printf(" 輸入第一個數：");
8      scanf("%d",p1);
9      printf(" 輸入第二個數：");
10     scanf("%d",p2);
11     printf("%d * %d = %d\n",*p1,*p2,(*p1)*(*p2));  // 計算乘積
12     free(p1);   // 釋放配置給 p1 的記憶體空間
13     free(p2);   // 釋放配置給 p2 的記憶體空間
14     system("pause");
15     return 0;
16 }
```

程式說明

- **5-6** 宣告兩個指標變數並動態配置記憶體。
- **7-10** 輸入兩個整數並將值存入兩個指標變數中。
- **11** 計算乘積並顯示。
- **12-13** 用 free 函式釋放指標變數配置的記憶體空間。

▶ 立即演練 動態配置記憶體方式計算總和

以動態配置記憶體方式輸入兩個整數，計算兩數總和後顯示結果，並釋放指標變數配置的記憶體空間。(dynamic_p.c)

11.3.3 動態配置陣列

最適合使用動態配置記憶體的情況是陣列，因為通常陣列所佔用的記憶體可能非常龐大，而在宣告陣列時就必須指定陣列的長度，此長度是固定的，一般會浪費大量記憶體。若是使用動態配置記憶體方式，可在使用到陣列時再依實際狀況給予最適當的陣列長度，使用後立刻釋放記憶體，就能避免記憶體的浪費。

動態配置陣列與動態配置變數的使用方式雷同，只是「記憶體數量」為資料型別記憶體乘以元素個數，語法為：

```
資料型別 * 指標變數 = ( 資料型別 *) malloc( 元素個數 * sizeof( 資料型別 ));
```

例如為指標變數 p 取得 3 個元素的整數陣列動態配置記憶體：

```
int *p = (int *) malloc(3 * sizeof(int));
```

同樣的，動態配置陣列也要使用 free 函式釋放動態陣列配置的記憶體空間，語法為：

```
free( 指標變數 );
```

例如要釋放指標變數 p 的動態陣列記憶體：

```
free(p);
```

» 範例練習　動態陣列轉換大小寫

讓使用者輸入一個英文單字，使用動態陣列將大寫字母轉為小寫字母，小寫字母轉為大寫字母，其餘字元不變。(dynastr.c)

```
C:\example\ch11\dynastr.exe                    —    □    ×
輸入英文單字：DevC++
dEVc++
請按任意鍵繼續 . . .
```

程式碼：dynastr.c

```c
1  #include <stdio.h>
2  #include <stdlib.h>
3  #include <string.h>
4  int main()
5  {
6      char *p=(char *) malloc(31*sizeof(char));   // 建立動態陣列，最多30個字母
7      printf(" 輸入英文單字：");
8      scanf("%s",p);
9      int n=strlen(p);
10     for (int i=0;i<n;i++)
11     {
12       if(*(p+i)>='A' && *(p+i)<='Z')   // 如果大寫轉為小寫
13           *(p+i) += 32;
14       else if(*(p+i)>='a' && *(p+i)<='z')   // 如果小寫轉為大寫
15           *(p+i) -= 32;
16     }
17     printf("%s\n",p);
18     free(p);  // 釋放動記憶體空間
19     system("pause");
20     return 0;
21 }
```

程式說明

■　6　　　建立陣列大小為 31 的動態字元陣列，扣除字串結束字元後可容納 30 個字元。

- ■ 7-8   輸入字串並存入陣列中。
- ■ 9   取得字串長度。
- ■ 10-16   逐一處理字串中的字元。
- ■ 12-13   如果是大寫字母，就將其值加上 32 就會成為小寫字母。
- ■ 14-15   如果是小寫字母，就將其值減掉 32 就會成為大寫字母。
- ■ 18   釋放動態陣列配置的記憶體空間。

大小寫字母的數值是小寫字母較大寫字母多 32，例如大寫字母 A 的數值為十六進位 0x41，換算為十進位為 65；小寫字母 a 的數值為十六進位 0x61，換算為十進位為 97，兩者相差 32。

► 立即演練   動態配置陣列加總

自鍵盤輸入整數 n，動態配置大小為 n 的一維整數陣列，並自鍵盤輸入陣列元素值後，利用指標加總陣列元素，最後釋放動態陣列記憶體。(sumarray_p.c)

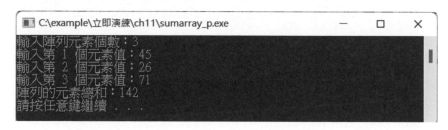

11.4 命令列參數

到目前為止，執行撰寫的 C 語言程式都是在 **Dev-C++** 中按鈕就自動編譯及執行，若是要將自己撰寫的程式讓其他人使用，應該以命令列輸入程式名稱來執行編譯過的執行檔 (附加檔名為 **exe**)。若是以命令列執行程式，可以在程式名稱後面加上需要的參數，做為傳送給程式的資料，此參數稱為「命令列參數」。

11.4.1 命令列執行程式

所謂命令列執行程式就是在 **MS-DOS** 模式下輸入程式名稱執行程式，以執行本章範例 **<twopoint.exe>** 為例，操作過程如下 (用 Windows 11 系統做示範)：

1. **開啟命令提示字元視窗**：在桌面以滑鼠左鍵按 **開始** 鈕，然後於上方搜尋列輸入「cmd」，再於 **最佳比對** 欄點選 **命令提示字元** 項目。

2. **切換程式檔資料夾**：以程式檔位於 <C:\example\ch11> 資料夾為例，輸入「cd C:\example\ch11」後按 **[Enter]** 鍵，切換到至程式檔的資料夾。

3. **執行程式顯示結果**：輸入「twopoint」按 **[Enter]** 鍵執行程式。

11.4.2 main() 函式的參數

事實上，在 MS-DOS 模式下執行的程式常會傳送參數給程式使用，例如複製程式時傳送一個參數給 copy 程式：

```
copy c:\test\t1.c
```

表示要複製 C 磁碟機 test 資料夾中的 <t1.c> 檔案到目前資料夾中，也可以在複製程式時傳送兩個參數給 copy 程式：

```
copy c:\test\t1.c d:\color.c
```

表示要複製 c 磁碟機 test 資料夾中的 <t1.c> 檔案到 d 磁碟機根目錄中，並將名稱改為 <color.c>。這是如何做到的呢？

到目前為止所撰寫程式中的 main() 函式，都未接收參數，事實上作業系統在呼叫主函式 main() 時也可以傳遞兩個參數，語法為：

```
int main(int argc, char* argv[])
```

■ **argc**：資料型別為整數，表示命令列參數的個數。要注意此參數的傳回值包含程式名稱本身，所以一定大於 0。例如下面的命令列，argc 的傳回值為 3：

```
copy c:\test\t1.c d:\color.c
```

■ **argv**：資料型別為字串指標陣列，傳送命令列中輸入的資料，每個資料是以空白字元做為分隔，每個資料的型別都是字串。例如下面的命令列，傳回值 argv[0] 為「copy」、argv[1] 為「c:\test\t1.c」、argv[2] 為「d:\color.c」：

```
copy c:\test\t1.c d:\color.c
```

如果在命令列中要傳送的資料包含空白字元，可以用雙引號「"」括起來，系統會將兩個「"」之間的所有字元視為一個資料。例如現在有許多檔名都包含空白字元：

```
copy "test prac.c" color.c
```

表示 argv[0] 為「copy」、argv[1] 為「test prac.c」、argv[2] 為「color.c」。

» 範例練習 顯示命令列參數資料

在 MS-DOS 模式執行，並傳入各種形式的資料，程式會顯示資料個數及內容。(mainarg.c)

(先在 Dev-C++ 中開啟 <mainarg.c>，按工具列 ⊞ 鈕編譯產生 <mainarg.exe>，然後在 MS-DOS 模式執行)

執行結果：左圖為傳送 2 個參數，右圖未傳送參數。

程式碼：mainarg.c

```
1  #include <stdio.h>
2  #include <stdlib.h>
3  int main(int argc, char *argv[])    // 命令列參數傳遞
4  {
5      if(argc==1)    // 只有程式名稱
6          printf(" 未輸入參數！\n");
7      else
8      {
9          printf("argc=%d\n",argc); // 顯示傳送資料個數
10         for(int i=0;i<argc;i++)    // 顯示傳送資料內容
```

```
11                printf("argv[%d]=%s\n",i,argv[i]);
12         }
13     system("pause");
14     return 0;
15 }
```

程式說明

- 3 使用命令列參數傳遞語法接收作業系統傳遞給 main() 函式的參數。
- 5-6 如果 argc 為 1 表示僅輸入程式名稱而未傳送任何資料，給予提示訊息加入傳送資料。
- 7-12 如果 argc 大於 1 表示有傳送資料，顯示資料個數及內容。
- 9 顯示資料個數。
- 10-11 以迴圈顯示系統傳送的字串。

由命令列傳送的資料都是字串，如果要將其視為數值加以運算，則需利用 atoi()、atol()、atof() 等函式將字串轉換為數值。下面例子是一個數值轉換的實際應用。

» 範例練習 使用命令列參數計算總和

在 MS-DOS 模式執行，並傳入幾個整數資料，程式會顯示所有資料的總和。(mainsum.c)

(先在 Dev-C++ 中開啟 <mainsum.c>，按工具列 🔡 鈕編譯產生 <mainsum.exe>，然後在 MS-DOS 模式執行)

執行結果：左圖為傳送 2 個參數，右圖為傳送 3 個參數。

程式碼：mainsum.c

```
1 #include <stdio.h>
2 #include <stdlib.h>
3 int main(int argc, char *argv[])   // 命令列參數傳遞
4 {
5     int sum=0;
6     if(argc==1)   // 只有程式名稱
```

```
7      printf(" 未輸入參數！\n");
8      else
9      {
10        for(int i=1;i<argc;i++)
11            sum += atoi(argv[i]);   // 轉換為整數再加總
12        printf(" 輸入參數總和：%d\n",sum);
13     }
14     system("pause");
15     return 0;
16 }
```

程式說明

■ 10 　　　以迴圈計算總和。 因為第一個資料是程式名稱，數值資料由第二個開
　　　　　始，所以計數器 i 的值由 1 開始計數。

■ 11 　　　傳送的資料都是字串，要利用 atoi() 函式將字串轉換為整數後才能進行
　　　　　加總。

</> 11.5 本章重點整理

■ 一般數值陣列「顯示陣列名稱」或「顯示陣列元素位址」時會顯示陣列起始位址或陣列元素位址，字元陣列則是顯示由指定位址開始的字串內容，直到字串結束。

■ 字元陣列儲存的字串也可以儲存於指標中，稱為「字元指標」。字元陣列雖然也是指標，但其為指標常數，宣告後就無法改變其位址，字元指標建立的字串，可以任意用指定運算子改變字串內容。

■ 指標也與一般變數相同，可以宣告為陣列形態，稱為「指標陣列」。指標陣列最重要的應用是用於字串陣列，指標陣列儲存字串時較二維字元陣列節省記憶體。

■ 如果另一個指標變數的內容就是該指標變數的位址，即另一個指標變數指向該指標變數，相當於「指標的指標」，稱為「雙重指標」。

■ 使用指標方式存取二維陣列「陣列名稱 [索引 1][索引 2]」中元素值的語法為：

```
*(*( 陣列名稱 + 索引 1)+ 索引 2);
```

■ 程式中宣告的各種變數、陣列、指標等都會佔用大小不等的記憶體，這些記憶體是在編譯時就由系統配置，稱為「靜態配置記憶體」。

■ 在程式執行時再依實際需求配置適當的記憶體，當該記憶體不再使用時就予以釋放，此種方式稱為「動態配置記憶體」。

■ 最適合使用動態配置記憶體的情況是陣列。

■ 以命令列執行程式，可以在程式名稱後面加上需要的參數，做為傳送給程式的資料，此參數稱為「命令列參數」。

■ 作業系統在呼叫主函式 main() 時也可以傳遞兩個參數，語法為：

```
int main(int argc, char* argv[])
```

11.1 指標與字串

1. 下列程式片斷的執行結果會顯示什麼？[易]

```
char s[]="abcde";
printf("%c\n", *(s+2));
```

2. 下列陣列使用多少個位元組來儲存字串資料？[易]

```
char str[3][10]={"apple", "bear", "luck"};
```

3. 下列程式片斷的執行結果會顯示什麼？[中]

```
char *s="abcde";
printf("%s\n", ++s);
```

4. 下列程式片斷的執行結果會顯示什麼？[中]

```
char *s="abcde";
printf("%s\n", s++);
```

5. 下列程式片斷的執行結果會顯示什麼？[中]

```
char s[]="apple";
printf("%s\n", s);
printf("%s\n", &s[1]);
```

6. 下列陣列使用多少個位元組來儲存字串資料？[中]

```
char *str[3]={"apple", "bear", "luck"};
```

7. 讓使用者輸入一個英文句子，利用指標計算句子中包含多少字元 (含空白字元)，
   如下圖。[易]

```
■ C:\example\習作\ch11\ch11_ex07.exe                    —    □    ×
輸入英文句子：I love to eat apple.
句子長度：20
請按任意鍵繼續 . . .
```

延 伸 練 習

8. 宣告字串 char *p="NoteBook"，利用指標 p 將字串倒印，如下圖。[中]

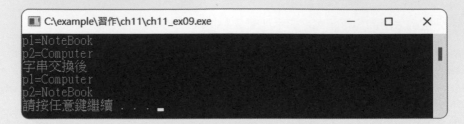

9. 宣告兩個字串 char *p1="NoteBook"; 及 char *p2="Computer";，利用指標 p 將兩個字串互換，如下圖。[中]

10. 讓使用者輸入一個英文句子，利用指標將句子中的空白字元換為「#」號、a 及 e 字元換為「*」號，如下圖。[中]

11. 讓使用者輸入一個英文句子，利用指標計算句子中包含多少小寫字母，如下圖。[中]

11.2 雙重指標與二維陣列

12. 下列程式片斷，如果要用雙重指標顯示變數 n 的值，程式碼為何？[易]

```
int n=5;
int *p=&n;
int **pp=&p;
```

13. 用雙重指標顯示 n[3][5] 中第 3 列第 2 行元素值的程式碼為何？[中]

14. 建立二維陣列 int n[2][3]={ {54,79,93},{83,17,92} }，找出陣列中最大值及其兩個
    索引，如下圖。[中]

```
■ C:\example\習作\ch11\ch11_ex14.exe          —   □   ×
原始陣列中：n[2][3]={ {54,79,93}, {83,17,92} }
陣列中最大值為 n[0][2]=93
請按任意鍵繼續 . . .
```

11.3 動態配置記憶體

15. 何謂靜態配置記憶體？何謂動態配置記憶體？[易]

16. 為整數指標變數 p 取得動態配置記憶體的程式碼為何？[易]

17. 讓使用者輸入兩個英文句子，利用動態記憶體配置儲存輸入的句子，再將兩個句
    子交換後顯示，如下圖。[中]

```
■ C:\example\習作\ch11\ch11_ex17.exe          —   □   ×
輸入第一個英文句子：I love Mary.
輸入第二個英文句子：You love Edison.
句子交換後：
第一個英文句子：You love Edison.
第二個英文句子：I love Mary.
-------------------------------
Process exited after 22.76 seconds with return value 3221226356
請按任意鍵繼續 . . .
```

11.4 命令列參數

18. 利用命令列參數方式，在檔案名稱後輸入梯形的上底、下底及高，可以計算梯形的面積；如果未輸入三個參數，顯示提示訊息，如下圖。[難]

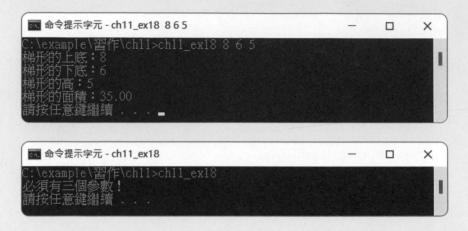

12

結構與其他資料型態

 **12.1** 結構 (structure)

在真實生活中，學生的資料如下：其中學號、國文、英文等都是數值資料，而姓名則是字串。

學號	姓名	國文	英文	數學
99001	林立宏	75	86	90
99002	黃文擇	81	55	82
99003	古意人	96	96	68

這些資料含有文字和數值等不同的資料型別，因此並不適合使用陣列來處理，而結構則可以處理具有不同型別所組成的複雜資料，結構可以將不同型別的資料組合在一起，成為獨立的結構變數。

12.1.1 結構定義

結構是一種自訂的資料型別，它和陣列相似，但結構中的變數可以包含不同的資料型別，結構中的變數稱為成員 (Member) 或欄位 (Field)。結構定義的語法如下：

```
struct 結構名稱
{
    資料型別 成員變數1;
    資料型別 成員變數2;
    ...
};
```

例如：定義結構變數 student，結構包括 id、name、chinese、math、english 等成員。

```
struct student
{
    int id;         //id 為整數型別
    char name[8];   //name 為字元陣列
    int chinese,math,english; //chinese,math,english 為整數型別
};
```

結構定義的最後面記得要加上「;」，否則會產生編譯錯誤。

12.1.2 宣告結構變數

結構中成員變數可以使用一般變數、陣列或是指標,甚至是另一結構。要使用結構,必須先進行結構變數宣告,宣告結構變數的語法如下。

```
struct 結構名稱 結構變數1, 結構變數2,…;
```

例如:宣告結構變數 David 後,設定成員的值。

```
struct student David;
David.id=99001;
David.name=" 林立宏 ";
David.chinese=75;
David.math=86;
David.english=90;
```

可以在宣告結構變數 David 時同時初始化,上例的設定可以簡化如下。

```
struct student David={99001," 林立宏 ",75,86,90};
```

12.1.3 定義結構時同時宣告結構變數

也可以在定義結構時同時宣告結構變數,語法如下:

```
struct 結構名稱
{
    資料型別 成員變數1;
    資料型別 成員變數2;
    …
} 結構變數1, 結構變數2…;
```

例如:宣告結構變數 David 和 Tom。

```
struct student
{
    int id;
    char name[8];
    int chinese,math,english;
}David,Tom;
```

也可以在定義結構時同時宣告結構變數並初始化。

例如：定義結構時同時宣告結構變數 David 和 Tom 並初始化。

```
struct student
{
    int id;
    char name[8];
    int chinese,math,english;
}David={99001,"林立宏",75,86,90},Tom={99002,"黃文擇",81,55,82};
```

12.1.4 結構成員的存取

宣告結構變數後，要存取結構的成員，應使用「.」成員運算子。例如：

```
struct student David={99001,"林立宏",75,86,90};
printf("%s %d\n",David.name,David.chinese); //林立宏 75
```

也可以宣告一個指標變數，然後將指標指向結構變數。如果結構變數是以指標宣告，要存取結構的成員，必須使用「->」指標成員運算子。例如：

```
struct student David2={99001,"林立宏",75,86,90};
struct student *David=&David2;
printf("%s %d\n",David->name,David->chinese); // 林立宏 75
```

> » 範例練習   結構宣告及結構存取

定義 student 結構，以 student 結構建立結構變數 David，並顯示結構中的成員。(Struct1.c)

程式碼：**Struct1.c**

```
1   #include <stdio.h>
2   #include <stdlib.h>
3   struct student  // 定義結構
4   {
5       int id;      // 結構成員宣告
```

```
6        char name[8];
7        int chinese,math,english;
8     };
9     int main()
10    {
11       // 宣告結構變數並初始化
12       struct student David={99001,"David",90,70,85};
13       printf(" 學號：%d\n", David.id);      // 顯示結構成員
14       printf(" 姓名：%s\n", David.name);
15       printf(" 國文：%d\n", David.chinese);
16       printf(" 數學：%d\n", David.math);
17       printf(" 英文：%d\n", David.english);
18       system("pause");
19       return 0;
20    }
```

程式說明

- ■ 3-8　　在 main() 函式外部定義結構 student，其存取範圍是全域性的，結構中含有 int id、char name[8] 和 int chinese,math,english 成員，也可以在 main() 函式內部定義結構，但存取範圍則是屬於區域性的，意即只能在 main() 函式中使用。

- ■ 8　　　記得要加上「;」符號結束結構定義。

- ■ 12　　「struct student David={99001,"David",90,70,85}」建立結構變數 David 並初始化。

- ■ 13-17　顯示結構中的成員，以 David.name 取得 name 成員，David.chinese 取得國文等成績。

12.1.5 結構變數的指派

結構內可能包含不同資料型別的成員，因此必須是相同結構才可以將結構變數指派給另一個結構變數。

例如：宣告 student 結構，建立結構變數 stu1 並初始化，以 student 結構建立結構變數 stu2，並將 stu1 指派給 stu2。(StructAssign.c)。

```
struct student stu1={99001,"David",90,70,85};
struct student stu2;
stu2=stu1; // 將 stu1 結構變數指派給 stu2
```

12.1.6 結構陣列

一個結構變數只能存放一筆結構資料,如果要同時存放多筆的結構資料,可以使用結構陣列。語法:

```
struct 結構名稱 結構陣列名稱 [ 元素個數 ];
```

例如:以 student 結構建立包含 30 個陣列元素的結構陣列 stu。

```
struct student stu[30];
```

只要透過索引就可以存取結構陣列元素中的成員。例如:設定 stu[1] 陣列元素的 id 和 name 成員。

```
stu[1].id=1
strcpy(stu[1].name,"Lily");
```

12.1.7 巢狀結構

結構中也可以再建立另一個結構,這樣就形成「巢狀結構」。格式如下:

```
struct 結構名稱 1
{
    // 結構 1 成員變數 ;
};
struct 結構名稱 2
{
    // 結構 2 成員變數 ;
    struct 結構名稱 1 變數名稱 ;
};
```

上面的「巢狀結構」中,**結構名稱 1** 必須定義在 **結構名稱 2** 之前,這樣 **結構名稱 2** 中才能使用 **結構名稱 1** 的成員。

例如:定義巢狀結構 data,結構中的成員包含另一個用以記錄生日 (月、日) 的 date 結構,然後建立 data 結構變數 stu 並初始化。

```
struct date // 定義結構 date
{
    int month,day;
};
```

```
struct data // 定義巢狀結構 data
{
    char name[8];
    struct date birthday;
}stu={"David",{8,15}}; // 建立結構變數 stu
```

要存取巢狀結構中的 **date** 結構成員，例如設定生日為 8 月份。語法如下：

```
stu.birthday.month=8;
```

» 範例練習 結構宣告和存取

定義巢狀結構 **data**，結構中以另一個 **date** 結構記錄生日。(NestStruct.c)

程式碼：NestStruct.c

```
1   #include <stdio.h>
2   #include <stdlib.h>
3   struct date   // 定義結構 date
4   {
5       int month,day;
6   };
7   int main()
8   {
9       struct data // 定義巢狀結構 data
10      {
11          char name[8];
12          struct date birthday;
13      }stu={"David",{8,15}}; // 建立結構變數 stu
14
15      printf("姓名：%s\n",stu.name);
16      printf("生日：%d 月 %d 日 \n",stu.birthday.month,stu.birthday.day);
17      system("pause");
18      return 0;
19  }
```

程式說明

- 3-8　　在 main() 函式外部定義結構 date，結構中含有 int month,day 成員。

- 9-13　 在 main() 函式內部定義結構 data，並以 stu={"David",{8,15}} 建立初始化的結構變數。

- 15　　 以 stu.name 顯示 data 結構中的成員 name。

- 16　　 以 stu.birthday.month,stu.birthday.day 顯示巢狀結構中的成員月份和日期。

▶ 立即演練　結構宣告、建立結構變數、結構成員存取

宣告 Rectangle 結構，並建立結構浮點數變數 Height、Width 表示長和寬，輸入矩形的長和寬後計算其面積。(Rectangle1.c)

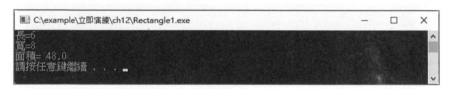

12.2 使用結構當參數

可以使用結構當作參數傳遞給函式,它和其他資料型別的傳遞方式相似,可用傳值和傳址的方式,將參數傳遞到函式中。

12.2.1 結構成員傳遞

以結構成員當作參數傳遞和一般變數的傳遞相同,可以使用傳值和傳址呼叫傳遞。

» 範例練習 **以結構成員當作參數傳遞**

以 student 成員當作參數傳遞,並以傳值和傳址呼叫觀察參數變化。(Struct2.c)

```
C:\example\ch12\Struct2.exe                          □  ×
姓名:林向上
國文:50

國文補考後
姓名:林向上
國文:60
請按任意鍵繼續 . . .
```

程式碼:Struct2.c

```c
1   #include <stdio.h>
2   #include <stdlib.h>
3   struct student     // 定義結構
4   {
5       char name[8]; // 結構成員宣告
6       int chinese;   // 國文
7   };
8   void show(char[] ,int); // 函式原型宣告
9   void setscore(int *);    // 函式原型宣告
10  int main()
11  {
12      struct student David={" 林向上 ",50}; // 宣告結構變數並初始化
13      show(David.name,David.chinese);        // 顯示成績 ( 傳值呼叫 )
14      setscore(&David.chinese); // 國文補考 ( 傳址呼叫 )
15      printf("\n 國文補考後 \n");
16      show(David.name,David.chinese);
17      system("pause");
18      return 0;
```

```
19  }
20  void show(char name[],int score) // 顯示成績
21  {
22      printf(" 姓名 :%s\n", name);   // 顯示結構成員
23      printf(" 國文 :%d\n", score);
24  }
25  void setscore(int *score) // 自訂補考函式
26  {
27      *score=60; // 補考後成績
28  }
```

程式說明

- ■ 3-7　　　定義結構。

- ■ 8-9　　　函式原型宣告。

- ■ 12　　　「struct student David={" 林向上 ",50}」，宣告結構變數 David 並初始化
　　　　　　國文成績為 50 分。

- ■ 13　　　「show(David.name,David.chinese)」呼叫顯示成績的自訂函式，並
　　　　　　以結構成員 David.name、David.chinese 當作參數傳遞，因為 David.
　　　　　　name 是字元陣列，所以是以陣列方式 (傳位址) 傳遞，而 David.
　　　　　　chinese 則以傳值方式傳遞，所以返回主程式後其值不變仍為 50。

- ■ 14　　　「setscore(&David.chinese)」呼叫國文補考的自訂函式，並以結構成
　　　　　　員 David.chinese 位址當作參數傳遞。

- ■ 25-28　　「void setscore(int *score)」自訂國文補考函式，其中 score 是以傳址
　　　　　　呼叫方式傳遞，因此函式執行後 score 被更改為 60。

12.2.2　以整個結構當參數傳遞

將整個結構當作參數傳遞和一般變數的傳遞相同，是使用傳值呼叫，因此函式執行
返回後，結構成員的值並不會改變。

» 範例練習　整個結構當作參數傳遞

以 student 結構當作參數傳遞，觀察參數變化。(Struct3.c)

```
C:\example\ch12\Struct3.exe                          —  □  ×
姓名：林向上
國文：50

國文補考後
姓名：林向上
國文：50
請按任意鍵繼續 . . .
```

程式碼：**Struct3.c**

```c
1    #include <stdio.h>
2    #include <stdlib.h>
3    struct student      // 定義結構
4    {
5        char name[8]; // 結構成員宣告
6        int chinese;  // 國文
7    };
8    void show(char[] ,int);        // 函式原型宣告
9    void setscore(struct student); // 函式原型宣告
10   int main()
11   {
12       struct student David={" 林向上 ",50}; // 宣告結構變數並初始化
13       show(David.name,David.chinese);      // 顯示成績
14       setscore(David); // 國文補考
15       printf("\n 國文補考後 \n");
16       show(David.name,David.chinese);
17       system("pause");
18       return 0;
19   }
20   void show(char name[],int score)   // 顯示成績
21   {
22       printf(" 姓名：%s\n", name);      // 顯示結構成員
23       printf(" 國文：%d\n", score);
24   }
25   void setscore(struct student stu) // 自訂補考函式
26   {
27       stu.chinese=60; // 補考後成績
28   }
```

程式說明

■ 8-9 　　　 函式原型宣告。

■ 12 　　　 「struct student David={" 林向上 ",50};」宣告結構變數並初始化。

- ■ 14 「setscore(David)」呼叫國文補考的自訂函式，並以結構 David 當作參數傳遞，這個 David 結構為傳值呼叫。
- ■ 16 因為傳值呼叫，所以 David 的值不會因為函式執行而改變。
- ■ 25-28 「void setscore(struct student stu)」自訂國文補考函式，其中 stu 是以整個結構當作參數傳遞，也就是傳值呼叫，因此函式執行後主程式中 David 的 chinese 不會改變 (仍為 50)。

12.2.3 以結構位址當參數傳遞

如果使用傳址呼叫方式，則函式執行返回後，結構成員的值會被改變，使用傳址呼叫的語法主程式必須加上關鍵字「&」，函式中的接收參數前加關鍵字「*」，並且函式中的參數必須以指標的方式「->」存取結構的成員。

» 範例練習　以結構位址當參數傳遞

以結構位址當參數傳遞，觀察參數變化。(Struct4.c)

```
C:\example\ch12\Struct4.exe                    —    □    ×
姓名：林向上
國文：50

國文補考後
姓名：林向上
國文：60
請按任意鍵繼續 . . . . .
```

程式碼：Struct4.c

```c
1   #include <stdio.h>
2   #include <stdlib.h>
3   struct student      // 定義結構
4   {
5       char name[8]; // 結構成員宣告
6       int chinese;   // 國文
7   };
8   void show(char[] ,int); // 函式原型宣告
9   void setscore(struct student *);     // 函式原型宣告
10  int main()
11  {
12      struct student David={" 林向上 ",50}; // 宣告結構變數並初始化
13      show(David.name,David.chinese);        // 顯示成績
```

```
14      setscore(&David); // 國文補考
15      printf("\n 國文補考後 \n");
16      show(David.name,David.chinese);
17      system("pause");
18      return 0;
19   }
20   void show(char name[],int score)   // 顯示成績
21   {
22      printf(" 姓名：%s\n", name);        // 顯示結構成員
23      printf(" 國文：%d\n", score);
24   }
25   void setscore(struct student *stu) // 自訂補考函式
26   {
27      stu->chinese=60; // 補考後成績
28   }
```

程式說明

- 8-9   函式原型宣告。

- 13   「setscore(&David)」，以結構 David 當作參數進行傳址呼叫。

- 25-28   「void setscore(struct student *stu)」，其中 *stu 為傳址呼叫，因此函式
          執行後主程式 chinese 被更改為 60。

- 27   stu 是指標變數，因此存取語法是 stu->chinese=60。

▶ 立即演練   以整個結構當作參數傳遞

定義 student 結構包含有 name[8]、chinese、math 三個成員並設定初值為「洪錦民、
86、91」，以 student 結構當作參數傳遞，顯示兩科的平均值。(StructEx.c)

</> 12.3 結構的應用

樹 (tree) 在資料結構上是很重要的一環，結構最典型的應用是樹的處理，當樹的各節點的分支在兩個 (含) 以下，稱為二元樹，二元樹即為整個樹演算法的中心。

12.3.1 樹的基本觀念 - 父節點、子節點

樹的結構是以根節點開始，衍生子節點，子節點再往下衍生子節點，如果某個節點的本身沒有子節點，則稱為葉節點。

下圖中，A 是根節點，B、E…F、G 是 A 的子節點，C、D 是 B 的子節點，反過來說，B 是 C、D 的「父節點」。擁有共同父節點的節點稱為「兄弟節點」，也就是 B、E…F、G 節點稱為兄弟節點，C、D、E、F、G 為葉節點。

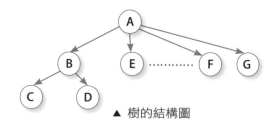

▲ 樹的結構圖

12.3.2 認識二元樹

如果樹結構中的節點只有左、右兩個節點，即為二元樹。

二元樹的結構

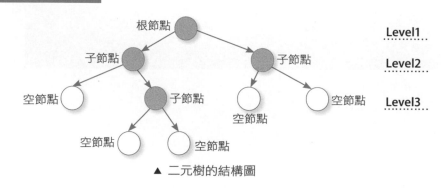

▲ 二元樹的結構圖

二元樹位於第一層 (Level1) 一定是根節點，左右各有子節點，由子節點的左右再繼續延伸出節點，這樣的樹稱為二元樹，當某一節點的子節點不是一個實質的節點，例如上圖中空心圓，則稱為連上一個空節點 (葉節點)。

由任一節點的 Level 到和這一節點相連的最底層節點 Level 的差距稱為樹高。

二元樹的規範

二元樹中任一節點的左子節點下，所有節點的節點內容必小於或等於此節點的節點內容，右子節點下所有節點的節點內容必大於或等於此節點的節點內容。下圖中各節點的編號「2->6->11->13->16->18->20->25->32->39」是呈現由小至大排序的。

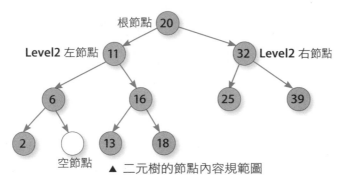

▲ 二元樹的節點內容規範圖

為了易於描述每個節點，我們定義一個結構來描述之。

▲ 二元樹的節點內容結構描述圖

上圖中表示「根節點」的編號是 20，它的左子節點編號是 11，右子節點編號是 32。同理「Level2 左節點」的編號是 11，它的左子節點編號是 6，右子節點編號是 16，餘依此類推。

因為每個節點的結構相同，含有左子節點的節點編號、節點編號、右子節點的節點編號，因此可以 struct 來定義之。

```
struct treenode          // 定義結構
{
    int left;            // 左子節點的節點編號
    int no;              // 節點編號
    int right;           // 右子節點的節點編號
};
```

如果節點不以編號而以「名稱」辨識，解讀會更容易了解，上面的結構可以修改如下：

```
struct treenode          // 定義結構
{
    int left;            // 左子節點的節點編號
    char name[12];       // 節點名稱
    int right;           // 右子節點的節點編號
};
```

節點結構定義好了之後，可以建立結構變數，例如建立根節點的結構變數如下：

```
struct treenode noderoot={11," 根節點 ",32};
```

存取根節點結構中的成員語法如下：

```
printf("%d",noderoot.left);   //11
printf("%s",noderoot.name);   // 根節點
printf("%d",noderoot.right);  //32
```

其他子節點結構也可以建立結構變數，例如建立「Level2 左節點」結構變數如下：

```
struct treenode node1={6,"Level2 左節點 ",16};
```

同理建立「Level2 右節點」結構變數如下：

```
struct treenode node2={25,"Level2 右節點 ",39};
```

有了二元樹結構的概念後，下面要以實際的例子，說明二元樹的搜尋。

二元樹中，每個節點均按順序由小至大或由大至小的規則排列，利用各個節點相互比較，即可以找到指定的資料。假設二元樹的架構如下：

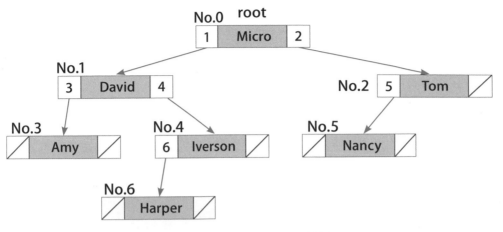

▲ 二元搜尋樹的結構圖

依據上面節點結構定義，No.0 根節點可以定義如下：

```
struct treenode noderoot={1,"Micro",2};
```

「No.1」子節點可以定義如下：

```
struct treenode node1={3,"David",4};
```

同理建立「No.2」子節點定義如下，因為「No.2」子節點的右子節點為葉節點，以 nil 表示之。

```
struct treenode node2={5,"Tom",nil};
```

如果以結構陣列 a[] 來定義，上圖二元樹的結構如下：

```
struct treenode a[6]=
{ {1,"Micro",2},{3,"David",4},{5,"Tom",nil},{nil,"Amy",nil},
  {6,"Iverson",nil},{nil,"Nancy",nil},{nil,"Harper",nil}
};
```

為了方便存取，以索引 p 來輔助 (p 即上圖的 No 編號)，首先令根節點的 p=0，所以 a[0].left=1、a[0].name="Micro"、a[0].right=2，上列二元搜尋樹的陣列形式如下：

p	a[p].left	a[p].name	a[p].right
0	1	Micro	2
1	3	David	4
2	5	Tom	nil
3	nil	Amy	nil
4	6	Iverson	nil
5	nil	Nancy	nil
6	nil	Harper	nil

a[p].left 為指向左邊子節點的指標、a[p].right 為指向右邊子節點的指標，這些指標的值均以數字編號，依尋各子節點的路徑，即可找到指定的資料。而 root 為根目錄，每次搜尋均從根目錄開始搜尋，並設 p=0。

nil 代表該節點以下沒有子節點 (稱為葉節點)，在下面的範例程式中是以 -1 來表示。

12.3.3　二元樹的搜尋

要在這種二元樹中搜尋指定資料 key 時，必須從 root 開始，比較 key 和節點名稱 (a[p].name) 的大小，若 key 比節點名稱小，則向左邊的子節點繼續搜尋，若 key 比節點名稱大，則向右邊的子節點繼續搜尋。當指標為 nil 時卻仍未找到資料，即表示該資料不存在。

以上表的二元樹為例，假如要搜尋的 key 內容是「Harper」。

搜尋會從 root 根目錄 (p=0) 開始，比較 Harper 和 Micro 的大小。因為 Harper 比 Micro 小，因此會以 a[0].left 取得左子節點的編號指標 p=1，因為 p 不是 nil，所以會繼續往下一個子節點搜尋。

當節點指標 p=1，a[1].name="David"，因為 Harper 比 David 大，於是又以 a[1].right 取出右子節點的編號 (p=4) 繼續往下一子節點搜尋。

當節點指標 p=4，a[4].name 的內容是 Iverson，因為 Harper 比 Iverson 小，於是又以 a[4].left 取出左子節點的編號 (p=6) 繼續往下一子節點搜尋。

當節點指標 p=6，a[6].name 的內容是 Harper，因此會在這個子節點找到搜尋的資料。

» 範例練習　二元樹搜尋

以結構定義二元樹後，利用二元樹搜尋資料。(BinaryTree1.c)

```
■ C:\example\ch12\BinaryTree1.exe                    —    □    ×
輸入搜尋資料：Iverson
找到了 Iverson!
請按任意鍵繼續 . . .
```

程式碼：BinaryTree1.c

```c
1   #include <stdio.h>
2   #include <stdlib.h>
3   #include <string.h>
4   #define nil -1
5   #define MaxSize 20
6
7   struct treenode      // 定義結構
8   {
9       int left;         // 指向左側部分樹的指標
10      char name[12];    // 姓名
11      int right;        // 指向右側部分樹的指標
12  };
13
14  int main()
15  {
16      struct treenode node[MaxSize]={{1,"Micro",2}, {3,"David",4},
17                                    {5,"Tom",nil}, {nil,"Amy",nil},
18                                    {6,"Iverson",nil}, {nil,"Nancy",nil},
19                                    {nil,"Harper",nil}};
20      char key[12];
21      int p=0;
22      printf(" 輸入搜尋資料：");
23      gets(key);
24      while (p!=nil)
25      {
26          if (strcmp(key,node[p].name)==0)
27          {
28              printf(" 找到了 %s!\n",key);
29              break;
30          }
31          else if (strcmp(key,node[p].name)<0)
32              p=node[p].left;   // 移至左邊的樹
```

```
33          else
34              p=node[p].right; // 移至右邊的樹
35      }
36      system("pause");
37      return 0;
38  }
```

程式說明

- **4** 「#define nil -1」，定義 nil 值為 -1。

- **7-12** 定義二元樹的節點結構，每個節點均有左子節點編號、節點名稱、右子節點編號。

- **16-19** 建立二元樹資料，每個節點均按須序由小至大的規則排列，利用各個節點相互比較，即可以找到指定的資料。

- **21** int p=0，每次搜尋均從根目錄始搜尋。

- **23** 輸入欲搜尋內容 key。

- **24-35** 自根開始往下搜尋各節點，如果節點內容是 nil 代表該節點以下沒有子節點，則結束搜尋。

- **26-30** 如果找到節點，顯示該節點名稱。

- **31-34** 判斷搜尋內容 key，若 key 比節點小，則向左邊的樹繼續搜尋，若 key 比節點大，則向右邊的樹繼續搜尋。

- **32** p=node[p].left，取出左子節點的編號。

- **34** p=node[p].right，取出右子節點的編號。

◤輔助說明◢

第 一 次 strcmp(key,a[p].name) 中 的 p=0，所 以 實 際 比 較 的 字 串 是 strcmp("Iverson","Micro")，因為 Iverson 比 Micro 小，因此會以 a[0].left 取得左子節點的編號指標 p=1，因為 p 不是 nil，所以會繼續往下一個子節點搜尋。

當 節 點 指 標 p=1，執 行 strcmp(key,a[1].name) 中，實 際 比 較 的 是 strcmp("Iverson","David")，因為 Iverson 比 David 大，於是又以 a[1].right 取出右子節點的編號 (p=4) 繼續再往下一子節點搜尋。

當 節 點 指 標 p=4，執 行 strcmp(key,a[4].name)，因 為 a[4].name 的 內 容 是 Iverson，實際比較的是 strcmp("Iverson", "Iverson")，因此會在這個子節點找到搜尋的資料。

12.4 列舉型別 (enum)

列舉型別一種特殊的常數定義方式，可將數個性質相似的整數常數，以一組較有意義的名稱取代不易記憶的整數常數，這樣就可使得程式的可讀性提高，而且每一個常數之間具有關聯性，每一個常數是列舉型別中的一個元素。例如：一星期中七天的名稱就是彼此相關的七個常數。

12.4.1 列舉型別的定義

定義列舉型別的語法：

```
enum 列舉型別名稱
{
    第一個常數名稱 [= 數值一],
    第二個常數名稱 [= 數值二],
    ......
    第n個常數名稱 [= 數值n]
};
```

例如：以列舉型別表示一星期中的七天名稱。

```
enum DayOfWeek
{
    Sunday = 0,
    Monday = 1,
    Tuesday = 2,
    Wednesday = 3,
    Thursday = 4,
    Friday = 5,
    Saturday = 6
};
```

列舉型別中的每一個常數也可以不必設定初始值，省略設定初始值時系統會自動將第一個常數的值設為「0」，第二個常數的值設為「1」，其餘依此類推。

```
enum DayOfWeek
{
    Sunday,     // 預設為 0
    Monday,     // 預設為 1
```

```
    Tuesday,    // 預設為 2
    ...
};
```

列舉型別亦可自行設定列舉常數的值為 k，則其後的列舉常數值為 k+1。此外，列舉常數的值也可以重複設定，也就是說，列舉型別定義中，列舉常數的值可以是相同的。例如：

```
enum DayOfWeek
{
    Sunday ,        // 預設為 0
    Monday=5,       // 設定為 5
    Tuesday,        // 預設為 6
    Wednesday,      // 預設為 7
    Thursday = 5    // 可以重複設定為相同的值 5
};
```

» 範例練習 列舉型別的定義

示範如何定義列舉型別，並顯示列舉常數的結果。(Enum1.c)

程式碼：Enum1.c

```
1   #include <stdio.h>
2   #include <stdlib.h>
3   enum DayOfWeek
4   {
5       Sunday,      //Sunday =0
6       Monday,      //Monday = 1
7       Tuesday=5,   //Tuesday = 5
8       Wednesday,   //Wednesday = 6
9       Thursday,    //Thursday = 7
10      Friday=5,    //Friday = 5
11      Saturday     //Saturday = 6
12  };
13  int main()
```

```
14  {
15      printf("Monday 的值 =%d\n",Monday);       //1
16      printf("Wednesday 的值 =%d\n",Wednesday); //6
17      printf("Friday 的值 =%d\n",Friday);       //5
18      system("pause");
19      return 0;
20  }
```

程式說明

- ■ 3-12　　建立列舉型別 DayOfWeek。

- ■ 5-6　　　列舉型別中的每一個常數可以不必設定初始值，系統會自動將第一個常數的值設為「0」，第二個常數的值設為「1」。

- ■ 7　　　　「Tuesday=5」設定列舉常數為 5，因此若下一個列舉常數值未設定，則其值為將預設為 6，餘此類推。

- ■ 10　　　「Friday=5」，可以將不同的列舉常數設定為相同的常數值。

12.4.2 列舉變數宣告

定義列舉型別後，就可以宣告列舉變數，列舉變數宣告的語法為：

```
enum 列舉型別名稱 變數名稱 [= 列舉常數 ];
```

使用列舉常數範例：

```
enum DayOfWeek weekday=Monday; //weekday=1
```

和結構變數宣告一樣，列舉變數也可以在定義時同時宣告，甚至初始化。

```
enum DayOfWeek
{
    Sunday ,      // 預設為 0
    Monday ,      // 預設為 1
    Tuesday,      // 預設為 2
}weekday = Monday;
```

列舉變數的初值設定除了使用列舉常數已定義的值，其實也可以直接使用整數值來設定，不過這不符合列舉要以較有意義名稱，取代不易記憶整數常數的精神。例如：

```
enum DayOfWeek weekday=Monday; // 使用列舉常數定義初值
weekday=2;                     // 使用數值定義初值
```

» 範例練習　列舉變數的宣告

電玩遊戲設計時常會定義 direction 列舉型別，並以 Up、Right、Down、Left 列舉常數定義上、右、下、左等行進方向，建立列舉變數 dest 並設定其初值為 Right，最後顯示這個方向的常數值。(Enum2.c)

```
C:\example\ch12\Enum2.exe                    —    □    ×
dest: 1
請按任意鍵繼續 . . .
```

程式碼：Enum2.c

```c
1  #include <stdio.h>
2  #include <stdlib.h>
3  enum direction {   // 定義列舉型別
4      Up,      //0
5      Right,   //1
6      Down,    //2
7      Left     //3
8  };
9  int main()
10 {
11     enum direction dest = Right;
12     printf("dest: %d\n", dest); //1
13     system("pause");
14     return 0;
15 }
```

程式說明

- 3-8　　　定義列舉型別 direction。
- 11　　　「enum direction dest = Right」宣告列舉型別變數 dest，並設定初值為 Right。
- 12　　　顯示列舉變數設定的數值。

▶ 立即演練　列舉型別的定義和變數的宣告

定義列舉型別如下，輸入 1~4 分別顯示最喜歡的季節。(Season1.c)

```
enum Season   // 定義列舉型別
{
    spring = 1,
    summer,
    fall,
    winter
};
```

12.5 共用空間 (union)

union 是從 struct 衍生的資料型態，兩者都可以定義不同的資料型別。在共用空間中，所有的成員共用一個記憶體，分配給共用空間的記憶體大小是由最大的成員來決定。因為共用相同的記憶體，所以和 struct 相比較可以節省許多記憶體，但也因為共用相同的記憶體，當改變其中的一個成員的內容時，也會同時改變其他成員的內容。

12.5.1 共用空間的定義

定義共用空間及宣告方式和結構相同，其語法如下：

```
union  共用空間型別名稱
{
    資料型別  成員變數1;
    資料型別  成員變數2;
    ...
};
```

例如：宣告共用空間型別 student，包括 name、score、age 等成員。

```
union student   // 宣告共用空間型別
{
    char name[12];
    int score;
    int age;
};
```

12.5.2 共用空間型別變數宣告

定義共用空間型別後，就可以宣告共用空間型別變數，共用空間型別變數宣告的語法如下。

```
union  共用空間型別  變數名稱 ;
```

共用空間型別變數宣告範例：

```
union student stu;
```

和結構變數宣告一樣，共用空間型別變數也可以在定義時同時宣告。

```
union student    // 宣告共用空間型別
{
    char name[12];
    int score;
}stu;
```

因為共用相同的記憶體，當改變其中的一個成員的內容時，其他成員的內容也會同時改變。

例如：設定 stu.score = 65 可以看到 stu.name 為字元 'A'(因為 A 的 ASCII=65) ，stu 的大小為 12(char name[12] 決定)，同時可看到 name、score 成員使用相同的記憶體。

```
stu.score = 65;
printf("stu.name=%s ,size= %d addr=%x\n",stu.name,sizeof(stu),&stu.name);
printf("stu.id= %d ,size= %d addr=%x\n",stu.score,sizeof(stu),&stu.score);
```

執行結果：

```
stu.name=A ,size= 12 addr=407a20
stu.id= 65 ,size= 12 addr=407a20
```

» 範例練習　共用空間的定義及變數宣告

成績考核辦法可以等第 (grade) 或分數 (score) 來評分。定義共用空間型別 student 並建立共用空間型別變數，此型別的 grade、score 成員會共用相同的記憶體，請選擇輸入評分方式後，以等第或分數評分方式顯示學生的成績。(Union1.c)

程式碼：Union1.c

```
1    #include <stdio.h>
2    #include <stdlib.h>
```

```
3    union student   // 宣告共用空間型別
4    {
5       char grade;  // 長度1
6       int score;   // 長度4(最大長度)
7    };
8    int main()
9    {
10      union student david; // 定義共用空間型別變數
11      char ch;
12      printf(" 請選擇成績評分方式 (1) 等第 (2) 分數 : ");
13      scanf("%c",&ch);
14      fflush(stdin);
15      switch(ch)
16      {
17         case '1':
18            printf(" 請輸入等第 : ");
19            scanf("%c",&david.grade);
20            printf("david 的等第: %c\n",david.grade);
21            break;
22         case '2':
23            printf(" 請輸入分數 : ");
24            scanf("%d",&david.score);
25            printf("david 的 :%d\n",david.score);
26            break;
27      }
28      system("pause");
29      return 0;
30   }
```

程式說明

- 3-7 　　 定義共用空間型別 student。
- 10 　　　 建立共用空間型別變數 david。
- 12 　　　 選擇成績評分方式。
- 17-26 　 選擇 1 使用 david.grade，選擇 2 使用 david.score，雖然使用的時機不同，但其實都是共用一個相同的記憶體。

12.6 自訂資料型別 (typedef)

typedef 可以將已有的資料型別重新定義一個易於識別的名稱，如此可以使程式的解讀更為清楚，而且也可以提高程式的可攜性，當我們想將程式移到其他機器執行時，只要稍作 typedef 的定義即可達成，例如同樣是整數的型別，在不同的作業系統，名稱可能不相同，只要修改 typedef 中的資料型別，即可以將同一程式移植到不同的作業系統。

12.6.1 自訂資料型別和宣告自訂資料型別變數

自訂資料型別的語法：

```
typedef 資料型別 自訂資料型別名稱;
```

宣告自訂資料型別變數語法和一般變數宣告相同：

```
自訂資料型別名稱 變數名稱;
```

例如：

```
typedef int Myint;        // 以 int 型別，自訂資料型別 Myint
Myint width=100;          // 以 Myint 型別宣告變數 width
typedef char Mychar;      // 以 char 型別，自訂資料型別 Mychar
Mychar ch='A';            // 以 Mychar 型別宣告變數 ch
typedef float score;      // 以 float 型別，自訂資料型別 score
score avegage;            // 以 score 型別宣告變數 avegage
```

typedef 也可以自訂陣列型別，例如以 int 型別，自訂陣列資料型別 num[10]。

```
typedef int num[10];      // 以 int 型別，自訂陣列資料型別 num[10]
num n;                    // 以 num[10] 陣列型別宣告陣列變數 n
n[1]=12;                  // 存取陣列元素
printf("%d",n[1]);        //12
```

例如以 char[10] 型別，自訂字串資料型別 name。

```
typedef char name[10];    // 以 char 型別，自訂陣列資料型別 num[10]
name david="David";       // 設定陣列內容
```

typedef 也可以自訂指標型別，但這種宣告的方式容易造成使用上的混淆，最好避免使用。

```
typedef int *Myint;      // 自訂資料型別 Myint 為 int 指標變數
Myint Point;             // 宣告 Point 為 Myint，也就是 int*
```

》範例練習 自訂資料型別

自訂全域變數字串資料型別 username 和全域變數整數資料型別 score，區域變數浮點資料型別 average 後，以自訂資料型別建立變數。(typedef1.c)

程式碼：typedef1.c

```
1   #include <stdio.h>
2   #include <stdlib.h>
3   typedef char username[10]; // 自訂資料型別 username
4   typedef int score;          // 自訂資料型別 score
5
6   int main()
7   {
8       typedef float average; // 自訂區域資料型別 average
9       username lily=" 瑪莉 ";   // 以 username 定義變數 lily 並初始化
10      average avg;            // 以 average 定義變數 avg
11      score chinese=95,math=90; // 以 score 定義變數 chinese、math 並初始化
12      avg=(chinese+math)/2.0;
13      printf("%s 平均 =%5.1f\n",lily,avg);
14      system("pause");
15      return 0;
16  }
```

程式說明

- 3-4   自訂全域變數資料型別 username 和 score。
- 8   自訂區域資料型別 average。
- 9   「username lily=" 瑪莉 "」以 username 定義變數 lily 並初始化。
- 10   「average avg」以 average 定義變數 avg。
- 11   「score chinese=95,math=90」以 score 定義變數 chinese、math 並初始化。

感覺上，typedef 和 #define 相似，在許多的情形下，的確可以使用 #define 取代 typedef，不過 #define 是由前置處理器處理，而 typedef 則是由編譯器執行。此外，如果要定義較複雜的資料型態如指標或結構，#define 並無法做到，此時就只有使用 typedef 來達成了。

例如：以 typedef 自訂結構型態 student。

```
typedef struct    // 自訂結構
{
    char name[8];
    int chinese,math;
}student; // 自訂結構型態為 student
```

» 範例練習　自訂結構資料型別

以 typedef 自訂結構資料型別 student，student 結構包含 name、chinese 和 math 成員，利用自訂結構 student 宣告陣列變數 stu[2] 並初始化後，顯示結構的成員。(typedef2.c)

```
C:\example\ch12\typedef2.exe                    —    □    ×
姓名:David
國文:90
數學:70
---------------
姓名:Lily
國文:86
數學:80
---------------
請按任意鍵繼續 . . .
```

程式碼：typedef2.c

```
1   #include <stdio.h>
2   #include <stdlib.h>
3   typedef struct    // 定義結構
4   {
5       char name[8];
6       int chinese,math;
7   }student; // 自訂結構型態為 student
8   int main()
9   {
10      // 宣告結構變數並初始化
11      student stu[2]={{"David",90,70},{"Lily",86,80}};
```

```
12      for (int i=0;i<2;i++) // 顯示結構成員
13      {
14         printf(" 姓名：%s\n", stu[i].name);
15         printf(" 國文：%d\n", stu[i].chinese);
16         printf(" 數學：%d\n", stu[i].math);
17         printf("------------\n");
18      }
19      system("pause");
20      return 0;
21   }
```

程式說明

- 3-7   自訂結構型態為 student。
- 11   「student stu[2]」以自訂的結構型態 student 建立陣列變數。
- 12-18   依序顯示結構中的成員。

▶立即演練 自訂 Password 字串資料型別

自訂字串資料型別 Password，正確密碼為 1234，輸入密碼後比對是否正確。
(Password1.c)

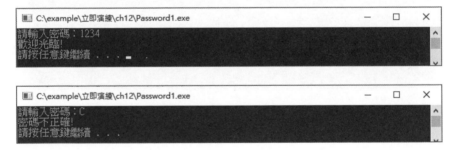

12.7 本章重點整理

■ **結構：**

◆ **結構定義**：結構是一種自訂的資料型別，它和陣列相似，但結構中的變數可以包含不同的資料型別，結構中的變數稱為成員 (Member) 或欄位 (Field)。

◆ **結構成員的存取**：宣告結構變數後，要存取結構的成員，應使用「.」成員運算子，如果是以指標宣告，要存取結構的成員，應使用「->」指標成員運算子。

◆ **使用結構當參數**：可以使用結構當作參數傳遞給函式，它和其他資料型別的傳遞方式相似，可用傳值或傳址的方式，將參數傳遞到函式中。

◆ **結構的應用**：二元樹中，每個節點均按順序由小至大或由大至小的規則排列，利用各個節點相互比較，可以找到指定的資料。

■ **列舉型別**：列舉型別可將數個性質相似的常數組織在一起，形成一個集合，這樣就可使得每一個常數之間具有關聯性，每一個常數是列舉型別中的一個元素。

■ **共用空間**：union 是從 struct 衍生的資料型態，兩者都可以定義不同的資料型別。在共用空間中，所有的成員共用相同記憶體，因此可以節省記憶體。

■ **自訂資料型別**：typedef 可以將已有的資料型別重新定義一個易於識別的名稱，如此可以使程式的解讀更為清楚，而且也可以提高程式的可攜性，當我們想將程式移到其他機器執行時，只要稍作 typedef 的定義即可達成。

■ **自訂結構資料型別**：如果要定義較複雜的資料型態如指標或結構，#define 並無法做到，此時就只有使用 typedef 來達成了。

12.1 結構 (structure)

1. 宣告 Point 結構表示點座標，並建立結構變數 x、y，輸入點座標後並顯示之。[易]

2. 宣告 student 結構包括學號、姓名、國文、英文、數學、平均等成員，從鍵盤輸入學號、姓名、國文、英文、數學成績後計算國文、英文、數學三科的平均，如下圖。[易]

12.2 使用結構當參數

3. 宣告 Score 結構，並建立結構成員 chinese、math 表示國文和數學成績，輸入 chinese、math 成績後並將之以傳值方式傳入 avg() 函式，求兩科成績平均，如下圖。[易]

4. 定義 Number 結構包含有 value[5] 陣列成員，自鍵盤輸入 5 個數字後，以整個 Number 結構當作參數傳遞，找出 value 陣列中最大的數字，如下圖。[中]

延 伸 練 習

> ► 提示

```
struct Number                // 定義結構
{
    int value[5];
};
```

5. Point 結構包含成員 x、y 表示點座標,輸入點座標後並將 Point 結構以傳位址方式呼叫 swap() 函式後,將 x、y 的點座標互換,如下圖。[中]

12.3 結構的應用

6. 參考 12.3 節二元樹搜尋範例,以結構定義二元樹後,利用二元樹搜尋資料,如果找到資料則一併顯示總共搜尋過多少個節點,如下圖。[中]

7. 參考 12.3 節二元樹搜尋範例,以結構定義二元樹後,利用二元樹搜尋資料,如果找到資料則一併顯示所經過的節點編號,如下圖。[難]

12.4 列舉型別 (enum)

8. 定義列舉型別 number,包含列舉常數 One=1、Two=2、Three=3、Four=4、Five=5、Six=6、Seven=7、Eight=8、Nine=9 並顯示列舉型別定義的結果,如下圖。[易]

```
■ C:\example\習作\ch12\ch12_ex8.exe                              —    □    ×
One 的值=1
Five 的值=5
Nine 的值=9
請按任意鍵繼續 . . .
```

9. 同上題定義列舉型別，輸入 1~9 分別顯示定義的列舉常數，如下圖。[中]

```
■ C:\example\習作\ch12\ch12_ex9.exe                              —    □    ×
請輸入 1~9: 1
One
請輸入 1~9: 5
Five
請輸入 1~9: 9
Nine
請輸入 1~9: _
```

> ▶ 提示

```
int main()
{
    char str[10][6]={"","One","Two","Three",
      "Four","Five","Six","Seven","Eight","Nine"};
    enum Number no; // 宣告列舉型別變數
    scanf("%d",&no);;
    printf("%s\n",str[no]);
}
```

12.5 共用空間 (union)

10. 定義共用型別 student 並建立共用型別變數 david，此型別的 id、name 成員會共用相同的記憶體，請選擇輸入的資料型態後，輸入學生資料，如下圖。[易]

```
■ C:\example\習作\ch12\ch12_ex10.exe                             —    □    ×
請選擇輸入項目：(1)學號 (2)姓名 1
請輸入學號：99001
david.id=99001
請按任意鍵繼續 . . .
```

```
■ C:\example\習作\ch12\ch12_ex10.exe                             —    □    ×
請選擇輸入項目：(1)學號 (2)姓名 2
請輸入姓名：Hill
david.name=Hill
請按任意鍵繼續 . . .
```

12.6 自訂資料型別 (typedef)

11. 自訂字串資料型別（字元陣列）username 和整數資料型別 score，以 username 型別建立變數 david，score 型別建立變數 chinese、math，並輸入資料，如下圖。[易]

12. 以 typedef 自訂結構資料型別 student，student 結構包含 name、chinese 和 math 成員，利用自訂結構 student 宣告變數 stu 並輸入資料後，求兩科平均，如下圖。[中]

memo

13

檔案處理

</> 13.1 檔案處理

在真實世界裡，資料會儲存在記憶體和磁碟中，然後讀取這些資料並加以修改、統計和分析，再將這些資料列印、顯示在螢幕或是儲存起來。C 語言對資料存取的動作，通常透過指標變數對資料串流進行讀取、寫入的機制來完成。

13.1.1 檔案類型

檔案依儲存的形式有下列兩種類型：

文字檔 (Text file)

文字檔資料中的每一個字元是以其所對應的 ASCII 碼儲存，每個字元佔用 1 個位元組。因為它可以使用文書編輯軟體如 Windows 內建的記事本開啟和編輯，因此一般的文字資料都是採用這種方式儲存。

例如：整數 65432 以文字檔案儲存的格式如下。

6	5	4	3	2
54	53	52	51	50

▲ 以 ASCII 碼儲存憶體配置圖

因為每個字元會佔用 1 個位元組，因此共佔用 5 個位元組。

二進位檔 (Binary file)

二進位檔資料中的每一個字元是以二進位的格式儲存， 一般執行檔、圖形檔及影像聲音檔，為了減少檔案的大小，都會以二進位的格式儲存。

例如：上例整數 65432 以二進位檔案儲存的格式如下。

11111111	10011000

▲ 以二進位檔儲存憶體配置圖

整數 65432_{10} 其二進位的值為「1111111110011000」，16 進位的值為「FF98」，因此只需用 2 個位元組。

當資料量較龐大使用二進制檔儲存就可節省許多的空間，但二進制檔無法使用文書編輯軟體開啟和編輯 ，如果使用文書編輯軟體如記事本開啟，將會看到一堆亂碼。

13.1.2 檔案存取方式

檔案依存取方式有下列兩種類型：

循序存取 (Sequential Access)

讀取資料是由檔案的開端循序由前往後一筆一筆的讀取，資料寫入檔案時，則是將資料附加在檔案的尾端，以這種方式存取資料的檔案稱為循序檔，常用於文字檔。

隨機存取 (Random Access)

資料是結構資料型態，以一筆記錄為單位，每一筆記錄的長度相同，可以使用目前資料記錄所在位置，計算出資料實際儲存的位置，讀取或寫入檔案，以這種方式存取資料的檔案稱為隨機存取檔，常用於二進位檔。

13.1.3 有緩衝區的檔案處理

資料在存取的過程，經常需要一些額外的記憶體作為緩衝區 (buffer)，存放暫時性的資料，以提高程式執行的速度和效率。

程式讀取時會先將資料讀取到緩衝區，再將資料由緩衝區讀入程式中，同樣地，資料寫入檔案時也是先將資料存放在緩衝區，等緩衝區資料已滿或檔案關閉後，再一併將資料由緩衝區寫入檔案中。

資料寫入檔案： 將資料讀取到緩衝區　　　當緩衝區資料已滿或檔案關閉後，
　　　　　　　　　　　　　　　　　　將資料由緩衝區寫入檔案中。

讀取檔案資料： 將資料由緩衝區讀入程式中　　將資料由硬碟讀入緩衝區

▲ 緩衝區檔案處理

13.1.4 檔案存取的步驟

檔案的資料進行存取時，首先必須將檔案開啟，然後才能讀取、寫入、更新或增加資料，同時當存取工作完成後，也必須將檔案關閉。步驟如下：

1. 開啟檔案：開啟要讀取、寫入、更新或增加資料的檔案。

2. 資料存取：從檔案中讀取資料或將資料寫入檔案中。

3. 關閉檔案：檔案資料處理完成後，要有一個好的習慣，將不再使用的檔案關閉，檔案關閉後資料就會確實的寫入檔案中，同時也避免在電腦系統不穩定狀態造成檔案資料的流失。

13.1.5 檔案處理的函式

C 語言將有緩衝區檔案處理函式的原型定義在 <stdio.h> 標頭檔中，檔案存取時必須引入這個標頭檔。

建立檔案指標變數

檔案存取時必須建立一個 FILE 型別的指標變數，記錄檔案緩衝區的起始位址。

```
FILE *指標變數;
```

例如：建立檔案指標變數 fp。

```
#include <stdio.h>
FILE *fp;
```

開啟檔案的語法

然後利用 fopen() 函式開啟要讀取或寫入的檔案，並將指標變數指向檔案的開端。語法如下：

```
指標變數 = fopen("檔案名稱","存取模式");
```

■ **檔案名稱：**代表要開啟的檔案名稱，可以使用絕對路徑或相對路徑。檔案名稱中若省略路徑代表存取工作目錄的檔案，若路徑中含有「\」字元，必須再加上脫逸字元「\」，例如：C:\data\sample.txt，應寫成 C:\\data\\sample.txt。

■ **存取模式：**代表檔案要存取的方式。

例如：開啟唯讀的 <C:\data\sample.txt> 檔。

```
FILE *fp;
fp = fopen("C:\\data\\sample.txt","r");
```

fopen() 函式常用的存取模式如下：

存取模式	作用
"r"	開啟一個唯讀的檔案，以讀取資料，若檔案不存在傳回 NULL。
"w"	開啟檔案以寫入資料。如果檔案不存在，系統會自動建立這個檔案，如果檔案已經存在，則該檔案的內容將會被覆蓋掉。
"a"	開啟檔案以寫入資料，如果檔案不存在，系統會自動建立這個檔案，如果檔案已經存在，資料將寫入到檔案結尾。
"t"	以文字模式開啟檔案，此為預設的檔案模式，省略時預設以文字模式開啟檔案。
"b"	以二進位方式開啟檔案。
"r+"	開啟檔案以讀取和寫入，若檔案不存在傳回 NULL。
"w+"	開啟檔案以讀取和寫入資料。如果檔案不存在，系統會自動建立這個檔案，如果檔案已經存在，則該檔案的內容將會被覆蓋掉。
"a+"	開啟檔案以讀取和寫入資料，如果檔案不存在，系統會自動建立這個檔案，如果檔案已經存在，資料將寫入到檔案結尾。

fopen() 函式開啟檔案後，如果成功開啟會傳回一個指向檔案開頭的指標，若開啟失敗，則會傳回 NULL 指標，通常會利用傳回值判斷檔案是否成功開啟。

例如：以讀取模式開啟 <sample.txt> 檔案，並將檔案指標變數 fp 指向檔案的開端。

```
FILE *fp; /* 建立指向檔案的指標 fp*/
fp = fopen("sample.txt","r");
if (fp != NULL) /* 判斷檔案是否開啟成功 */
{
    // 檔案開啟成功時執行的程式碼
    fclose(fp);  // 關閉檔案
}
else
{
    // 檔案開啟失敗時執行的程式碼
}
```

常用的檔案處理函式

檔案以 fopen() 函式成功開啟後，就可以利用檔案處理的函式讀取、寫入、更新或增加資料，<stdio.h> 標頭檔中除了 fopen() 函式外，還定義下列的檔案處理函式。

函數功能	函數格式和說明
開啟檔案	`FILE *fopen(const char *filename,const char *mode);` 以指定的存取模式開啟檔案，開啟檔案成功傳回 FILE 指標，若開啟檔案失敗傳回 NULL。
關閉檔案	`int fclose(FILE *fp);` 關閉檔案指標 fp 所指向的檔案。關閉檔案成功傳回 0，關閉檔案失敗，傳回 EOF(EOF 值為 -1)。
讀取一個字元	`int fgetc(FILE *fp);` 從檔案指標 fp 所指向的檔案中，讀取一個字元，返回值為讀取字元的 ASCII 碼，若檔案指標 fp 指在檔案尾端，則傳回 EOF。
寫入一個字元	`int fputc(int ch,FILE *fp);` 將 ch 字元寫入檔案指標 fp 所指向的檔案中，若字元成功寫入檔案，則傳回 ch 字元所對應的 ASCII 碼，若寫入失敗傳回 EOF。
讀取字串	`char *fgets(char *buffer,int length,FILE *fp);` 從 fp 所指向的檔案中，讀取 length-1 個字元，並儲存在 buffer 指標指向的位址中，如果資料已到檔尾或遇到 ENTER 鍵，則結束讀取。
寫入字串	`int fputs(const char *buffer,FILE *fp);` 將字串 buffer 寫入到 fp 所指向的檔案中。如果寫入成功傳回 0，否則傳回 EOF。
檢查檔案是否結束	`int feof(FILE *fp);` 判斷檔案指標 fp 是否指向檔案尾端，若是指向檔案尾端傳回非 0 的值，否則傳回 NULL (NULL 值為 0)。
區塊讀取	`size_t fread(void *buffer,size_t size,size_t number,FILE *fp);` 從檔案指標 fp 讀取 number 個資料項目，存放在 buffer 指標指向的位址中，每個資料項目的長度為 size 位元組，讀取成功傳回讀取多少個資料項目。

函數功能	函數格式和說明

區塊寫入	`size_t fwrite(const void *buffer,size_t size,`
	`    size_t number,FILE *fp);`
	
	將 number 個大小為 size 位元組資料項目寫入檔案中，寫入成功傳回寫入的筆數 number。

以指定的格式讀取檔案	`int fscanf(FILE *fp,const char *format,series);` 以指定的 format 格式，從檔案指標 fp 所指向的檔案中讀取資料，分別存放在 series 串列變數位址中。若成功讀取傳回總共所讀取幾個資料項目，若檔案指標在檔尾或讀檔發生錯誤，則傳回 EOF。
以指定的格式寫入檔案	`int fprintf(FILE *fp,const char *format,series);` 將 series 串列資料分別以指定的 format 格式寫入檔案指標 fp 所指向的檔案。若成功寫入資料傳回寫入幾個位元組，寫入錯誤則傳回 EOF。

</> 13.2 檔案讀取與寫入

13.2.1 字元寫入函式 fputc() 和讀取函式 fgetc()

C 語言的 fputc() 和 fgetc() 函式用於檔案字元的寫入和讀取，字元寫入和讀取函式是以字元 (位元組) 為單位，每次可以寫入和讀取一個字元。

fputc() 函式：寫入一個字元

fputc() 函式可以將一個字元寫入檔案中。語法：

```
int fputc(int ch,FILE *fp);
```

fputc() 函式將 ch 字元寫入檔案指標 fp 所指向的檔案中，若字元成功寫入檔案，則傳回 ch 字元所對應的 ASCII 碼，若寫入失敗傳回 EOF。

例如：寫入一個 ch 字元到檔案指標 fp 所指向的檔案中。

```
fputc(ch,fp)
```

必須以寫入模式開啟檔案後才能將資料寫入檔案中。

例如：開啟 <output.txt> 檔案，建立檔案指標後以寫入模式將資料寫入檔案中。

```
FILE *fp;   // 建立檔案指標
fp=fopen("output.txt","w");   // 寫入檔案
```

也可以附加模式開啟檔案後將資料附加到檔案尾端。

```
fp=fopen("output.txt","a");
```

利用檔案寫入的函式即可以將資料寫入檔案中。

» 範例練習 將輸入的字元資料儲存至檔案

將輸入的資料以字元寫入方式儲存至檔案 <output.txt> 檔。(fputc1.c)

執行結果與 <output.txt> 文字檔：

程式碼：**fputc1\fputc1.c**

```c
1    #include <stdio.h>
2    #include <stdlib.h>
3    #include <conio.h> //getche() 函式標頭檔
4    #define ENTER 13    // 跳列字元 ASCII
5    int main()
6    {
7        FILE *fp;   // 建立檔案指標
8        char ch;
9        int bytes=0;   // 計算總共字元數
10       fp=fopen("output.txl","w"); // 覆寫檔案
11       if (fp==NULL)     // 檢查檔案是否成功開啟
12           printf(" 檔案無法開啟 !\n");
13       else
14       {
15           printf(" 請輸入資料，按 ENTER 鍵結束：\n");
16           // 逐一讀取字元並判斷是否到檔案尾端
17           while ((ch=getche())!=ENTER) //ENTER 鍵結束輸入
18           {
19               fputc(ch,fp); // 寫入字元
20               bytes++;
21           }
22           fclose(fp);   // 關閉檔案
23           printf("\n 總共寫入 %d 個字元 \n",bytes);
24           system("pause");
25           return 0;
26       }
27   }
```

程式說明

■ 3　　　　getche() 函式必須引用 <conio.h> 標頭檔。

- ■ 10　　開啟 <output.txt> 檔，若檔案不存在會建立新檔案，若檔案已經存在則會覆寫該檔案的資料。
- ■ 11-12　「if (fp==NULL)」檢查檔案是否成功開啟，如果傳回 NULL 值就表示檔案開啟失敗。
- ■ 17　　輸入字元並儲存在 ch 變數中，直到 ENTER 鍵結束輸入。
- ■ 19　　以「fputc(ch,fp)」將字元 ch 寫入檔案中。
- ■ 20,23　計算寫入的字元總數並顯示之。

fgetc() 函式：讀取一個字元

fgetc() 函式可以從檔案中讀取一個字元。語法：

```
int fgetc(FILE *fp);
```

fgetc() 函式可以從檔案指標 fp 所指向的檔案中，讀取一個字元，讀取後檔案指標 fp 會移至下一個字元所在的位址。返回值為讀取字元的 ASCII 碼，若檔案指標 fp 指在檔案尾端，則傳回 EOF。

例如：讀取一個字元到 ch 字元變數中。

```
ch=fgetc(fp);
```

有很多時候，必須對檔案中的每一個字元加以分析，這時候就可以使用 fgetc() 函式將字元逐一讀取，fgetc() 函式一次讀取一個字元，將字元存至 ch 字元變數中，並將檔案的指標移至下一個字元，直至檔案結尾 (EOF) 才結束讀取。

利用 fgetc(fp)!=EOF，可以檢查檔案是否已讀取結束，再配合 while 迴圈就可以讀取檔案全部字元。語法如下：

```
while ((ch=fgetc(fp))!=EOF)
{
    printf("%c",ch);
}
```

» 範例練習　依字元一個一個讀取檔案資料

開啟 <output.txt> 檔，自檔案開始以字元一個一個讀取方式，讀取全部資料並計算總共讀取的字元數。(fgetc1.c)

程式碼：**fgetc1\fgetc1.c**

```c
1   #include <stdio.h>
2   #include <stdlib.h>
3   int main()
4   {
5       FILE *fp;   // 建立檔案指標
6       char ch;
7       int bytes=0;    // 計算總共字元數
8       fp=fopen("..\\fputc1\\output.txt","r"); // 開啟檔案
9       if (fp==NULL)   // 檢查檔案是否成功開啟
10          printf(" 檔案無法開啟 !\n");
11      else
12      {
13          // 逐一讀取字元並判斷是否到檔案尾端
14          while ((ch=fgetc(fp))!=EOF)
15          {
16              printf("%c",ch);
17              bytes++;
18          }
19          fclose(fp);   // 關閉檔案
20      }
21      printf("\n總共讀取 %d 個字元 \n",bytes);
22      system("pause");
23      return 0;
24  }
```

程式說明

■ 5　　　　建立檔案指標 fp。

■ 6　　　　ch 變數儲存讀取的字元。

■ 7　　　　bytes 計算總共讀取的字元數，初始值為 0。

■ 8　　　　開啟檔案 output.txt 為讀取狀態，這個檔案是在 fputc1 目錄中，請先執行前面的 fputc1.c 範例，輸入資料並儲存到 output.txt 檔案中。

■ 9-10　　檢查檔案是否成功開啟。

- 14-18 「while ((ch=fgetc(fp))!=EOF)」，將字元逐一讀取並顯示之，同時計算讀取的字元數，字元讀取後會將檔案的指標移至下一個字元，直至 EOF 則結束讀取。
- 19 關閉檔案。
- 21 顯示總共讀取的字元數。

13.2.2 字串寫入函式 fputs() 和讀取函式 fgets()

fputs() 函式：寫入字串

fputs() 函式可以將字串寫入到檔案中。語法：

```
int fputs(const char *buffer,FILE *fp);
```

fputs() 函式可以將字串 buffer 寫入到 fp 所指向的檔案中。如果寫入成功傳回 0，否則傳回 EOF。

例如：將字串 buffer 寫入到檔案指標 fp 所指向的檔案中。

```
fputs(buffer,fp);
```

» 範例練習 將輸入的字串資料儲存至檔案

將鍵盤輸入的資料以 fputs() 函式語法寫入 <output.txt> 檔中，並將資料附加在最後一列內容後面。(fputs1.c)

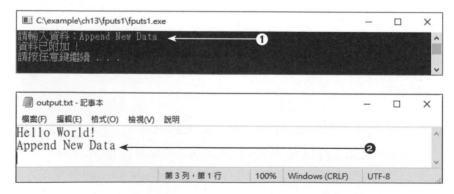

❶ 輸入資料「Append New Data」。

❷ 新增資料附加在檔案結尾。

程式碼：**fputs1\fputs1.c**

```
1    #include <stdio.h>
2    #include <stdlib.h>
3    int main()
4    {
5      const int size=200; // 最多可輸入 200 個字元
6      char buffer[size];   // 宣告字元陣列
7      FILE *fp;  // 建立檔案指標
8      fp=fopen("output.txt","a"); // 附加在檔案尾端
9      printf(" 請輸入資料：");
10     gets(buffer);
11     fputs(buffer,fp); // 寫入字串
12     fputs("\n",fp);    // 寫入跳列字元
13     fclose(fp);  // 關閉檔案
14     printf(" 資料已附加 !\n");
15     system("pause");
16     return 0;
17   }
```

程式說明

- 5   const int size=200，設定最多可輸入 200 個字元。

- 6   char buffer[size] 建立字元陣列儲存 gets(buffer) 輸入的字串。

- 8   開啟 <output.txt> 檔案，執行寫入動作並將資料附加在檔案結尾。

- 10   以「gets(buffer)」輸入資料 (可包括空白鍵和 Tab 鍵直到遇到 **Enter** 鍵結束輸入)。

- 11   以「fputs(buffer,fp)」將 buffer 陣列中的字串寫入檔案。

- 12   以「fputs("\n",fp)」在檔案最後寫入跳列字元。

fgets 函式：讀取字串

fgets 函式從檔案中，讀取字串。語法：

```
char *fgets(char *buffer,int length,FILE *fp);
```

fgets 函式從檔案指標 fp 所指向的檔案中，讀取最多不超過 length-1 個的字元 (因為最後一個空間要放 '\0' 結束字元)，並在最後讀取字元後面加上 '\0' 結束字元，然後儲存在 **buffer** 指標指向的位址中。如果資料遇到 ENTER 鍵或已到檔尾，則結束讀取。若讀取失敗或已讀取到檔案尾端，傳回 NULL。

例如：讀取每一行最多 80 個字元 (包括最後一個 '\0' 結束字元) 到 buffer 字元陣列中。

```
fgets(buffer,80,fp);
```

》範例練習 一行一行讀取檔案資料

開啟 output.txt 檔，自檔案開始以一行一行讀取方式，讀取全部資料並顯示之，同時計算共讀取多少字元。(fgets1.c)

```
C:\example\ch13\fgets1\fgets1.exe                    —  □  ×
1: Hello World!
2: Append New Data

總共讀取 29 個字元
請按任意鍵繼續 . . .
```

程式碼：fgets1\fgets1.c

```c
1    #include <stdio.h>
2    #include <stdlib.h>
3    #include <string.h>
4    #define length 80
5    int main()
6    {
7        FILE *fp;    // 建立檔案指標
8        char buffer[length];
9        int bytes=0;    // 計算總共字元數
10       int row=1;      // 顯示第幾列
11       fp=fopen("..\\fputs1\\output.txt","r"); // 開啟檔案
12       if (fp==NULL)    // 檢查檔案是否成功開啟
13           printf(" 檔案無法開啟 !\n");
14       else
15       {
16           // 逐一讀取一列並判斷是否到檔案尾端
17           while ((fgets(buffer,length,fp))!=NULL)
18           {
19               printf("%d: %s",row,buffer);
20               bytes+=strlen(buffer);
21               row++;
22           }
23           fclose(fp);    // 關閉檔案
24       }
25       printf("\n 總共讀取 %d 個字元 \n",bytes);
26       system("pause");
27       return 0;
28   }
```

程式說明

- 8　　　　宣告 char buffer[80] 儲存讀取一行的文字內容。
- 10　　　　int row=1 顯示第幾行，預設從第一行開始。
- 11　　　　讀取 output.txt 檔案，這個檔案是在 fputs1 目錄中，請先執行前面的 fputs1.c 範例，輸入資料並儲存到 output.txt 檔案中。
- 12-13　　檢查檔案是否成功開啟。
- 17-22　　以 while 迴圈每次最多讀取 80 個字元，並累計總共讀取的字元數。
- 17　　　　「fgets(buffer,length,fp))!=NULL」，每次最多可讀取 80 個字元，但若遇到換行字元 (\n) 或已到檔尾 (NULL)，也會結束該行的讀取，讀取的資料會放入 buffer[] 陣列中。
- 19　　　　顯示目前的行號以及該行的內容。
- 20　　　　計算實際讀取的字元數，並以 bytes 累計總共的字元數。
- 21　　　　row 行號加 1。
- 25　　　　顯示總共讀取的字元數。

讀取的資料，經常還會再作進一步的處理，例如：資料分析、統計、計算、排序等。在作資料處理之前，有時必須使用「strtok()」函式先將資料拆解為字語 (片語)，例如將字串 "One Two Three" 分解為 "One"、"Two"、"Three" 三個字語。

strtok() 函式

使用 strtok() 函式必須引入 <string.h> 標頭檔，strtok() 函式語法如下：

```
char *strtok(char *str,const char *delimiters);
```

strtok() 依據 delimiters (分割符號) 將 str 字串進行字串分割，delimiters 可以是一個字元，也可以同時指定多個字元，分割成功會回傳指向分割結果的字串開頭，否則會回傳 NULL。

要注意的是第一個參數，除了第一次是使用 str 字串帶入 strtok 分割以外，第二次以上都是將 NULL 帶入 strtok 繼續作字串分割。

例如：以空白字元和「,」字元，即「,」當作分割符號，分割 str 字串。

```c
char str[] = "Hey Jude, don't be afraid";
const char* d = " ,";    // 以空白字元和「,」字元分割
char *p= strtok(str,d); // 第一次分割第一個參數使用 str
while (p != NULL){
   printf("%s\n",p);
   p = strtok(NULL,d); // 第二次以上分割第一個參數使用 NULL
}
```

執行結果：

```
Hey
Jude
don't
be
afraid
```

strtok 的分割的原理，其實就是將 str 中找到的分割字元以 \0 字元取代。如下：

```
Hey\0Jude\0don't\0be\0afraid
```

分割後的原本的 str 字串會被修改，如果有需要保留原來的 str 字串，必須自行複製一份。

» 範例練習　一行一行讀取並將文字分解為字語

讀取 in_a.txt 文字檔，將文字拆解為字語後存在 word[] 陣列中，並顯示所有的字語。(Split1.c)

執行結果與 in_a.txt 文字檔：

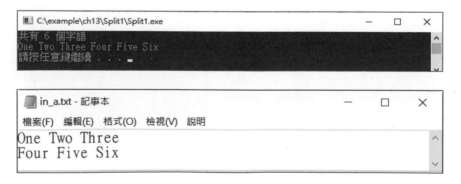

```
程式碼：Split1\Split1.c
1   #include <stdio.h>
2   #include <stdlib.h>
3   #include <string.h>
4   #define length 80
5   int main()
6   {
7       // in_a.txt 文字內容
8       // One Two Three
9       // Four Five Six
10      FILE *fp;   // 建立檔案指標
11      char word[100][20]; // 可儲存 100 個字語，每個字語最多可存 20 個字元
12      char *s;        // 暫存字串分割後的字語
13      const char* d = " \n"; // 以空白和跳列字元分割字串
14      int count=0;    // 共有多少個字串 ( 字語 )
15      char buffer[length]; // 每一行文字長度
16      fp=fopen("in_a.txt","r"); // 開啟檔案
17      // 逐一讀取一列並判斷是否到檔案尾端
18      while ((fgets(buffer,length,fp))!=NULL)
19      {
20          s = strtok(buffer,d);     // 以空白、跳列字元分割字串
21          strcpy(word[count],s);   // 將第一個字語儲存至 word[] 陣列
22          count++;
23          while(s!= NULL)
24          {
25              s = strtok(NULL,d);  // 繼續分割其他字串為字語
26              if (s!= NULL)
27              {
28                  strcpy(word[count],s); // 將其餘的字語儲存至 word[] 陣列
29                  count++;
30              }
31          }
32      }
33      fclose(fp);   // 關閉檔案
34      printf(" 共有 %d 個字語 \n",count);
35      for (int i=0;i<count;i++)   // 顯示所有分割的字語
36          printf("%s ",word[i]);
37      printf("\n");
38      system("pause");
39      return 0;
40  }
```

程式說明

■	11	宣告 char word[100][20] 共可儲存 100 個字語，每個字語最多可存 20 個字元。
■	13	const char* d = " \n"，以空白和跳列字元分割字串。
■	18	「(fgets(buffer,length,fp)」每次讀取一行至 buffer 陣列中。
■	20	「s = strtok(buffer," \n")」以空白和跳列字元將 buffer 字串的第一組字語分割。
■	21	「strcpy(word[count],s)」將字語儲存至 word[] 陣列。
■	22	count 計算多少個字語。
■	25-30	如果每一次讀取至 buffer 陣列中的字串尚未分割完，繼續執行 buffer 字串分解為字語。
■	25	「s=strtok(NULL," \n")」繼續分割 buffer 字串的其他字語。

▶ 立即演練 在每行程式碼的前面加上行號

開啟指定的程式檔後 (以 <Addlineno1.c> 為例)，在每行程式碼的前面加上行號。
(Addlineno1.c)

```
C:\example\立即演練\ch13\Addlineno1.exe                    —    □    ×

請輸入檔名 Addlineno1.c
 1: #include <stdio.h>
 2: #include <stdlib.h>
 3: #include <string.h>
 4: #define length 80
 5: int main()
 6: {
 7:     FILE *fp;  //建立檔案指標
 8:     char filename[20];
 9:     char buffer[length];
10:     int bytes=0;    //計算總共字元數
11:     int row=1;      //顯示第幾列
12:     fp=fopen("sample.txt","r"); //開啟檔案
13:     printf("請輸入檔名：");
14:     gets(filename);
```

13.2.3 格式化寫入函式 fprintf() 和讀取函式 fscanf()

fprintf() 函式:以格式化方式寫入檔案

fprintf() 函式具有和 printf() 相同格式化的功能,可以使資料在檔案的排列和螢幕上看到的一模一樣。語法:

```
int fprintf(FILE *fp,const char *format,series);
```

fprintf() 函式將 series 串列資料,分別以指定的 format 格式,寫入檔案指標 fp 所指向的檔案。若成功就寫入資料傳回寫入幾個位元組,寫入錯誤則傳回 EOF。

fprintf() 函式和 printf() 用法相同,差別只有多加上檔案指標當作第一個參數。

例如:將字串 s 和整數 n 寫入到檔案指標 fp 所指向的檔案中。

```
char s[]="Hello";
int n=12;
fprintf(fp,"%s %d",s,n);
```

» 範例練習　將輸入的字元資料儲存至檔案

以 fprintf() 函式將資料寫入 <output.txt> 檔。(fprintf1.c)

執行結果與 <output.txt> 文字檔:

程式碼:**fprintf1\fprintf1.c**

```
1   #include <stdio.h>
2   #include <stdlib.h>
3   int main()
4   {
```

```
5      FILE *fp;  // 建立檔案指標
6      fp=fopen("output.txt","w");  // 開啟檔案
7      fprintf(fp,"%s\t%s\n"," 松下問童子 "," 言師採藥去 "); // 寫入檔案
8      printf("%s\t%s\n"," 松下問童子 "," 言師採藥去 ");
9      fprintf(fp,"%s\t%s\n"," 只在此山中 "," 雲深不知處 "); // 寫入檔案
10     printf("%s\t%s\n"," 只在此山中 "," 雲深不知處 ");
11     printf(" 檔案建立完成 !\n");
12     fclose(fp);  // 關閉檔案
13     system("pause");
14     return 0;
15  }
```

程式說明

- 6　　　　開啟 <output.txt> 檔案，將資料寫入檔案。

- 7　　　　「fprintf(fp,"%s\t%s\n"," 松下問童子 "," 言師採藥去 ")」以「%s」字串格式將字串寫入檔案中。

- 8　　　　顯示寫入的字串。

善用 fprintf() 函式，也可以將結構型別的資料寫入檔案中。

» 範例練習　將結構型別資料儲存至檔案

定義結構內含學號、姓名、國文成績、數學成績等成員，建立結構變數並初始化，以 fprintf() 函式將結構型別資料寫入 <score.dat> 檔案中。(fprintf2.c)

執行結果與 <score.dat> 文字檔：

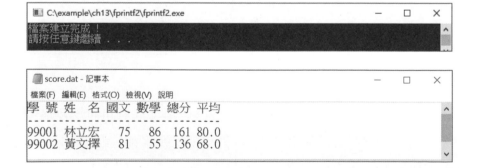

```
程式碼：fprintf2\fprintf2.c
1    #include <stdio.h>
2    #include <stdlib.h>
3    struct student
4    {
5        int id;
6        char name[8];
7        int chinese,math;
8    };
9    int main()
10   {
11       struct student stu[2]={{99001,"林立宏",75,86},{99002,"黃文擇",81,55}};
12       FILE *fp;
13       int sum=0;
14       float avg=0;
15       fp = fopen("score.dat","w"); // 開啟 score.dat 檔為寫入模式
16       // 寫入標題
17       fprintf(fp,"學 號 姓   名 國文 數學 總分 平均 \n");
18       fprintf(fp,"----------------------------\n");
19       // 將 stu 結構陣列以格式化方式寫入檔案
20       for (int i=0;i<2;i++)
21       {
22          sum = stu[i].chinese + stu[i].math;
23          avg = sum / 2;
24          fprintf(fp,"%5d %-6s %4d %4d %4d %4.1f\n",stu[i].id,
25            stu[i].name,stu[i].chinese,stu[i].math,sum,avg);
26       }
27       fclose(fp);
28       printf(" 檔案建立完成 !\n");
29       system("pause");
30       return 0;
31   }
```

程式說明

- **3-8** 定義結構 student，包含成員 id、name、chinese 和 math 分別儲存學號、姓名、國文成績和數學成績。

- **11** 建立 stu 結構陣列內含 2 筆資料。

- **17-18** 將標題、橫線寫入檔案中。

- **20-26** 計算總分和平均並將資料寫入檔案中。

- ■ 22-23　　　計算總分和平均。
- ■ 24-25　　　分別以格式方式將學號、姓名、國文成績、數學成績、總分和平均寫入檔案中。

fscanf() 函式：以格式化方式讀取檔案

fscanf() 可以搭配 fprintf() 函式以格式化方式讀取檔案資料。語法：

```
int fscanf(FILE *fp,const char *format,series);
```

fscanf 函式以指定的 format 格式，從檔案指標 fp 所指向的檔案中讀取資料，分別存放在 series 串列變數位址中。若成功讀取傳回總共所讀取幾個資料項目，若檔案指標在檔尾或讀檔發生錯誤，則傳回 EOF。

fscanf() 函式和 scanf() 用法相同，差別只有第一個參數必須加上檔案指標。

例如：從檔案指標 fp 所指向的檔案中分別以字串、數值格式讀取資料到 name、chinese 變數中。

```
fscanf(fp,"%s %d",name,&chinese);
```

» 範例練習　以格式化方式讀取檔案資料

開啟 <score.dat> 檔，以格式化方式讀取結構格式的檔案資料。(fscanf1.c)

程式碼：fscanf1\fscanf1.c

```
1   #include <stdio.h>
2   #include <stdlib.h>
3   int main()
4   {
5     FILE *fp;
6     char buffer[80]; // 標題
7     char name[8];
8     int id,chinese,math,sum;
9     float avg;
```

```
10      // 讀取 score.dat 檔
11      fp = fopen("..\\fprintf2\\score.dat","r");
12      if (fp == NULL)
13         printf(" 開啟檔案失敗 !\n");
14      else
15      {
16         // 讀取標題和橫線並顯示之
17         fgets(buffer,80,fp);
18         printf("%s",buffer);
19         fgets(buffer,80,fp);
20         printf("%s",buffer);
21         // 讀取和顯示資料
22         while (fscanf(fp,"%d %s %d %d %d %f",&id,
23            name,&chinese,&math,&sum,&avg) != EOF) // 是否至檔案結尾
24         {
25            printf("%5d %-6s %4d %4d %4d %4.1f\n",id,
26               name,chinese,math,sum,avg);
27         }
28         fclose(fp);
29      }
30      system("pause");
31      return 0;
32   }
```

程式說明

- **6** 宣告 buffer[80] 儲存標題和橫線。

- **11** 讀取 score.dat 檔案，注意檔案路徑必須加上「\」字元。上一個範例配合 fprintf() 函式，先將學生成績資料以指定的格式寫入檔案，並儲存在 <score.dat> 檔，然後於本例以指定的格式讀取 <score.dat> 檔案資料，因此執行本範例前請先執行 <fprintf2.c> 建立 <score.dat> 檔案。

- **17-20** 以 fgets() 函式讀取標題和橫線並顯示之

- **22-27** 以 while 迴圈每次讀取一行，直至檔案結束 (EOF)。

- **22-23** fscanf(fp,"%d %s %d %d %d %f",&id,name,&chinese,&math,&sum,&avg)，讀取資料並分別存到 id、name、chinese、math、sum、avg 變數中，若「資料 = EOF」表示資料已讀取完畢。

- **24-27** 顯示讀取的資料。

13.2.4 區塊寫入函式 fwrite() 和讀取函式 fread()

fwrite() 函式：寫入一個區塊

將 number 個大小為 size 位元組資料項目寫入檔案中，寫入成功傳回寫入資料的長度。語法：

```
size_t fwrite(const void *buffer,size_t size,size_t number,FILE *fp);
```

將 number 個大小為 size 位元組的 buffer 資料項目寫入檔案中，寫入成功傳回寫入的筆數 number。

- **buffer**： 代表要儲存的資料，由於要寫入的型別未定，因此以 void 先定義，等寫入時系統會自動判斷資料型別。
- **size**： 要寫入資料的大小。
- **number**：一次要寫入的筆數。

fwrite()、fread() 並不是只針對結構，也可以處理其他如字串的資料，只是較常用於結構資料的寫入和讀取。

前面的範例是使用 fprintf() 函式以格式化的方式，將結構內的成員一一輸出，其實可以將結構視為一個整體，使用 fwrite()、fread() 來輸出或讀取。

這個範例和前面寫入結構的範例相似，但改用 fwrite() 來寫入資料。

» 範例練習 以 **fwrite()** 將結構型別資料儲存至檔案

定義結構內含學號、姓名、國文成績、數學成績等成員，建立結構變數並初始化，以 fwrite() 函式將結構型別資料寫入 <score.dat> 檔案中。(fwrite1.c)

執行結果與 <score.dat> 文字檔：

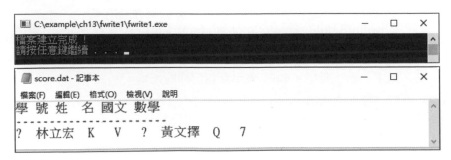

```
程式碼：fwrite1\fwrite1.c
1    #include <stdio.h>
2    #include <stdlib.h>
3    struct student
4    {
5      int id;
6      char name[8];
7      int chinese,math;
8    };
9    int main()
10   {
11     struct student stu[2]={{99001,"林立宏",75,86},{99002,"黃文擇",81,55}};
12     FILE *fp;
13     fp = fopen("score.dat","w"); // 開啟 score.dat 檔為寫入模式
14     // 寫入標題
15     fprintf(fp,"學 號 姓   名 國文 數學 \n");
16     fprintf(fp,"----------------------\n");
17     // 將 stu 結構陣列以格式化方式寫入檔案
18     for (int i=0;i<2;i++)
19     {
20        fwrite(&stu[i],sizeof(struct student),1,fp);
21     }
22     fclose(fp);
23     printf(" 檔案建立完成 !\n");
24     system("pause");
25     return 0;
26   }
```

程式說明

■ 3-8　　　　定義結構 student，包含成員 id、name、chinese 和 math。

■ 11　　　　建立 stu 結構陣列內含 2 筆資料。

■ 15-16　　　將標題、橫線寫入檔案中。

■ 20　　　　「 fwrite(&stu[i],sizeof(struct student),1,fp)」，每次寫入一筆長度為 sizeof(struct student) 的結構資料 stu[i] 到檔案中。

由於 fwrite() 寫入的資料並不是以文字的格式儲存，因此若開啟上面儲存的檔案將會出現亂碼。

fread() 函式：讀取一個區塊

fread() 函式通常會搭配 fwrite() 函式，處理區塊資料的讀取。語法：

```
size_t fread(void *buffer,size_t size,size_t number,FILE *fp);
```

fread() 函式可以讀取多個字元 (一個區塊)，它會從檔案指標 fp 讀取 number 個資料項目，存放在 buffer 指標指向的位址中，每個資料項目的長度為 size 位元組，傳回讀取多少個資料項目，也就是傳回 number 的值。

例如：讀取 80 個字元到 buffer 字元陣列變數中，並傳回讀取資料的字元數 bytes。

```
bytes = fread(buffer,sizeof(char),80,fp);
```

例如：讀取 stu 結構陣列元素，每次讀取一筆，長度為 sizeof(struct student)，讀取資料的長度雖然也可以自己計算，但使用 sizeof(struct student) 計算的可讀性較高。

```
fread(&stu[i],sizeof(struct student),1,fp)
```

» 範例練習　以 fread() 函式讀取結構資料

開啟 <score.dat> 檔，以 fread() 函式讀取結構格式的檔案資料。(fread1.c)

程式碼：fread1\fread1.c

```
1    #include <stdio.h>
2    #include <stdlib.h>
3    struct student
4    {
5      int id;
6      char name[8];
7      int chinese,math;
8    }stu[2];
9    int main()
10   {
11     FILE *fp;
```

```
12    char buffer[80]; //標題
13    int i=0;
14    //讀取 score.dat 檔
15    fp = fopen("..\\fwrite1\\score.dat","r");
16    if (fp == NULL)
17        printf(" 開啟檔案失敗!\n");
18    else
19    {
20        //讀取標題和橫線並顯示之
21        fgets(buffer,80,fp);
22        printf("%s",buffer);
23        fgets(buffer,80,fp);
24        printf("%s",buffer);
25        //讀取和顯示資料
26        while (fread(&stu[i],sizeof(struct student),1,fp)!= 0)
27        {
28            printf("%5d %-6s %4d %4d\n",stu[i].id,
29              stu[i].name,stu[i].chinese,stu[i].math);
30            i++;
31        }
32        fclose(fp);
33    }
34    system("pause");
35    return 0;
36 }
```

程式說明

■ 3-8   定義結構 student 並建立陣列 stu[2]。

■ 21-24   以 fgets() 函式讀取標題和橫線並顯示之

■ 26-31   以 while 迴圈每次讀取一行，直至資料讀取完畢。

■ 26   while (fread(&stu[i],sizeof(struct student),1,fp)!= 0)，每 次 讀 取 一 筆 stu 結構陣列元素，長度為 sizeof(struct student)，若「傳回值 = 0」表示資料已讀取完畢。

■ 28-29   顯示讀取的資料。

■ 30   準備讀取下一筆結構資料。

▶ 立即演練　將輸入資料輸出至檔案

01　自鍵盤輸入 a、b 的值，求 a+b 的和，例如 a=2、b=3，則結果是「2+3=5」。將此結果儲存 <output.txt> 檔中，並將資料附加在檔案結尾。(fprintf\fprintf.c)

13.3 二進位檔案的處理

除了前面提到的文字檔外，還有另一種檔案稱為二進位檔案，將開啟檔案的模式參數設為 b，即可以二進位的模式開啟檔案。

13.3.1 二進位檔案的寫入

也可以將開啟檔案的模式參數設為 **wb**，將二進位檔案開啟為覆寫模式，或是以 **ab** 將二進位檔案開啟為附加模式。

例如：建立檔案指標 fp 將資料以覆寫模式寫入二進位檔案 <output.bin> 中。

```
FILE *fp;   // 建立檔案指標
fp=fopen("output.bin","wb");
```

下面範例以 fopen 函式開啟一個二進位檔案，再利用 fwrite() 函式將資料寫入檔案中。

» 範例練習 將資料以二進位輸出至檔案

將包含姓名和成績的資料以二進位寫入 <score.bin> 檔案中。(binarywrite1.c)

執行結果與 <score.bin> 二進位檔案，檔案為非文字字元出現亂碼：

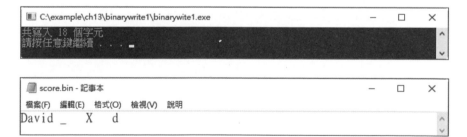

程式碼：binarywrite1\binarywrite1.c

```
1   #include <stdio.h>
2   #include <stdlib.h>
3   int main()
4   {
5       FILE *fp;  // 建立檔案指標
6       char name[]={"David"};    // 姓名
7       int score[3]={95,88,100}; // 成績
```

```
8        int n=0;   // 計算共寫入多少字元
9        // 開啟可以寫入的二進位檔案 score.bin
10       fp=fopen("score.bin","wb");
11       fwrite(name,sizeof(char),sizeof(name),fp); // 將 name 寫入檔案
12       n+=sizeof(name);   // 加字元數 6
13       fwrite(score,sizeof(int),3,fp);        // 將 score 寫入檔案
14       n+=sizeof(int)*3; // 每個 int 為 4 個 bytes
15       printf(" 共寫入 %d 個字元 \n",n);
16       fclose(fp);   // 關閉檔案
17       system("pause");
18       return 0;
19   }
```

程式說明

- 6-7   建立 name 和 score 陣列並初始化。

- 8   建立變數 n 計算共寫入多少字元。

- 10   「fp=fopen("score.bin","wb")」開啟可以寫入的二進位檔案。

- 11   「fwrite(name,sizeof(char),sizeof(name),fp)」將 name 陣列寫入檔案。

- 12   計算 name 陣列共寫入多少個字元。

- 13   「fwrite(score,sizeof(int),3,fp)」將 score 陣列寫入二進位檔中，共寫入 3 個整數。

- 14   累加寫入 score 陣列的位元組數目，每個 int 為 4 個 bytes，score 陣列長度為 3，所以 score 陣列共寫入 4*3=12 個位元組。

- 15   顯示總共寫入的位元組。

13.3.2 二進位檔案的讀取

要讀取二進位檔案，首先必須將開啟檔案模式的參數設為 rb。

例如：建立檔案指標 fp 讀取二進位檔案 <output.bin>。

```
FILE *fp;   // 建立檔案指標
fp=fopen("output.bin","rb");
```

下面的範例以 fopen 函式開啟一個二進位檔案，再利用 fread() 函式讀取檔案資料。

» 範例練習　二進位檔案的讀取

讀取二進位檔 <score.bin>，將姓名、學號分別存入 name、stuid 陣列，同時顯示讀取的資料。(binaryread1.c)

```
■ C:\example\ch13\binaryread1\binaryread1.exe          —    □    ×
姓名：David
score[0]=95
score[1]=88
score[2]=100
共讀取 18 個字元
請按任意鍵繼續 . . .
```

程式碼：**binaryread1\binaryread1.c**

```c
1   #include <stdio.h>
2   #include <stdlib.h>
3   int main()
4   {
5       FILE *fp;        // 建立檔案指標
6       char name[6]; // 姓名
7       int score[3]; // 成績
8       int n=0;         // 計算共讀取多少字元
9       fp=fopen("..\\binarywrite1\\score.bin","rb"); // 開啟二進位檔案
10      fread(name,sizeof(char),sizeof(name),fp); // 讀取至 name 陣列
11      n+=sizeof(name);   // 加讀取的字元數
12      fread(score,sizeof(int),3,fp); // 讀取至 score 陣列
13      n+=sizeof(int)*3; // 每個 int 為 4 個 bytes
14      printf(" 姓名：%s\n",name);
15      for (int i=0;i<3;i++)
16         printf("score[%d]=%d\n",i,score[i]);
17      printf(" 共讀取 %d 個字元 \n",n);
18      fclose(fp);   // 關閉檔案
19      system("pause");
20      return 0;
21  }
```

程式說明

- 6-7　　建立陣列 name、score 儲存姓名和成績。

- 9　　　開啟二進位檔案 <score.bin>，請先執行 <binarywrite1.c> 範例建立 <score.bin> 檔。

- 10　　讀取字元型別的資料至 name 陣列中。

- 11 　　計算共讀取多少個 name 陣列字元。
- 12 　　以「fread(score,sizeof(int),3,fp)」，每次讀取 3 筆 int 型別資料至 score 整數陣列中。
- 13 　　累加讀取的 score 陣列的位元組數目，每個 int 為 4 個 bytes，score 陣列長度為 3，所以 score 陣列共讀取 4*3=12 個位元組。
- 14-16 　　顯示讀取的資料。

▶ 立即演練　讀取二進位的檔案

password.txt 存有很重要的金鑰，無法以文字編輯器開啟，必須以二進位方式才能開啟，請您設計一個讀取的程式，解開金鑰之謎。(binaryread.c)

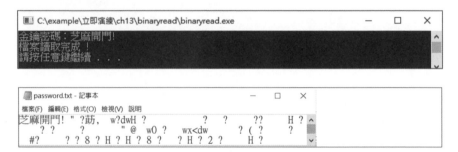

13.4 資訊學科能力競賽範例

資訊學科能力競賽是許多學生展現資訊能力的舞台，競賽的題目中，經常會將數據放在文字檔案中，因此必須將檔案讀取至變數或陣列中。有時這些數據必須再加以處理，例如文字轉數值、大寫轉小寫、濾除指定文字或拆解為字語⋯等等。

» 範例練習 數字和 (一)

設計一個程式讀取 in_a.txt 文字檔 (包含文字和數字)，將其中的數字相加之後儲存至 out_a.txt 中。(數字和 1.c)

執行結果：

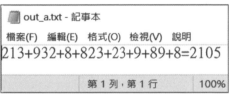

分析

1. 以 FILE *fpin 建立檔案指標讀取檔案後，以 fgetc(fpin) 逐一讀取每一個字元。如果字元是數值字元則將之組合成數值。

2. 如果字元是非數字字元則取出前一個組合的數值，若此數值不等於 0，表示已讀取到數值，以 r+= n 將數值加至總和 r 之中。

3. 第一組後面必須加「 + 」，最後一組後面則加上「 = 」，本例使用旗標 first 來控制，預設 first=1 控制第一組只顯示數值，並在第二組以後設 first=0 控制第二組以後顯示「 + 」和數值。

程式碼：數字和 1\ 數字和 1.c

```
1    #include <stdio.h>
2    #include <stdlib.h>
3    int main()
4    {
5        FILE *fpin,*fpout; // 建立檔案指標
6        char ch;              // 一個字元
7        // 開啟檔案
8        fpin=fopen("in_a.txt","r");    // 輸入檔案指標
9        fpout=fopen("out_a.txt","w"); // 輸出檔案指標
10       int first=1;          // 是否為第一組數值
11       int n;                // 每組的數值
12       int r=0;              // r 儲存總和
13       if (fpin==NULL)      // 檢查檔案是否成功開啟
14          printf(" 檔案無法開啟 !\n");
15       else
16       {
17          // 逐一讀取字元並判斷是否到檔案尾端
18          while (!feof(fpin))
19          {
20              n=0;
21              do {
22                  ch=fgetc(fpin); // 讀取一個字元
23                  if ( ch>='0' && ch <='9')   // 數字字元處理
24                  {
25                      n*=10; // 組成數值 n
26                      n = n + ch - '0'; // ch - '0' 為數值的個位數
27                  }
28              } while (ch>='0' && ch <='9'); // 讀到非數字則結束
29              if (n!=0) // 取得組成的數值作加總和顯示
30              {
31                  r += n;
32                  if (first) // 如果是第一組數字
33                      first=0;
34                  else        // 如果是第二組 ( 含 ) 以上的數字
35                  {
36                      printf("+");  // 在數字前加 + 號
37                      fprintf(fpout,"%c",'+');
38                  }
39                  printf("%d",n);  // 顯示數字
40                  fprintf(fpout,"%d",n);
41              }
```

```
42          }
43       }
44       printf("=%d\n",r);   // 顯示總和
45       fprintf(fpout,"=%d",r);
46       fclose(fpin);   // 關閉檔案
47       fclose(fpout);   // 關閉檔案
48       system("pause");
49       return 0;
50   }
```

程式說明

■ 5   FILE *fpin,*fpout，建立輸入和輸出的檔案指標。

■ 6   ch 儲存讀取的字元。

■ 8-9   開啟為輸入和輸出檔案。

■ 18-42   讀取所有的字元，直至檔案結束。

■ 22   ch=fgetc(fpin) 每次讀取一個字元。

■ 23-27   若是數字字元則將之組成數值 n。

■ 25-26   ch-'0' 可以取得數值的個位數，將原來數值 n*10 再加上個位數，即可
          以將數字字元組成合數值 n。
          例如：輸入 213，開始時 n=0。
          第一次輸入 2(字元 '2')，n*10=0，n=n+'2'-'0'=0+2=2，
          第二次輸入 1(字元 '1')，n*10=2*10=20，n=n+'1'-'0'=20+1=21，
          第三次輸入 3(字元 '1')，n*10=21*10=210，n=n+'3'-'0'=210+3=213。

■ 28   「while (ch>='0' && ch<='9')」如果讀到非數字則結束數值 n 的組合。

■ 29-41   如果讀到非數字則處理數值 n 的相加和顯示，「if (n!=0)」判斷前面的
          數值 n 是否是非 0 的數值 (0 不算)，若是才進行處理，否則就不予理會，
          繼續讀取下一個字元。

■ 31   「r += n」求總和。

■ 32-33   使用旗標 first 來控制，預設 first=1 控制第一組只顯示數值，並在第二
          組以後設 first=0 控制第二組以後顯示「+」和數值。

■ 37,40,45 以 fprintf() 函式，將資料寫入檔案中。

■ 45   在顯示總和前面加上「=」號。

» 範例練習 　數字和 (二)

同上例，讀取 in_a.txt 文字檔，將數字相加之後儲存至 out_a.txt 中。但本例使用另一方法，先將數字字串分解後儲存至字串陣列中，然後再從字串陣列中取出轉換為數值後相加。(數字和 2.c)

分析

本例改用另一方法：先將所有的數字字串儲存至 word[] 陣列後，再自 word[] 陣列取出作後續處理即可。因為 word[] 陣列為字串，必須將之轉換為數值才能相加。

程式碼：數字和 2\ 數字和 2.c

```c
1    #include <stdio.h>
2    #include <stdlib.h>
3    #include <string.h>
4    int main()
5    {
6        FILE *fpin,*fpout;  //建立檔案指標
7        char word[100][10];   // 儲存 數字字串，共 100 組，每組 10 個字元
8        char tempword[10];    // 儲存 數字字串
9        char ch;  // 讀取一個字元
10       int r=0;  // 儲存 數字總和
11       int pi=0; // pi 記錄每組數字中共有多少個數字
12       int wi=0; // wi 記錄 word[] 陣列的位置
13       fpin=fopen("in_a.txt","r");     // 輸入檔案指標
14       fpout=fopen("out_a.txt","w");   // 輸出檔案指標
15       while (!feof(fpin))
16       {
17           pi=0;   // 預設 每組數字個數 =0
18           do{
19               ch=fgetc(fpin); // 讀取一個字元
```

```
20          if ( ch>='0' && ch <='9') // 將 數字組合為 tempword
21          {
22              *(tempword+pi)=ch;
23              pi++;   // pi 記錄每組數字中共有多少個數字字元
24          }
25      } while (ch>='0' && ch <='9');   // 遇非數字則往下處理
26      if (pi>0) // 前面的字串是數值
27      {
28          *(tempword+pi)='\0';        // 將 數值字串 tempword 加上結束字元
29          strcpy(word[wi],tempword);  // 複製 tempword 數字至 word[wi] 陣列
30          wi++; // wi 記錄 word[] 陣列的位置
31      }
32  }
33  for (int i=0;i<wi;i++)   // 取出所有的 word[] 字串陣列
34  {
35      r += atoi(word[i]);   // 求總和，atoi() 將字串轉數值
36      if ( i<wi-1) // 除最後第一組外，每組數字後面必須加「+」
37      {
38          printf("%s+",word[i]);
39          fprintf(fpout,"%s+",word[i]);
40      }
41      else         // 最後一組，僅顯示數值，不顯示「+」
42      {
43          printf("%s",word[i]); // 顯示數值
44          fprintf(fpout,"%s",word[i]);
45      }
46  }
47  printf("=%d\n",r); // 最後一組後面則加上「=」及「總和」
48  fprintf(fpout,"=%d\n",r);
49  fclose(fpin);   // 關閉檔案
50  fclose(fpout);   // 關閉檔案
51  system("pause");
52  return 0;
53  }
```

程式說明

- **11**　　pi 記錄每組數字中共有多少個數字字元。

- **12**　　wi 記錄 word[] 記錄共有多少個數字字串。

- **15-32**　讀取文字檔，將數字字元組成字串 tempword 後存入 word[] 陣列中。

- **19**　　每次讀取一個字元。

- 20-24　若是數字字元則將之組成字串 tempword。
- 23　pi 記錄每組數字中共有多少個數字,每次計算前要先設 pi=0。
- 25　while (ch>='0' && ch<='9'),如果讀到非數字則結束 while 迴圈,往下處理字串 tempword。
- 26-31　如果前面的字串 tempword 是數值字串 (pi>0),則將 tempword 複製至 word[] 陣列,wi 記錄 word[] 陣列的索引位置,即記錄 word[] 陣列共含有多少組數值字串。
- 33-46　所有的數字字串均先存至 word[] 陣列後,只要自 word[] 陣列取出再後續處理即可,因為 word[] 陣列為字串,必須將之先轉換為數值。
- 35　r += atoi(word[j]) 以 atoi() 將字串轉數值後求總和 r。
- 39　除最後第一組外,每組數字後面必須加「+」。
- 44　最後一組外僅顯示數值 (不顯示「+」)。
- 48　最後一組後面則加上「=」及總和 r。

13.5 本章重點整理

■ **檔案處理**：

◆ **檔案類型**：檔案依儲存的形式有文字檔和二進位檔兩種類型。

◆ **檔案存取方式**：檔案依存取方式有循序存取和隨機存取兩種類型。

◆ **fopen() 函式**：開啟要讀取或寫入的檔案，並將指標變數指向檔案的開端。語法：

```
指標變數 = fopen(" 檔案名稱 "," 存取模式 ");
```

■ **檔案讀取與寫入**：

◆ **字元寫入和讀取函式**：fputc() 和 fgetc() 函式用於檔案字元的寫入和讀取。

◆ **字串寫入和讀取函式**：fputs() 可以將字串寫入到檔案中，fgets() 則從檔案中讀取字串。

◆ **格式化寫入函式和讀取函式**：fprintf() 函式具有格式化寫入的功能，fscanf() 可以搭配 fprintf() 函式以格式化方式讀取檔案資料。

◆ **區塊寫入函式和讀取函式**：fwrite() 將 number 個大小為 size 位元組的資料項目寫入檔案中，fread() 函式通常會搭配 fwrite() 函式，處理區塊資料的讀取。

■ **二進位檔案的寫入語法**：將 number 個大小為 size 位元組的資料項目寫入檔案中。

```
FILE *fp=fopen(" 檔案名稱 ","wb");
fwrite(const void *buffer,size_t size,size_t number,FILE *fp);
```

■ **二進位檔案的讀取語法**：讀取 number 個大小為 size 位元組的資料項目。

```
FILE *fp=fopen(" 檔案名稱 ","rb");
size_t fread(void *buffer,size_t size,size_t number,FILE *fp);
```

■ **資訊學科能力競賽範例**：將檔案讀取至變數或陣列中，再加以處理，例如文字轉數值、大寫轉小寫、濾除指定文字或拆解為字語…等等。

13.1 檔案處理

1. 檔案存取的步驟？

13.2 檔案讀取與寫入

2. 開啟 <text2.txt> 檔，自檔案開始讀取最前面 24 個字元資料並放入 buffer 陣列後，並將此字元倒印，如下圖。[易]

3. 開啟 <text3.txt> 檔，自檔案開始處以一列一列讀取全部檔案，顯示每一列的字元數，並統計共有多少列和多少字元，如下圖。[中]

4. 開啟 text4.txt 檔，讀取全部檔案並將每個字元加 1 加密，輸入任意按鍵後再將之解密，如下圖。[中]

5. 讀取 <text5.txt> 文字檔，將文字拆解為字語後存在 word[] 陣列中，並顯示所有的字語，如下圖。[中]

6. 從鍵盤輸入資料，並以 fprintf() 格式化函式輸出至檔案 <text6.txt> 中，如下圖。 [中]

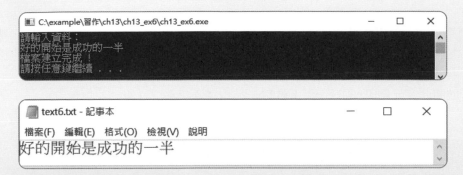

7. 從鍵盤輸入資料，以 fwrite() 函式寫入 <text7.txt> 檔中，並將資料附加在檔案結尾，如下圖。[中]

13.3 二進位檔案的處理

8. 有一位糊塗情報員因為記性不好，只好將情報口訣和暗號儲存在文字檔中，有一天他突然驚覺事態很嚴重，因為這些檔案都是以一般的文字檔儲存，很容易洩密。請您設計程式協助他將口訣和暗號以二進位寫入檔案 <text8.txt 中 >，增加資料的保密性，如下圖。[中]

9. 過了一天，糊塗情報員果真忘記口訣和暗號，於是他很快的把密碼檔打開，卻看到一堆無法辨識的亂碼，請您設計一個讀取二進位的程式，幫忙他將密碼還原，如下圖。[中]

13.4 資訊學科能力競賽範例

10. 讀取 <in10.txt> 檔，濾除非數字字元，將檔案中的數字由小至大排序，再將結果顯示出來並儲存至 <out_10.txt> 中，如下圖。[難]。

<in_10.txt> 文字檔，包含文數字字元：

執行結果和 <out_10.txt> 文字檔：

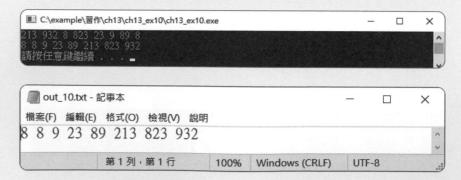

14

位元處理

</> 14.1 數位系統

因為人類具有十根手指，因此人類發展過程最常使用十進位的系統，而電腦內部資料都是使用 0 與 1 來儲存的，這種只有 0 與 1 兩種狀態的系統，稱為二進位系統。

14.1.1 十進位系統

十進位系統是人類最熟悉的進位系統，它是由 0、1、⋯9 的數字組合而成，當個位數的 9 加 1 就會進位變成 2 位數的 10，同樣地十進位的 99 再加 1 時就會變成 3 位數的 100，依此類推。

例如：十進位系統 532，它的百位數是 5、10 百位數是 3、個位數是 2，可以表示如下。

```
532₁₀ = 5*10² + 3*10¹ + 2*10⁰
```

$$532_{10} = 5 \times 10^2 + 3 \times 10^1 + 2 \times 10^0$$

532 右下方的下標 10 稱為基底 (base)，代表 532 是一個 10 進位系統，由於 10 進位是人數最常用的進位系統，因此習慣會將 10 的基底省略，寫成 532。

14.1.2 二進位系統

電腦內部的電路板構造是由電子電路組成，對每一個電路的狀態只有導通和不導通兩種狀態，相當於電路的 ON、OFF，用燈泡來比擬就是燈泡開啟 (ON) 為 1，燈泡關閉 (OFF) 為 0。

電腦使用的就是這種只有 0、1 組成的二進位系統，每一個最小的儲存單位 (或一個開關) 稱為一個位元 (bit)，換句話說，一個位元就可代表 ON、OFF 兩種狀態。

 —— 燈泡開啟
ON
1

或是

 —— 燈泡關閉
OFF
0

▲ 一個位元只有 ON、OFF 兩種狀態

由於位元 (bit) 這個單位實在太小了，使用起來並不方便，因此用這些不同的 1 和 0 作多位元的組合，再定義一個新的單位稱為位元組 (Byte)，一個位元組等於 8 個位元，如下圖。8 個位元可以表示的狀態有 2^8，也就是 0~255 共有 256 種。

例如：以 8 個位元表示二進位的 10101001，如下圖。

二進位系統的 10101001，轉換為 10 進位的計算如下。

$$10101001_2 = 1*2^7 + 0*2^6 + 1*2^5 + 0*2^4 + 1*2^3 + 0*2^2 + 0*2^1 + 1*2^0 = 169$$

10101001 右下方的下標基底 2 稱為 (base)，代表二進位的系統，二進位系統的下標不可省略，否則會和十進位的系統 10101001 產生混淆。

二進位系統的數值內，每個位元只能是 0 或 1 組成，最左邊的位元稱為最高位元 (MSB)，而最右邊的位元稱為最低位元 (LSB)。

1 0 1 0 1 0 0 1

最高位元 (MSB)　　　最低位元 (LSB)

14.1.3　八進位系統

八進位系統是以 8 為基底，它是由 0~7 的數字組成，八進位轉換為十進位的計算如下。

$$532_8 = 5*8^2 + 3*8^1 + 2*8^0 = 346_{10}$$

可以將八進位的每個數字以 3 個欄位的二進位組成，這樣就很容易將八進位轉換為二進位，下表為八進位以 3 個欄位的二進表表示的對照表。

八進位	0	1	2	3	4	5	6	7
二進位	000	001	010	011	100	101	110	111

▲ 八進位轉換和進位對照表

例如：將八進位的 53_8 以二進位表示如下，$53_8 = 101011_2$。

C 語言可以在常數的前面加上數字「0」表示該數是八進位數字。例如：**034** 為八進位的 34，使用 **%d** 以十進位顯示的結果為 28。

```
printf("%d\n",034); //28₁₀
```

「%o」符號 (小寫的 o) 常用於配合 printf() 和 scanf()，作八進位的輸出和輸入。printf("%o") 可以將十進位數字以八進位數字顯示，「%o」配合 scanf() 函式，可以輸入八進位的數值。例如：下例輸入八進位的 34，使用「%o %d」以八進位、十進位顯示的結果為 34、28。

```
int c;
scanf("%o",&c); // 輸入八進位整數，例如：34
printf("%o %d\n",c,c); //34₈、28₁₀
```

14.1.4　十六進位系統

十六進位系統是以 16 為基底，它是由 0~9 的數字加上 A~F 字母組成。十六進位轉換為十進位，例如：$5C_{16}$ 計算如下。

```
5C₁₆ = 5*16¹ + 12*16⁰ = 92₁₀
```

可以將十六進位的每個數字以 4 個欄位的二進位組成，這樣就很容易將十六進位轉換為二進位，下表為十六進位以 4 個欄位的二進位表示的對照表。

十進位	二 進位	八進位	十六進位
0	0000	00	0
1	0001	01	1
2	0010	02	2
3	0011	03	3
4	0100	04	4
5	0101	05	5
6	0110	06	6
7	0111	07	7
8	1000	10	8
9	1001	11	9
10	1010	12	A

▲ 十六進位、十進位、二進位和八進位對照表

十進位	二 進位	八進位	十六進位
11	1011	13	B
12	1100	14	C
13	1101	15	D
14	1110	16	E
15	1111	17	F

▲ 十六進位、十進位、二進位和八進位對照表

例如：將十六進位的 $5C_{16}$ 以二進位表示如下，$5C_{16}=01011100_2$。

C 語言可以在常數的前面加上「0x」(數字 0 和字母 x)，表示該數是十六進位數字。
例如：**0x5C** 為十六進位的 5C，使用 %d 以十進位顯示的結果為 92。

```
printf("%d\n",0x5C); //92₁₀
```

「%x」符號 (x 大小寫均可以) 常配合 printf() 和 scanf() 使用，作十六進位的輸出和
輸入。printf("%x")、printf("%X") 分別可以小寫、大寫字元顯示十六進位數字。

「%x」配合 scanf() 函式，可以輸入十六進位的數值。例如：下例輸入十六進位的
5C，使用「printf("%x %X %d")」以十六進位 (小寫)、十六進位 (大寫)、十進位顯
示的結果為 5c、5C、92。

```
int c;
scanf("%x",&c); // 輸入十六進位數字，例如：5C
printf("%x %X %d\n",c,c,c); //5c、5C、92
```

14.2 進位轉換

只要透過進位的轉換，就可以在不同的進位間作轉換，本章我們舉十進位轉二進位、二進位轉十進位為例，說明其轉換的運作處理方式。

14.2.1 十進位轉二進位

十進位轉二進位 $13_{10}=1101_2$ 中，十進位的基底通常會省略，寫成 $13=1101_2$。將十進位的數字除以 2 得到的餘數依序由右至左組合而成 (第一個餘數是 LSB，最後一個餘數是 MSB)，例如：13/2 得到商為 6，餘數為 1(LSB)，再將 6/2 得到商為 3，餘數為 0，餘依此類推，最後將 MSB 至 LSB 由左至右依序組合得到 1101。如下圖：

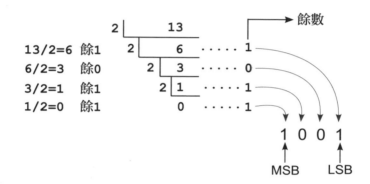

範例：十進位轉二進位

輸入十進位的正整數並轉換為二進位輸出。(decimaltodigit.c)

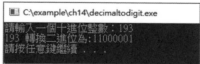

程式碼：**decimaltodigit.c**

```
1   #include <stdio.h>
2   #include <stdlib.h>
3   #define MAX 16
4   int main(void)
5   {
```

```
6        int i=0,n,n2,a[MAX];
7        printf(" 請輸入一個十進位整數：");
8        scanf("%d",&n); // 輸入十進位整數 n
9        n2=n;            // 複製輸入的數值 n
10       while (n>0)      // 如果商數 >0 表示還未被 2 除盡
11       {
12           a[i] = n%2; // 將除以 2 的餘數儲存到陣列 a[i] 中
13           i = i+1;     // 記錄總共除以 2 的次數
14           n = n/2;     // 儲存商
15       }
16       printf("%d 轉換二進位為 :",n2);
17       for(i; i > 0; i--)
18           printf("%d",a[i-1]);
19       printf("\n");
20       system("pause");
21       return 0;
22   }
```

程式說明

- **6** 宣告陣列 a[] 儲存 10 進位轉換 2 進位的結果。

- **8** 輸入 10 進位的正整數。

- **9** 因為輸入的值 n 在執行 10-15 列後會被更改，因此複製輸入的數值 n 至 n2 變數，以便觀察轉換前面的結果。

- **10** 如果商數 >0 繼續處理，否則結束迴圈。

- **12** 將除以 2 得到的餘數加到陣列元素 a[i] 中，i=0 儲存的 LSB。

- **13** 用 i 記錄總共除以 2 的次數，最後一次的 i 儲存的就是 MSB。

- **14** 將數字除以 2 得到商。

- **17-18** 由 MSB 到 LSB 依序顯示轉換的結果。

14.2.2 二進位轉十進位

利用乘冪可以將 2 進位轉為 10 進位，例如：$1101_2 = 1*2^3 + 1*2^2 + 0*2^1 + 1*2^0 = 13$。如下圖：

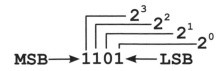

範例：二進位轉十進位

輸入二進位的數字字串並轉換為十進位輸出。(digittodecimal.c)

```
C:\example\ch14\digittodecimal.exe

請輸入一個二進位數字：1101
1101 轉換為十進位為 13
請按任意鍵繼續 . . .
```

```
C:\example\ch14\digittodecimal.exe

請輸入一個二進位數字：11000001
11000001 轉換為十進位為 193
請按任意鍵繼續 . . .
```

程式碼：digittodecimal.c

```c
1   #include <stdio.h>
2   #include <stdlib.h>
3   #include <conio.h> //getch() 必須引用 <conio.h>
4   #include <math.h>   //pow() 必須引用 <math.h>
5   int digitNum()
6   {
7       int n=0;
8       char ch;
9       do
10      {
11          ch = getch();
12          if (ch == '0' || ch == '1') // 只接受 0 和 1
13          {
14              printf("%c",ch);          // 顯示輸入的位元
15              n*=10;
16              n=n + ch - '0';
17          }
18      }while(ch!=13);
19      return n;
20  }
21  int main()
22  {
23      int a,m;
24      int i=0,sum=0;
25      printf(" 請輸入一個二進位數字：");
26      int n=digitNum();
27      a = n;
28      while (n != 0)
29      {
30          m = n % 10; // 取得最後位元
31          n /= 10;       // 取得除最後位元外的其餘字元
```

```
32          sum += m*pow(2, i); // 累加 位元 *2 的乘冪
33          ++i;
34      }
35      printf("\n%d 轉換為十進位為 %d\n",a,sum);
36      system("pause");
37      return 0;
38  }
```

程式說明

- ■ 5-20　　自訂 digitNum() 函式只接受輸入 0、1 位元，按 **ENTER** 結束輸入，並傳回輸入的數字。

- ■ 15-16　　將輸入的數定組合成 10 進位的數值。

- ■ 19　　傳回組合後的數值。

- ■ 24　　變數 i 記錄第幾個字元，sum 儲存轉換結果。

- ■ 25-26　　輸入二進位的數字 n。

- ■ 27　　複製一份 n。

- ■ 28-34　　依序處理 n 的每一個位元。

- ■ 30-31　　m = n % 10 取得最後位元，n /= 10 取得除最後位元外的其餘字元。例如：1101，運算後 m=1、n=110。

- ■ 32　　sum += m*pow(2, i) 將「最後位元 *2 的乘冪」後累加。

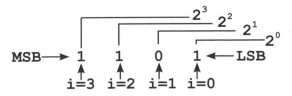

- ■ 33　　每處理 1 個位元，將 i 加 1。

- ■ 35　　顯示轉換的結果。

▶立即演練　十進位轉八進位

輸入十進位的正整數並轉換為八進位輸出。(dectooct.c)

</> 14.3 位元運算子

位元運算子顧名思義是以位元為單位做運算，C 語言提供了「位元邏輯」和「位元位移」兩種運算子。

位元運算子的運算元必須是整數型別，通常先將運算元的數值轉換為二進位，再進行指定位元運算子的運算。

14.3.1 位元邏輯運算子

「位元邏輯運算子」和第 3 章的「邏輯運算子」是有區別的，邏輯運算子是將整組的數字當作一個單位做運算，而位元邏輯運算子則是將數值中的每一個位元當作一個單位做運算。

C 語言中提供 NOT、AND、OR、XOR 等 4 種位元邏輯運算子。如下表：

位元邏輯運算子	意義	說明
~	位元 NOT 運算	此為單元運算子，將運算元 1 轉 0，0 轉為 1。
&	位元 AND 運算	只有兩個運算元的比較結果都是 1 時，才傳回 1，其餘情況皆傳回 0。
|	位元 OR 運算	只有兩個運算元的比較結果都是 0 時，才傳回 0，其餘情況皆傳回 1。
^	位元 XOR 運算	兩個運算元的比較結果都是 1 或 0 時，就傳回 0；兩個運算元的比較結果一個是 1 而另一個是 0 時，就傳回 1。

NOT 位元運算子「~」

NOT 位元運算子「~」會進行二進制的補數 (1 的補數) 運算，所謂補數運算 (1 的補數) 就是將二進制中運算元 1 轉 0，0 轉為 1。

a	~a	說明
0	1	1 轉換成 0。
1	0	0 轉換成 1。

▲ NOT 位元運算子「~」的真值表

例如:a=14,即 a=00001110₂,則 NOT 位元運算 ~a=11110001₂,以 10 進位表示為 -15。

14 (十進位):

| 0 | 0 | 0 | 0 | 1 | 1 | 1 | 0 | ← 位元組 |

~ 運算:

| 1 | 1 | 1 | 1 | 0 | 0 | 0 | 1 | → -15 (十進位) |

二進位數字 $a=00001110_2$ 中,可以依據 MSB 判斷該數的正負,MSB=0 代表該數為正數,其 10 進位的大小為 $1*2^3+1*2^2+1*2^0=14$。

a=14 以 NOT 運算 ~a=11110001₂,MSB=1 表示該數是負數,它的 10 進位大小為 2 的補數,所謂 2 的補數也就是將 1 的補數 +1。

即 11110001_2 的 2 的補數 $=11110001_2$ 的 1 的補數 $+1=00001110_2+1=00001111_2=15$,因此 ~a 的十進位為 -15。

AND 位元運算子「&」

AND 位元運算子「&」會進行二進制位元 And 運算,只有在兩個位元都是 1 時其結果才是 1,否則結果就是 0。

a	b	a&b
0	0	0
0	1	0
1	0	0
1	1	1

▲ AND 位元運算子「&」的真值表

例如:a=14、b=5,先將 a、b 轉換為 2 進位,即 a=00001110₂、b=00000101₂,AND 位元運算 a&b=00000100₂,以 10 進位表示為 4。

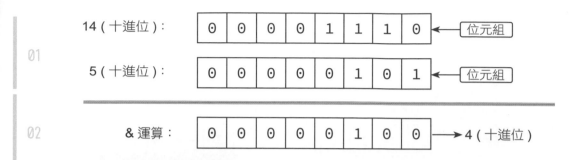

OR 位元運算子「|」

OR 位元運算子「|」會進行二進制位元 Or 運算,只有在兩個位元都是 0 時其結果才是 0,否則結果就是 1。

a	b	a|b
0	0	0
0	1	1
1	0	1
1	1	1

▲ OR 位元運算子「|」的真值表

例如:a=14、b=5,先將 a、b 轉換為 2 進位,即 a=00001110_2、b=00000101_2,OR 位元運算 a|b=00001111_2,以 10 進位表示為 15。

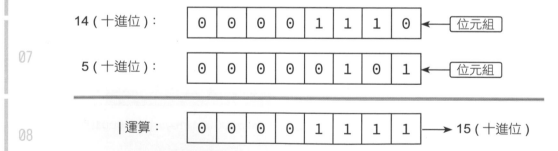

XOR 位元運算子「^」

XOR 位元運算子「^」會進行二進制位元 Xor 運算,只有在兩個位元不相同時其結果才是 1,否則結果就是 0。

a	b	a^b
0	0	0
0	1	1
1	0	1
1	1	0

▲ XOR 位元運算子「^」的真值表

例如：a=14、b=5，先將 a、b 轉換為 2 進位，即 $a=00001110_2$、$b=00000101_2$，XOR 位元運算 $a\text{^}b=00001011_2$，以 10 進位表示為 11。

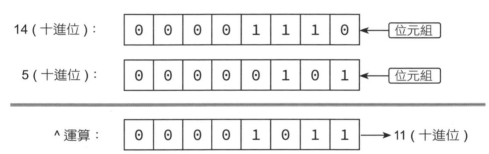

範例：位元邏輯運算

輸入兩個十進位的數字 a 和 b，計算 a 的補數，a&b、a|b 和 a^b 並顯示的結果。(bitlogical.c)

```
C:\example\ch14\bitlogical.exe                    —  □  ×
請輸入 a 的值(整數)：45
請輸入 b 的值(整數)：7
a 的補數為：-46
a&b 的結果為：5
a|b 的結果為：47
a^b 的結果為：42
請按任意鍵繼續 . . .
```

程式碼：**bitlogical.c**

```c
1  #include <stdio.h>
2  #include <stdlib.h>
3  int main()
4  {
5      int a,b;
```

```
 6        printf(" 請輸入 a 的值 ( 整數 ) :");
 7        scanf("%d",&a); // 輸入十進位整數 a
 8        printf(" 請輸入 b 的值 ( 整數 ) :");
 9        scanf("%d",&b); // 輸入十進位整數 b
10        // 設 a=45、b=7
11        printf("a 的補數為 :%d\n",(~a));        //-46
12        printf("a&b 的結果為 :%d\n",(a&b));      //5
13        printf("a|b 的結果為 :%d\n",(a|b));      //47
14        printf("a^b 的結果為 :%d\n",(a^b));      //42
15        system("pause");
16        return 0;
17   }
```

程式說明

■ 11   顯示 a 的補數 (1 的補數)。

■ 12-14   分別顯示 a&b、a|b 和 a^b 運算的結果。本例整數 a 和 b 的二進位是
            32 位元 (4 個位元組)，為了講解方便，我們輸入較小的數字 a=45、
            b=7 作測試，這兩個數字的前面其實還有 24 個位元都是 0，但前面的
            24 個都是 0 位元，並不會影響 a&b、a|b、a^b 運算的結果。以 a&b 運
            作為例說明如下：

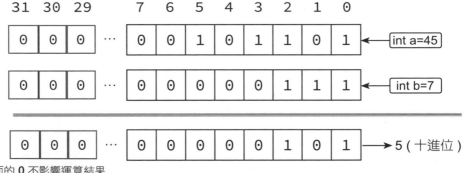

前面的 **0** 不影響運算結果

▲ a&b 運算圖

區別邏輯運算和位元邏輯運算

邏輯運算子也有「&」、「|」及「^」三個運算子，區分方法為：若兩個運算元都
是比較運算式則為邏輯運算子，兩個運算元都是數值則為位元運算子，例如：

```
(9>4) & (7<3)     //「&」為邏輯運算子
9 & 7             //「&」為位元運算子
```

14.3.2 位元位移運算子

位元運算子的運算元必須是整數類型，如果使用浮點數會造成編譯錯誤，通常先將運算元的數值轉換為二進位，再進行指定位元運算子的運算。

C 語言中提供「左移」和「右移」等 2 種位元位移運算子。如下表：

位元邏輯運算子	意義	說明
<<	左移運算子	運算元左移，右補 0。左移相當於乘 2。
>>	右移運算子	運算元右移，左補 0。右移相當於除 2。

位元左移運算子「<<」

位元左移運算子「<<」可以將指定的正整數向左移動 n 個位元，移動後左邊超出邊界的位元會被刪除，而右邊的空白位元則補 0。下圖為位元左移一次的運作圖：

▲ 位元左移運算子「<<」運算圖

也可以指定向左移動幾個位元，語法為：

```
a << n
```

a 表示要移動的整數，n 表示移動幾個位元。

例如：a=63、n=2 將 63 的位元左移 2 次，即「63<<2」，每左移 1 次相當於乘 2，左移 2 次即為乘 4，結果為 63*4=252。如下圖：

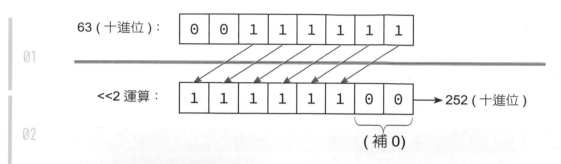

63（十進位）：

<<2 運算：　→ 252（十進位）

（補 0）

位元右移運算子「>>」

位元右移運算子「>>」可以將指定的正整數 a 向右移動 n 個位元，移動後右邊超出邊界的位元會被刪除，而左邊的空白位元則補 0。下圖為位元右移一次的運作圖：

（空白位元補 0）　　　　　　　　　（超出的位元刪除）

▲ 位元右移運算子「>>」運算圖

也可以指定向右移動幾個位元，語法為：

```
a >> n
```

例如：a=255、n=2 將 255 的位元右移 2 次，即「255>>2」，每右移 1 次相當於除 2，右移 2 次即為除 4，結果為 255/4=63。如下圖：

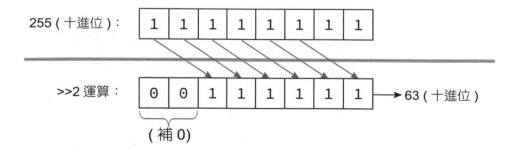

255（十進位）：

>>2 運算：　→ 63（十進位）

（補 0）

09

» 範例練習　位元移位運算

讓使用者輸入兩個整數 a 和 n，顯示 a>>n 和 a<<n 位元移位運算的結果。(bitshift.c)

```
C:\example\ch14\bitshift.exe                                    —    □    ×
請輸入 a 的值(整數):45
請輸入 n 的值(整數):2
a>>2 的結果為 : 11
a<<2 的結果為 : 180
請按任意鍵繼續 . . .
```

10

程式碼：bitshift.c

11

```c
1    #include <stdio.h>
2    #include <stdlib.h>
3    int main()
4    {
5        int a,n;
6        printf(" 請輸入 a 的值 ( 整數 ) : ");
7        scanf("%d",&a); // 輸入十進位整數 a
8        printf(" 請輸入 n 的值 ( 整數 ) : ");
9        scanf("%d",&n); // 輸入十進位整數 n
10       // 設 a=45、n=2
11       printf("a>>%d 的結果為:%d\n",n,(a>>n));   //11
12       printf("a<<%d 的結果為:%d\n",n,(a<<n));   //180
13       system("pause");
14       return 0;
15   }
```

12

程式說明

13

- 6,8　　　輸入要移位的整數和要移位的次數 n。
- 11-12　　顯示 a>>n 和 a<<n 移位運算的結果。

14

▶ 立即演練　十進位轉二進位數後求補數

輸入十進位的正整數 a，請將 a 轉換為二進位，計算 a 的補數並顯示結果。
(complement.c)

15

```
C:\example\立即演練\ch14\complement.exe                          —    □    ×
請輸入一個十進位整數 : 13
13 轉換二進位為:1101
13 的1's補數為:0010
請按任意鍵繼續 . . .
```

14.4 位元欄位

C 語言提供一種特別的結構宣告稱為「位元欄位結構」，可以利用「:」設定結構成員的位元長度，充分利用到結構變數中的每一個位元，用以節省記憶體空間。語法：

```
struct 位元欄位結構名稱
{
    資料型別    欄位名稱 1: 位元長度 ;
    資料型別    欄位名稱 2: 位元長度 ;
    ...
    資料型別    欄位名稱 n: 位元長度 ;
}
```

位元欄位資料型別必須是整數 (int) 或列舉，在實務應用中，大都是使用無符號整數 (unsinged int) 來宣告位元欄位的成員。

例如：定義結構 student，包括 name、sex、age 等成員，其中 name[12] 是字元陣列 (佔用 12 位元組)，sex、age 是位元欄位，分別佔用 1 和 7 個位元。

```
typedef char String[12];
typedef unsigned int Bit;
typedef unsigned int Age;
struct student        // 定義位元欄位結構
{
    String name;
    Bit sex:1;
    Age age:7;
}
```

在 student 結構中，sex 姓別只有男、女，因此只要使用 1 個位元就可以表示了 (0- 女、1- 男)，而 age 年齡也只使用 7 個位元，表達 0~127。

定義位元欄位結構後，就可以建立該結構型態的變數。例如：宣告結構變數 stu 並設定初始值。

```
struct student stu=stu={"David",1,32};
```

這樣就可以表示 David 是男姓，年齡 32 歲。

因為 sex、age 是位元欄位宣告，兩個欄位只需要 1+7=8 個位元。

在 C 語言，位元欄位會佔用 4 個位元組，即使如上例 sex、age 兩個欄位只會佔用 8 個位元，但它仍會使用 4 個位元組 (32 個位元)，其他有 24 個位元並未使用。如果位元欄位的長度超過 32 個位元，系統就會再增加 4 個位元組。

上例 sex、age 如果不是使用位元欄位宣告，而是使用 int 型別宣告，則 sex、age 兩個欄位將會佔用 8 個位元組。比較之下，使用位元欄位宣告是不是可省下部分記憶體呢？

» 範例練習　位元欄位結構

定義結構 student，包括 name、sex、age 等成員，並設定 sex、age 為位元欄位，分別佔用 1 和 7 個位元。(bitstruct.c)

```
C:\example\ch14\bitstruct.exe                              —    □    ×
姓名 : David
性別 : 男
年齡 : 32
sizeof(stu)=16
請按任意鍵繼續 . . .
```

程式碼：bitstruct.c

```c
1   #include <stdio.h>
2   #include <stdlib.h>
3   typedef char String[12];
4   typedef unsigned int Bit;
5   typedef unsigned int Age;
6   struct student           // 定義位元欄位結構
7   {
8       String name;
9       Bit sex:1;
10      Age age:7;
11  }stu={"David",1,32};  // 宣告結構變數並設定初值
12
13  int main()
14  {
```

```
15      printf(" 姓名：%s\n",stu.name);
16      if(stu.sex==0)                    // 顯示性別
17        printf(" 性別：女 \n");
18      else
19        printf(" 性別：男 \n");
20      printf(" 年齡：%d\n",stu.age); // 顯示年齡
21      printf("sizeof(stu)=%d\n",sizeof(stu)); // 顯示變數 stu 的長度
22      system("pause");
23      return 0;
24  }
```

程式說明

- **3-5** 建立自訂型別 String、Bit 和 Age。
- **6-11** 定義結構包括自訂 String、Bit 和 Age 型別的成員，並設定 sex、age 為位元欄位，分別佔用 1 和 7 個位元。
- **11** 建立結構變數 stu 並設定初始值。
- **15-20** 顯示姓名、性別和年齡。
- **21** 顯示變數 stu 的大小，其中 name 是 char[12] 的陣列佔用 12 個位元組，sex、age 為位元欄位，雖只佔用 1 和 7 個位元，但 C 語言仍會分配 4 個位元組，因此總共會佔用 16 個位元組。

位元欄位成員無法被 「&」運算子取址，因此無法使用 scanf() 函式輸入資料。一般變通的辦法是借用另一個整數來傳遞，即利用 scanf() 函式輸入一個整數，再將整數指派給位元欄位結構變數。

例如：輸入整數 n，再利用 n 指派給位元欄位結構變數 age。

```
int n;
scanf("%d",&n);
stu.age=n;
```

位元欄位還有一點很大的特點，由於 C 語言可以直接接觸硬體，而電腦內部暫存器等運算，很多都是以位元或位元組作運算，如果使用位元欄位的結構，可以更貼進電腦內部暫存器運算的思維。

14.5 本章重點整理

■ **數位系統**：

◆ **十進位系統**：十進位系統是人類最熟悉的進位系統，它是由 0、1、…9 的數字組合而成。例如：十進位系統 532 可以表示如下。

```
532₁₀ = 5*10² + 3*10¹ + 2*10⁰
```

◆ 二進位系統：電腦使用的就是這種只有 0、1 組成的二進位系統，二進位系統的 10101001，轉換為 10 進位的計算如下。

```
10101001₂ = 1*2⁷ + 0*2⁶ + 1*2⁵ + 0*2⁴ + 1*2³ + 0*2² + 0*2¹ + 1*2⁰ = 169
```

◆ **八進位系統**：八進位系統是以 8 為基底，它是由 0~7 的數字組成，八進位 532 轉換為十進位的計算如下。

```
532₈ = 5*8² + 3*8¹ + 2*8⁰ = 346₁₀
```

■ **進位轉換**：

◆ **十進位轉二進位**：十進位轉二進位 $13_{10}=1101_2$ 中，將十進位的數字除以 2 得到的餘數依序由右至左組合而成 (第一個餘數是 LSB，最後一個餘數是 MSB)。

◆ **二進位轉十進位**：利用乘冪可以將 2 進位轉為 10 進位，例如：$1101_2=1*2^3+1*2^2+0*2^1+1*2^0=13$。

■ **位元運算子**：

◆ **位元邏輯運算子**：C 語言中提供 NOT、AND、OR、XOR 等 4 種位元邏輯運算子。

◆ **位元位移運算子**：C 語言中提供「左移」和「右移」等 2 種位元位移運算子。

■ **位元欄位**：「位元欄位結構」可以利用「:」設定結構成員的位元長度。位元欄位結構語法：

```
struct 位元欄位結構名稱
{
    資料型別   欄位名稱1: 位元長度 ;
    …
    資料型別   欄位名稱n: 位元長度 ;
}
```

14.1 數位系統

1. 電腦為何會使用只有 0、1 組成的二進位系統？[易]

14.2 進位轉換

2. 輸入十進位的正整數 n 和轉換的進位，將正整數 n 轉換為指定的進位，如下圖。
   [難]

> ▶ 提示
>
> 建立函式將輸入的位元儲存在陣列 a[] 中。

```
int decToany(int n,int digit,int *a)
{
    int i=0;
    while (n>0)              // 如果商數 >0 表示還未被 digit 除盡
    {
        a[i] = n % digit; // 將除以 digit 的餘數儲存到陣列 a[i] 中
        i = i+1;              // 記錄總共除以 digit 的次數
        n = n/digit;       // 儲存商
    }
    return i; // 位元數
}
```

3. 輸入一個八進位的數字(只能輸入 0~7 的數字)，將它轉換為十進位，如下圖。[中]

延 伸 練 習

▶ 提示

建立只接受 0~7 數字的函式，並將輸入數字組成 10 進位的數。

```c
int digitNum()
{
    int n=0;
    char ch;
    do
    {
        ch = getch();
        if (ch>='0' && ch<='7')   // 只接受 0~7
        {
            printf("%c",ch);        // 顯示輸入的位元
            n*=10;
            n=n + ch - '0';
        }
    }while(ch!=13);
    return n;
}
```

14.3 位元運算子

4. 輸入一個 8 位元的二進位的數字 a，計算 a 的補數並以 10 進位顯示計算結果。
   如下圖：[中]

5. 十進位的數字 a=42、b=13，請將 a、b 轉換為二進位，計算 a&b、a|b 和 a^b 並
   顯示結果。

6. char 是具有 1 位元組 (8 個位元) 的符號整數，宣告 char a=56，請描繪 a>>2 和
   a<<2 位元移位的過程和運算結果。[易]

14.4 位元欄位

7　定義結構 student，包括 name、sex、chinese 和 math 等成員，並設定 sex、chinese 和 math 為位元欄位，分別佔用 1、7、7 個位元，請輸入姓名、性別、國文和數學成績後顯示輸入的資料。如下圖：[中]

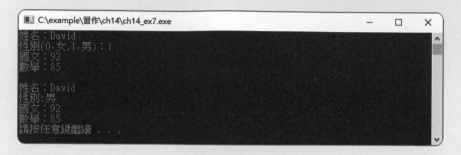

15

大型程式的發展

 **15.1** 建立專案

一個大型應用程式，包含了很多函式和成千上萬行的程式碼，多數是由許多程式設計師協力完成，因此並不會像本書之前範例將所有程式都放在同一個檔案中，而是將程式中的函式，依功能加以分類後，將一個或數個函式組成一個模組，儲存在不同的檔案中，再與 main() 主程式一起編譯成可執行檔。

15.1.1 程式模組化

下列的 MaxNumber.c 檔中定義 max2D() 函式，max2D() 函式可以取得兩數中較大的數，然後在主程式 main() 中呼叫這個函式，所有程式都放置在同一個檔案 MaxNumber.c 中。

程式碼：**MaxNumber.c**

```
1   #include <stdio.h>
2   #include <stdlib.h>
3   int max2D(int,int);        // 宣告函式原型
4
5   int max2D(int x,int y)
6   {
7       return (x>y)?x:y;
8   }
9
10  int main(int argc, char *argv[]) {
11      int n= max2D(5,7);
12      printf("5,7 最大的數是 %d\n",n);
13      system("pause");
14      return 0;
15  }
```

然而在大型的程式中，會將程式依功能將函式分類後儲存在不同的檔案中，同時也會將函式原型宣告和自訂型別等放在標頭檔中。如下圖：

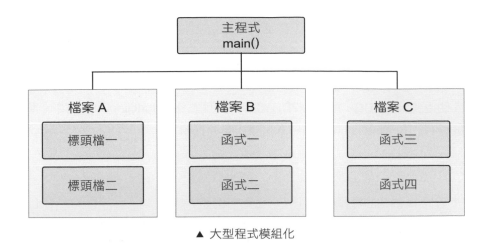

▲ 大型程式模組化

有了模組化的概念後，我們將 MaxNumber.c 檔分割成三個檔案：

functionlist.h 檔：用以宣告函式原型。

程式碼：**functionlist.h**

```
#ifndef FUNCTIONLIST       //#ifndef……#endif 條件編譯會在後面單元說明
    #define FUNCTIONLIST
    int max2D(int,int);    // 宣告函式原型
#endif
```

Max2D.c 檔：將 max2D() 函式實作建立在另外一個 Max2D.c 檔中如下。

程式碼：**Max2D.c**

```
int max2D(int x,int y)
{
    return (x>y)?x:y;
}
```

main.c 檔：在主程式中呼叫函式，找出兩個數中最大的數。

程式碼：**main.c**

```
#include <stdio.h>
#include <stdlib.h>
#include "functionlist.h"

int main(int argc, char *argv[]) {
    int n= max2D(5,7);
```

```
        printf("5,7 最大的數是 %d\n",n);
        system("pause");
        return 0;
}
```

main.c 使用到 max2D()，而 max2D() 函式的原型宣告在 functionlist.h 檔中，必須加入「#include "functionlist.h"」引用 functionlist.h 標頭檔。

標頭檔的引用符號

習慣上會將 C 內建的標頭檔以「<>」引用。例如：

```
#include <stdio.h>
```

如果是由程式設計師自己建立的標頭檔，則習慣會以「""」引用。例如：

```
#include "functionlist.h"
```

15.1.2 建立專案

要將程式以函式加以分類後儲存在不同的檔案中，必須先建立專案，然後利用專案管理的方式，在專案中再新增檔案或將原已建立的檔案加入專案中。

» 範例練習　建立新專案

以建立一個名稱為 project1 的專案為例，建立專案前請先在 <C:\example\ch15> 新增 project1 目錄儲存建立的專案，並依如下步驟建立專案：

選按功能表 檔案 \ 開新檔案 \ 專案。

於 建立新專案 視窗中的 Basic 標籤點選 Console Application，專案選項 欄中選 C 專案，名稱 欄輸入「project1」後按 確定 鈕。

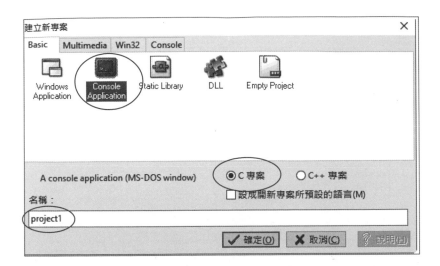

出現 **另存新檔** 視窗，預設會在 **文件** 目錄建立 project1.dev 專案，可以更改所要儲存的目錄。

請先在 <C:\example\ch15> 新增 project1 目錄，然後選擇此目錄再按 **開啟** 鈕，將 project1.dev 專案儲存在此 project1 目錄中。

註：project1 目錄必須自己建立，在建立專案前先在檔案總管中建立之，本例並未顯示如何建立 project1 目錄的操作畫面。

設定完成後按下 **存檔** 鈕

project1 專案建立完成後預設會建立「main.c」主程式檔。

```
檔案(F)  編輯(E)  搜尋(S)  檢視(V)  專案(P)  執行(Z)  工具(T)  AStyle  視窗(W)  求助(H)
(globals)
專案  類別  除錯    [*] main.c
project1             1  #include <stdio.h>
  main.c            2  #include <stdlib.h>
                    3
                    4  /* run this program using the console pauser
                    5
                    6  int main(int argc, char *argv[]) {
                    7      return 0;
                    8  }
```

輸入下列程式碼後按另存新檔將 main.c 更名為「project1.c」，這個 project1.c 是包含有 main() 函式的主程式。

```
專案  類別  除錯    project1.c
project1            1  #include <stdio.h>
                   2  #include <stdlib.h>
                   3  #include "functionlist.h"
                   4
                   5  int main(int argc, char *argv[]) {
                   6      int n= max2D(5,7);
                   7      printf("5,7 最大的數是 %d\n",n);
                   8      system("pause");
                   9      return 0;
                  10  }
```

在專案中新增 .h 標頭檔和 .c 檔

專案建立後，即可以在專案中新增檔案或將原已建立的檔案加入專案中，在專案中新增檔案的操作如下：

在專案中新增 .h 標頭檔，以新增 functionlist.h 為例。

選按功能表 **檔案 \ 開新檔案 \ 原始碼**，出現 **Confirm** 視窗，點選 **Yes** 鈕將新增的檔案加入專案中。

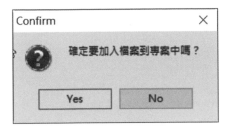

預設產生 **新文件 2**，輸入下列程式碼後選擇 **檔案 \ 另存新檔**。

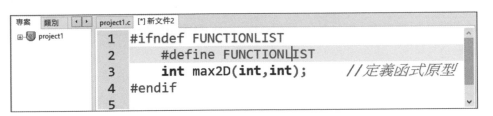

於儲存檔案視窗中，檔案名稱欄輸入「functionlist」，存檔類型欄選「Header files(*.h;*.hpp;*.rh;*.hh)」，設定完成後按 **存檔** 按鈕，即會建立「functionlist.h」標頭檔。

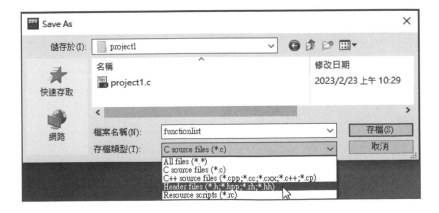

在專案中新增 .c 檔,以新增 Max2D.c 為例。

01 選按功能表 **檔案 \ 開新檔案 \ 原始碼**,出現 **Confirm** 視窗,點選 **Yes** 鈕將新增的檔案加入專案中。

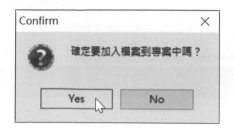

03 預設產生 **新文件 3**,輸入下列的程式碼。

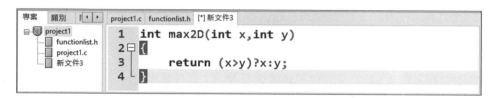

05 選擇 **檔案 \ 另存新檔**,檔名輸入「Max2D」後按 **存檔** 鈕,完成後會產生「Max2D.c」檔。

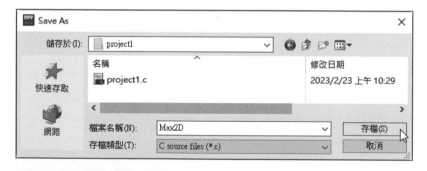

08 專案中包括了 3 個檔案,可以點選 ⊞ 顯示專案中的所有檔案。

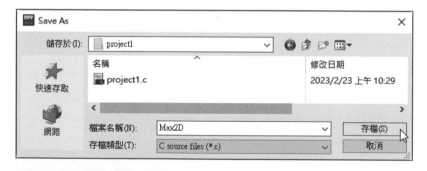

這個專案中，共有三個檔案，project1.c 含 main() 主程式，functionlist.h 標頭檔宣告函式的原型，Max2D.c 則實作 functionlist.h 宣告的函式 max2D()。

編譯並執行

建立完成後即可以按 **F11** 編譯並執行，結果如下：

編譯後，產生 project1.o 和 Max2D.o 目的檔及 project1.exe 執行檔。project1.dev 為專案管理檔案，當專案儲存並關閉後，點選 project1.dev 即可重新開啟 project1 專案。

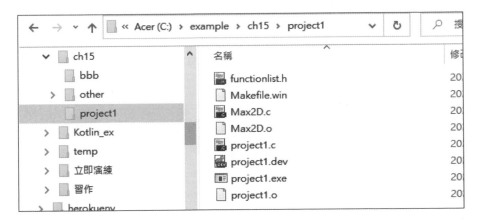

關閉專案

從功能表選擇 **檔案 \ 關閉專案**，可以關閉已開啟的專案。

開啟舊專案

從功能表選擇 **檔案 \ 開啟舊檔**，檔案選擇 .dev 檔，可以開啟已經建立完成的專案。例如：可以開啟 <C:\example\ch15\project1 完成參考 \project1.dev> 觀察已經建立完成的專案。

將檔案加入專案

如果檔案早已建立好了，也可以在專案中，從專案功能表選擇 **專案 \ 將檔案加入專案 (A)**，將已經建立的檔案加入專案中。

將從專案中移除檔案

也可以將專案中的檔案移除，從專案功能表選擇 **專案 \ 從專案中移除檔案 (R)**，選擇要除移的檔案，就可以將該檔從專案中移除。(註：檔案仍存在，只是不包括在專案中)

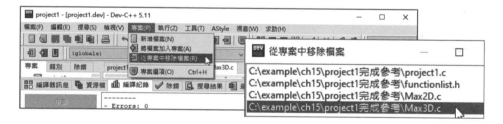

▶立即演練　建立專案 **Myproject1**

在 <C:\example\ 立即演練 \ch15> 建立 Myproject1 目錄，然後建立 Myproject1. dev 專案至此目錄中，Myproject1.dev 包含三個檔案，Rectangle.h 定義以 typedef int Width、typedef int Height 自訂型別 Weight、Height，並宣告 area() 函式原型，Rectangle.c 實作求矩形面積的 area() 函式，主程式 Myproject1.c 則以 Weight、Height 型別建立變數後，輸入矩形的寬度和高度並求矩形面積。(Myproject1.dev)

15.2 條件式編譯

15.2.1 定義巨集、取消巨集

巨集經常配合條件式編譯指令，用以告訴編譯器將程式作部分編譯。

定義巨集的語法：

```
#define 巨集名稱([ 參數 ]) 巨集內容
```

例如：定義 PI=3.14。

```
#define PI 3.14
```

說明：不可寫成「#define PI=3.14」(加 = 號)。

取消巨集定義則可以使用 #undef，語法如下：

```
#undef 巨集名稱
```

例如：取消巨集 PI 的定義。

```
#undef PI
```

說明：程式結束不可以加「;」符號，如果巨集沒有定義，執行並不會產生錯誤。

15.2.2 條件式編譯

所謂條件式編譯就是在編譯時，透過前置處理器，讓編譯器依定義的條件進行編譯，它和第 4 章中一般程式的條件處理稍有不同，條件式編譯會在編譯之前處理條件式指令的編譯，而一般程式中的條件處理則是在編譯階段才處理。

條件式編譯的語法：

```
#ifdef|#ifndef 巨集名稱
   程式碼 ;
[#else]
   [ 程式碼 ;]
#endif
```

#ifdef…#endif 類似 if…endif 語法，當巨集名稱已定義執行 #ifdef 後的程式，否則結束程式。#ifdef…#else…#endif 類似 if…else…endif 語法，若巨集名稱已定義執行 #ifdef~#else 間的程式，否則執行 #else…#endif 間的程式。

#ifndef 為 if not defined 的縮寫，它和 #ifdef 正好相反，若巨集名稱尚未定義執行 #ifndef~#else 間的程式，否則執行 #else…#endif 間的程式。

» 範例練習 條件式編譯

定義巨集 PI=3.14，利用條件式編譯判斷 PI 是否已被定義，若已被定義則顯示 PI 的值並取消巨集 PI 的定義。(define1.c)

程式碼：define1.c

```
1    #include <stdio.h>
2    #include <stdlib.h>
3    #define PI 3.14 // 定義 PI=3.14
4    int main()
5    {
6        #ifdef PI
7            printf("PI= %4.2f\n",PI);
8        #else
9            printf("PI 未已被定義 !\n");
10       #endif
11       #undef PI   // 取消 PI 的定義
12
13       #ifndef PI
14           printf("PI 定義已被取消 !\n");
15       #endif
16       system("pause");
17       return 0;
18   }
```

程式說明

■ 3   定義巨集 PI，值為 3.14。

■ 6-10   使用條件式編譯指令，判斷 PI 是否已經定義，若已定義則顯示 PI 的值。

- 11 　　　取消 PI 的定義。
- 13-15 　　「#ifndef PI」，如果 PI 未定義，執行 **14** 行的敘述。

因為前置處理器，會在編譯之前處理條件式指令編譯，因此本例實際編譯後的程式碼如下：

```
int main()
{
   printf("PI= %4.2f\n",PI);
   printf("PI 定義已被取消 !\n");
   system("pause");
   return 0;
}
```

15.2.3 大型程式中使用條件式編譯

在一個大型的程式中，會有很多 *.h 標頭檔，因此會有許多 #include "標頭檔" 的動作，當標頭檔重複引用或形成巢狀引用時，必須使用條件式編譯，否則將會造成編譯錯誤。例如：

標頭檔 a.h 引用 b.h。

```
// 標頭檔 a.h
#include "b.h"
```

另一標頭檔 b.h 又引用 a.h，這樣將造成標頭檔的無限循環。

```
// 標頭檔 b.h
#include "a.h"
```

可以使用條件式編譯來解決，將原來標頭檔更改如下：

標頭檔 a.h 更改為。

```
// 標頭檔 a.h
#ifndef A_H // 判斷 A_H 是否尚未定義
#define A_H
#include "b.h"
#endif
```

A_H 是自訂的巨集名稱，習慣上會以檔名來命名，所以 a.h 命名為「A_H」，#ifndef A_H 判斷 A_H 巨集名稱是否尚未定義，若未定義則以 #define 定義 A_H，並引用 b.h 標頭檔，如果 A_H 已定義則略過不處理 (即不定義 A_H 也不 #include "b.h")。

同理將標頭檔 b.h 更改為。

```
// 標頭檔 b.h
#ifndef B_H
#define B_H
#include "a.h"
#endif
```

如 果 讀 者 將 <C:\Program Files (x86)\Dev-Cpp\MinGW64\x86_64-w64-mingw32\include> 目錄系統內建的標頭檔打開，將會發現每個標頭檔中都有加入此一條件式編譯。

在大型程式中，也會有一個習慣，將變數宣告、函式原型宣告等放在標頭檔中 (.h)，而將函式實作放在另外的檔案中 (.c)，兩者會取相同的主檔名。

有了以上的觀念後，我們再以另一個專案來實作之。這個專案是 project1.dev 的延伸，另外再加入 Max2D.h、Max3D.h 標頭檔，將原來 functionlist.h 檔宣告函式原型的動作，改在 Max2D.h、Max3D.h 檔宣告，並分別在 Max2D.c、Max3D.c 檔實作 max2D()、max3D() 函式。

執行結果：

未模組化的程式如下：

```
MaxNumber2.c
1    #include <stdio.h>
2    #include <stdlib.h>
3    int max2D(int,int);       // 宣告函式原型
4    int max3D(int,int,int);
5
```

```
6    int max2D(int x,int y)
7    {
8        return (x>y)?x:y;
9    }
10
11   int max3D(int x,int y,int z)
12   {
13       int n=max2D(x,y);
14       return max2D(n,z);;
15   }
16
17   int main(int argc, char *argv[]) {
18       int n= max2D(5,7);
19       printf("5,7 最大的數是 %d\n",n);
20       printf("7,5,9 最大的數是 %d\n",max3D(7,5,9));
21
22       system("pause");
23       return 0;
24   }
```

程式說明

- 3-4   定義函式原型。
- 6-15   建立 max2D()、max3D() 函式。

現在要將這個大型的程式模組化，Max2D.h 檔宣告 max2D() 函式原型、Max2D.c 檔實作 max2D() 函式，Max3D.h 檔宣告 max3D() 函式原型、Max3D.c 檔實作 max3D() 函式，另外再加上主程式 project2.c 檔。如下圖：

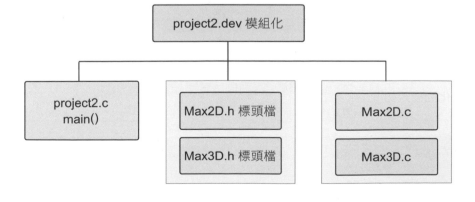

» 範例練習　大型程式的條件式編譯

請開啟已經建立完成的專案 project2.dev，本專案包含 max2D() 函式原型宣告檔 Max2D.h、max2D() 函式實作檔 Max2D.c，max3D() 函式原型宣告檔 Max3D.h、max3D() 函式實作檔 Max3D.c 和主程式 project2.c。Max2D.c 建立函式 max2D() 找出兩數中最大的數，Max3D.c 利用 max2D() 函式，擴充為可以找出三個數中最大的數。(project2.dev)

```
C:\example\ch15\project2\project2.exe        —   □   ×
5,7 最大的數是 7
7,5,9 最大的數是 9
請按任意鍵繼續 . . .
```

Max2D.h

```
1    #ifndef MAX2D_H
2      #define MAX2D_H
3      int max2D(int,int);      // 宣告函式原型
4    #endif
```

程式說明

- 1,2,4　　定義條件式編譯，建立巨集 MAX2D_H。
- 3　　　　宣告 max2D() 函式原型。

Max2D.c

```
1    #include "Max2D.h"
2    int max2D(int x,int y)
3    {
4        return (x>y)?x:y;
5    }
```

程式說明

- 1　　　　引用 Max2D.h 標頭檔，否則無法實作 max2D() 函式。
- 2-5　　　實作 max2D() 函式。

Max3D.h

```
1    #ifndef MAX3D_H
2      #define MAX3D_H
3      #include "Max2D.h"
4      int max3D(int,int,int);      // 宣告函式原型
5    #endif
```

程式說明

- **1,2,5**   定義條件式編譯。
- **3**   引用 Max2D.h 類標頭檔，因為 max3D() 函式會使用到 max2D() 函式。
- **4**   宣告 max3D() 函式原型。

```
Max3D.c
1   #include "Max3D.h"
2   int max3D(int x,int y,int z)
3   {
4       int n=max2D(x,y);
5       return max2D(n,z);
6   }
```

程式說明

- **1**   引用 Max3D.h 類別宣告檔，否則無法實作 max3D() 函式。
- **4-5**   以「max2D() 函式」，擴充為可以找出三個數中最大的函數。

```
project2.c
1   #include <stdio.h>
2   #include <stdlib.h>
3   #include "Max2D.h"
4   #include "Max3D.h"
5
6   int main(int argc, char *argv[]) {
7       int n= max2D(5,7);
8       printf("5,7 最大的數是 %d\n",n);
9       printf("7,5,9 最大的數是 %d\n",max3D(7,5,9));
10      system("pause");
11      return 0;
12  }
```

程式說明

- **3**   引用 Max2D.h 標頭檔，否則無法實作 max2D() 函式。
- **4**   引用 Max3D.h 標頭檔，否則無法實作 max3D() 函式。
- **7-8**   以 max2D(5,7) 找出兩數中最大的數。
- **19**   以 max3D(7,5,9) 找出三個數中最大的數。

▶ 立即演練　條件式編譯

在 <C:\example\ 立即演練 \ch15> 建立 Myproject2 目錄，然後建立 Myproject2.dev 專案至此目錄中，Myproject2.dev 包含五個檔案，Rectangle.h 宣告 area() 函式原型、Rectangle.c 實作求矩形面積的 area() 函式，Triangle.h 宣告 Triarea() 函式原型、Triangle.c 實作求三角形面積的 Triarea() 函式，另一主程式 Myproject2.c 則輸入寬度和高度後求矩形面積和三角形面積。

請在 *.h 類別檔中加入條件式編譯完成此一超大型的專案。(Myproject2.dev)

15.3 使用不同檔案的全域變數

程式模組化後,如果想在不同的檔案中使用同一個變數,可以使用 **extern** 關鍵字來宣告一個在其他檔案中定義的變數,這樣就可以在不同的檔案中使用相同的變數。

大型專案的處理一般會在主程式建立全域變數,然後在標頭檔以 **extern** 宣告該全域變數可以在其他檔案中使用。語法:

```
extern 資料型別 全域變數;
```

例如:宣告 count 全域變數可以在其他檔案中使用。

```
extern int count;
```

» 範例練習 計數器

建立全域變數 count 並以 extern 宣告 count 可以在別的檔案中使用。(project3.dev)

本 project3.dev 專案包含 project3.c、counter.h 和作 counter.c 三個檔案。

project3.c 主程式:建立全域變數 count,並設初值為 0。

```
project3.c
1   #include <stdio.h>
2   #include <stdlib.h>
3   #include "counter.h"
4   int count = 0;
5   int main(int argc,char *argv[])
6   {
7       count += 2;
8       printf("%d\n",count);   //2
9       counter();
10      printf("%d\n",count);   //3
11      system("pause");
12      return 0;
13  }
```

程式說明

- 3　　　　引用 counter.h 標頭檔。

- 4　　　　建立全域變數 count。

- 7-8　　　顯示結果為 2。

- 9-10　　呼叫 counter() 函式後，計數器 count=3。

在 counter.h 標頭檔宣告函式原型：同時以「extern int count」宣告 count 可以在別的檔案使用。

```
counter.h
1    #ifndef COUNTER_H
2      #define COUNTER_H
3      void counter();
4      extern int count;
5    #endif
```

程式說明

- 3　　　　宣告 counter() 函式原型。

- 4　　　　宣告 count 可以在別的檔案使用。

在 counter.c 檔實作函式：以「extern int count」宣告後，就可以在 counter.c 檔的 counter() 函式中使用全域變數 count。

```
counter.c
1    #include "counter.h"
2    void counter()   // 將 count 加 1
3    {
4        count++;
5    }
```

程式說明

- 4　　　　執行 count++ 後，全域變數就會加 1。

15.4 本章重點整理

■ **建立專案**：

◆ **建立專案**：要將程式以函式加以分類後儲存在不同的檔案中，必須先建立專案，然後利用專案管理的方式，在專案中再新增檔案或將原已建立的檔案加入專案中。

◆ **將檔案加入專案**：如果檔案早已建立好了，也可以在專案中，從專案功能表選擇 **專案 \ 將檔案加入專案 (A)**，將已經建立的檔案加入專案中。

■ **條件式編譯**：

◆ **定義巨集、取消巨集**：

```
定義巨集：例如 #define PI 3.14。
取消巨集：例如 #undef PI。
```

◆ **條件式編譯**：所謂條件式編譯就是在編譯時，透過前置處理器，讓編譯器依定義的條件進行編譯。條件式編譯的語法 #ifdef…#else…#endif 或 #ifndef…#else…#endif。

◆ **大型程式中使用條件式編譯**：在一個大型的程式中，會有很多 *.h 標頭檔，因此會有許多 #include " 標頭檔 " 的動作，當標頭檔重複引用或形成巢狀引用時，必須使用條件式編譯，否則將會造成編譯錯誤。

■ **不同檔案使用全域變數**：程式模組化後，如果想在其同的檔案中使用同一個變數，可以使用 extern 關鍵字來宣告一個在其他檔案中定義的變數。

15.1 建立專案

1. 在 <C:\example\ 習作 \ch15> 建立 ch15_ex1 目錄，然後建立 Project1.dev 專案至此目錄中，Project1.dev 包含三個檔案，Car.h 標頭檔自訂型別 Speed 並宣告 turbo() 函式原型，Car.c 實作汽車加速 turbo(n) 函式，另一主程式 main.c 則輸入初速，然後將汽車加速並顯示加速後的速度，如下圖。[中]

15.2 條件式編譯

2. 定義巨集自然指數 e=2.71828，利用條件式編譯判斷 e 是否已被定義，若已被定義則顯示 e 的值並取消巨集 e 的定義，如下圖。[易]

3. 在大型的程式中，會有很多的 *.h 標頭檔，因此會許多的 #include "標頭檔" 的動作，應如何使用條件式，解決標頭檔重複引用或巢狀引用時造成編譯錯誤？ [易]

4. 在 <C:\example\ 習作 \ch15> 建立 ch15_ex4 目錄，然後建立 Project2.dev 專案至此目錄中，Project2.dev 包含五個檔案 (Car.h、Car.c、Plane.h、Plane.c、main.c)，Car.h 標頭檔自訂 Speed 型別和 turbo(n) 函式原型宣告，Car.c 實作汽車加速的 turbo(n) 函式，Plane.h 自訂 Speed 型別和 Airturbo(n) 函式原型宣告，Car.c 實作飛機加速 Airturbo(n) 函式可以完成加速 n*n，主程式 main.c 則輸入飛機初速和加速度，然後將飛機加速並顯示飛機加速後的速度，請在 *.h 類別檔中加入條件式編譯完成此一專案，如下圖。[難]

15.3 使用不同檔案的全域變數

5. 建立 Project3.dev 專案包含三個檔案，board.h 宣告 board() 函式原型並以 extern 宣告 n 和 mess 全域變數可以在別的檔案使用，board.c 實作留言版函式，讓大家都可以在留言版上發言，請顯示訪客的發言內容和時間，並記錄共有幾位訪客發言。[難]

```
C:\example\習作\ch15\ch15_ex5\Project3.exe                    —    □    ×
請留言：David 我出發了
第 1 位訪客：David 我出發了 留言時間：Sat Feb 25 11:17:35 2023

請留言：Lily 你到了嗎?
第 2 位訪客：Lily 你到了嗎? 留言時間：Sat Feb 25 11:18:03 2023

請留言：
共有 2 位訪客留言!
請按任意鍵繼續 . . .
```

> ▶ 提示
>
> board.c 檔中，取得現在的日期時間並轉換為字串，再和留言內容合併。
>
> ```c
> #include "board.h"
> #include <time.h>
> #include <string.h>
> void board()
> {
>     n++;
>     time_t now;    // 變數宣告
>     time(&now);    // 取得現在的日期時間
>     char *str=ctime(&now); //time 轉字串
>     strcat(mess," 留言時間：");
>     strcat(mess,str);
> }
> ```

memo

C 語言學習聖經

作　　者：文淵閣工作室 編著 / 鄧君如 總監製
企劃編輯：王建賀
文字編輯：江雅鈴
設計裝幀：張寶莉
發 行 人：廖文良

發 行 所：碁峰資訊股份有限公司
地　　址：台北市南港區三重路 66 號 7 樓之 6
電　　話：(02)2788-2408
傳　　真：(02)8192-4433
網　　站：www.gotop.com.tw
書　　號：ACL069100
版　　次：2023 年 06 月初版
建議售價：NT$560

國家圖書館出版品預行編目資料

C 語言學習聖經 / 文淵閣工作室編著. -- 初版. -- 臺北市：碁峰
　資訊, 2023.06
　　面；　公分
　ISBN 978-626-324-503-7(平裝)
　1.CST：C(電腦程式語言)
312.32C　　　　　　　　　　　　　　　　112006543

讀者服務

● 感謝您購買碁峰圖書，如果您對本書的內容或表達上有不清楚的地方或其他建議，請至碁峰網站：「聯絡我們」\「圖書問題」留下您所購買之書籍及問題。(請註明購買書籍之書號及書名，以及問題頁數，以便能儘快為您處理)
http://www.gotop.com.tw

● 售後服務僅限書籍本身內容，若是軟、硬體問題，請您直接與軟體廠商聯絡。

● 若於購買書籍後發現有破損、缺頁、裝訂錯誤之問題，請直接將書寄回更換，並註明您的姓名、連絡電話及地址，將有專人與您連絡補寄商品。